AF590688

ENCYCLOPÉDIE
DES CONNAISSANCES AGRICOLES

A. MOZZICONACCI

Le Ver à Soie du Mûrier

HACHETTE

ENCYCLOPÉDIE DES CONNAISSANCES AGRICOLES

Le Ver à Soie du Mûrier

OUVRIÈRES PRÉLEVANT DES PAPILLONS SUR UNE HARPE
ET LES DISPOSANT POUR L'ACCOUPLEMENT. (V. paragraphe 190.)
(*Etablissement Roustan, à Laragne* (*Hautes-Alpes*).

ENCYCLOPÉDIE DES CONNAISSANCES AGRICOLES
Sous la Direction de M. E. CHANCRIN, Inspecteur général de l'Agriculture.

Le Ver à Soie du Mûrier

Fonctions Physiologiques
Élevage — Production des Cocons — Grainage

PAR

A. MOZZICONACCI
Ingénieur agricole,
Directeur de la Station séricicole d'Alais.

*OUVRAGE ADOPTÉ
PAR LE SYNDICAT CENTRAL
DES AGRICULTEURS DE FRANCE*

LIBRAIRIE HACHETTE
79, BOULEVARD SAINT-GERMAIN, PARIS

LE
VER A SOIE DU MURIER

INTRODUCTION

HISTORIQUE ET SITUATION ÉCONOMIQUE DE LA SÉRICICULTURE FRANÇAISE

1. Objet de la sériciculture. — La sériciculture est la science qui s'occupe de l'élevage des vers à soie en vue de la production économique des cocons qui sont destinés à la filature, ou des œufs nécessaires à la reproduction de l'espèce.

L'insecte généralement désigné sous ce nom est une chenille qui se nourrit de feuilles de mûrier. Domestiquée depuis les temps les plus reculés, on l'élève dans les régions qui lui sont favorables afin de recueillir, au moment voulu, la coque de soie qu'elle sécrète pour s'enfermer avant de se métamorphoser en chrysalide. Cette coque complètement close, connue sous le nom de *cocon*, passe ensuite, si elle est destinée à la filature, entre les mains d'industriels qui la dévident à l'aide de l'eau bouillante pour obtenir le fil précieux, appelé *soie grège*, qui sert à fabriquer les plus belles de nos étoffes.

2. Origine du Ver à soie et de sa domestication. — Son introduction en Occident. — Sa production en France au milieu du siècle dernier. — Le ver à soie du mûrier est originaire de la Chine où il vivait autrefois à l'état sauvage. Les plus anciens documents de ce pays nous apprennent que le début de sa domestication remonte à quarante-cinq siècles.

Ce fut, paraît-il, une impératrice chinoise appelée *Si Ling-Chi* qui, 2650 ans avant l'ère chrétienne, aurait, sur les conseils de son époux, l'empereur Hoang-Ti, élevé pour la première fois la chenille du Bombyx du mûrier dans l'intérieur de l'habitation et trouvé, non seulement la manière de dévider son cocon, mais aussi l'art de faire des vêtemenfs avec les fils de soie ainsi obtenus.

En reconnaissance de ces bienfaits, la postérité a élevé Si-Ling-Chi au rang des Esprits en la désignant sous le nom de *Déesse des Vers à soie*.

L'éducation de ces chenilles fut, tout d'abord, l'apanage de la Cour. Seules les jeunes filles de sang royal, les dames nobles et les femmes des ministres étaient chargées, sous la direction de l'impératrice, de donner leurs soins au précieux insecte.

Peu à peu, la pratique de l'élevage; après avoir passé successivement de la Cour aux mandarins, aux princes, aux officiers supérieurs, etc., prit de l'extension, tandis qu'on découvrait l'art du tissage. L'industrie de la soie finit ainsi par se démocratiser.

Elle resta cependant localisée en Chine pendant trente siècles, car les peines les plus sévères étaient édictées contre ceux qui tendraient à la divulguer.

Seuls les tissus de soie, généralement magnifiques, rehaussés d'or et de pierreries, étaient exportés par des caravanes chez les divers peuples connus à cette époque qui les payaient au poids de l'or.

C'est au ve siècle de notre ère, en l'an 419, qu'une princesse chinoise, se mariant avec le roi d'une petite nation voisine, dénommée le Kothan, emporta à ses risques et périls, cachées dans l'étoffe de sa coiffure, des graines de vers à soie et de mûrier.

L'élevage du précieux insecte et le tissage de la soie firent de rapides progrès dans ce pays; mais ses habitants, chassés par l'invasion des Huns, allèrent s'établir dans une région limitrophe de la Perse appelée *Serinde*.

Les précautions les plus grandes y furent prises pour garder le secret sur l'origine et la fabrication des étoffes de soie.

Malgré cela, en 552, deux moines, au dire de l'historien Procope, qui étaient venus dans ce pays prêcher le christianisme, réussirent, au péril de leur vie, à emporter à Constantinople, dans leurs bâtons creux, des graines de mûrier et des œufs de vers à soie, avec les notions nécessaires pour élever ces derniers, dévider leurs cocons et tisser la soie.

Ils répondaient ainsi à un désir que leur avait exprimé l'empereur Justinien, qui les combla de riches présents.

Ces œufs, mis en incubation à la chaleur du fumier, donnèrent naissance aux jeunes chenilles qui tissèrent les premiers cocons.

Dès lors, la sériciculture prit son essor vers l'Europe. Elle pénétra d'abord en Grèce; son développement y fut tel que cette presqu'île ne fut plus désignée que sous le nom de *Morée* à cause de la grande quantité de mûriers qui y furent plantés.

Les Arabes s'en emparèrent à leur tour, la répandirent dans leu immense empire et, au cours du VIIIe siècle, la firent pénétrer en Espagne.

En 1130, Roger II, roi de Sicile, prit, en Morée, le mûrier et le ver à soie et les introduisit dans son royaume.

L'industrie de la soie passa ensuite en Italie où on la trouve répartie dans plusieurs centres en 1300.

C'est à cette même époque, sous le règne de Philippe le Bel, qu'elle pénétra en France, dans la Provence.

On y nourrissait les vers à soie avec le *mûrier noir* Ce n'est qu'en 1495, sous Charles VIII, que le *mûrier blanc*, exclusivement utilisé aujourd'hui pour la nourriture de ces insectes, fut importé de Naples.

Louis XI, François Ier, Henri II, Charles IX et Catherine de Médicis s'intéressèrent quelque peu à la culture du mûrier en favorisant la plantation de cet arbre.

Ce fut surtout Henri IV qui, en 1596, s'occupa sérieusement de l'élevage de la précieuse chenille et des mesures capables d'en favoriser le développement.

Sous l'impulsion du célèbre agronome *Olivier de Serres* qui, sur l'ordre du roi, publia, le 1er février 1599, un manuel intitulé : *la Cueillette de la soye par la nourriture des vers qui la font*; de *Traucat*, jardinier à Nîmes et de *Laffemas*, contrôleur général du Commerce, les plantations de mûriers se répandirent d'autant plus en France que, suivant la volonté de Henri IV, des contrats passés avec des marchands de Paris, les 14 octobre et 3 décembre 1602, et confirmés par des lettres patentes, assuraient la fourniture gratuite des plants et des graines de mûriers, ainsi que des œufs de vers à soie, aux agriculteurs.

Plusieurs milliers de ces arbres furent plantés à Paris et à Fontainebleau, où furent créés deux établissements d'élevage. Grâce aux pépinières organisées à Nîmes, par le jardinier Traucat, la plantation des mûriers s'étendit rapidement dans le département du Gard.

Mais la mort du roi, assassiné en 1610, ralentit ce mouvement en faveur de l'industrie qui nous occupe.

En 1660, Colbert, ministre de Louis XIV, essaya de lui faire prendre un nouvel essor en accordant des primes aux planteurs de mûriers. Un capitaine, François de Carle, qui possédait de vastes propriétés dans la commune de Valleraugue, contribua pour une large part au développement de la sériciculture dans les Basses-Cévennes, en faisant remplacer par des mûriers tous les châtaigniers de ses domaines.

Malheureusement, la Révocation de l'Édit de Nantes, en 1685, amena l'émigration d'un très grand nombre de familles protestantes expertes dans l'art de l'élevage, de la filature ou du tissage, qui allèrent s'établir en Suisse, en Allemagne et en Angleterre. Ce fut un grand coup porté à l'éducation des vers à soie.

Au XVIIIe siècle, la soie revint encore en faveur jusqu'à la Révolution qui mit, une fois de plus, obstacle au développement de son industrie. Napoléon Ier lui donna une nouvelle impulsion et, à partir de 1820, elle fit de rapides progrès.

La production annuelle des cocons s'accrut, en effet, dans les proportions suivantes :

De 1801 a 1820.	4 866 000	kilogrammes	de cocons.
De 1821 à 1830.	10 000 000	—	—
De 1831 à 1840.	14 000 000	—	—
De 1841 à 1845.	17 000 000	—	—
De 1846 à 1852.	21 000 000	—	—
En 1853	26 000 000	—	—

Ce fut l'apogée.

3. Les ravages causés par la Pébrine. — Les travaux de Pasteur et leur résultat. — Une maladie épidémique très grave, favorisée par l'accumulation depuis plusieurs années, d'énormes quantités de vers dans les locaux d'élevage, constatée dès 1849 et marchant avec une effrayante intensité pendant les années suivantes, produisit de tels ravages que la récolte des cocons s'abaissa à 7 500 000 kilogrammes en 1856 et à 5 500 000 kilos en 1865.

Les vers à soie provenant des graines produites en France périssaient, soit à l'éclosion, soit au cours de l'élevage, avant de faire leurs cocons. Ceux qui parvenaient à se transformer en chrysalides et en papillons pondaient des œufs qui donnaient naissance à des chenilles envahies par le mal.

On pensa que les graines étrangères pourraient sauver la situation. Des sériciculteurs allèrent en chercher successivement en Espagne, en Italie, en Turquie, en Chine et enfin au Japon. De 1854 à 1873, c'est-à-dire pendant vingt ans, environ 40 000 kilogrammes de graines furent importées annuellement, soit 800 000 kilos, qui achetées à 400 francs le kilo, en moyenne, firent sortir de France au moins 300 millions de francs.

Ces graines devinrent toutes la proie du fléau mystérieux auquel le savant de *Quatrefages* a donné le nom de *Pébrine*, tiré du mot patois *pèbre* (poivre), à cause des taches brunes ayant l'aspect de minuscules grains de poivre, que l'on remarquait sur la peau des vers à soie malades.

L'élevage des précieux insectes, qui versait tous les ans 100 millions de francs dans 40 départements, devenait impossible. La plus grande désolation régna dans nos campagnes séricicoles, Les éducateurs se levèrent en masse, demandant au Gouvernement de faire rechercher les causes du mal et les moyens d'y remédier. Trois mille cinq cent soixante-quatorze pétitions émanant de sériciculteurs du Gard, de l'Hérault, de l'Ardèche et de la Lozère furent adressées au Parlement.

Le célèbre chimiste Jean-Baptiste *Dumas*, Professeur au Collège de France, originaire d'Alais, exposa cette triste situation au Sénat dans un remarquable rapport présenté à la séance du 6 juin 1865. Il pria instamment son élève et ami *Louis Pasteur*, déjà connu par de remarquables travaux, de s'occuper du mal qui conduisait fatalement les agriculteurs cévenols à la ruine. « Je mets un prix extrême, lui écrivait-il, à voir votre attention fixée sur la question qui intéresse mon pauvre pays; la misère dépasse tout ce que vous pouvez imaginer. »

Répondant au désir qui lui était ainsi exprimé, l'illustre savant se rendit, dès le 6 juin 1865, à Alais, centre séricicole des plus importants, pour commencer ses recherches. Il les poursuivit, sans interruption, pendant les années 1866, 1867, 1868, 1869 au Pont-Gisquet, près cette ville, où il venait s'installer à chaque campagne séricicole avec Madame Pasteur, avec sa fille et ses collaborateurs *E. Duclaux*, *Gernez*, *Maillot* et *Raulin*. Elles prirent fin, en 1870, à la suite d'une grande expérience décisive effectuée à la Villa Vicentina, en Illyrie.

Le remarquable ouvrage intitulé *Études sur la maladie des vers à soie* qu'il publia cette même année, en fut le couronnement.

Nous devons à Pasteur la connaissance parfaite des causes, des symptômes, des modes d'hérédité et de contagion de la pébrine et de la flacherie ainsi que les moyens à employer pour mettre les élevages à l'abri de ces deux graves affections. *Nos belles races de vers à soie domestiques auraient été complètement anéanties* si ses belles découvertes n'avaient permis de les régénérer et de les préserver, à l'avenir, du fléau. Aussi fut-il unanimement considéré comme le *Sauveur de la sériciculture.*

Sous l'influence de la stricte application de ses méthodes, les sériciculteurs ont produit de la graine saine qui, parfaitement sélectionnée, a permis d'augmenter dans de grandes proportions le rendement en cocons produits *par l'once de 25 grammes* ainsi que l'indiquent les chiffres suivants puisés dans les statistiques officielles :

En 1869	8 kg. 4	de cocons.	En 1887 . . .	33 kg. 28	de cocons.
En 1871	12 kg. 9	—	En 1892 . . .	34 kg. 142	—
En 1874	15 kg. 3	—	En 1893 . . .	44 kg. 384	—
En 1875	16 kg. 3	—	En 1908 . . .	44 kg. 950	—
En 1877	20 kg. 3	—	En 1912 . . .	47 kg. 030	—

A l'époque où Pasteur effectuait ses difficiles recherches à Alais, le *Dr Pagès*, maire de cette ville, vivement intéressé par les démonstrations de l'illustre savant, lui dit un jour : « Monsieur Pasteur, si ce que vous me montrez se vérifie dans la pratique courante, rien ne pourra payer vos travaux, mais nous vous élèverons à Alais une statue d'or ».

Les éducateurs de vers à soie des Cévennes ont témoigné leur reconnaissance au Sauveur de la sériciculture en accomplissant ces prévisions. Depuis 1896, en effet, un magnifique groupe en bronze, exécuté par le sculpteur Tony Noël, érigé sur la jolie promenade du Bosquet, rappelle aux sériciculteurs l'œuvre immortelle de l'illustre savant. Le groupe est placé sur un piédestal en marbre; le monument a une hauteur totale de 5 m. 25. En voici le gracieux motif :

« La sériciculture souffrante, désespérée, représentée par une jeune fille Cévenole, vient porter à Pasteur les derniers cocons que l'on a pu obtenir et dont les rares papillons meurent dès leur naissance. Elle remet au savant un rameau de bruyère avec quelques cocons, puis tombe défaillante, aux pieds de Pasteur, en laissant échapper les coins de son tablier qui s'ouvre et d'où coulent quelques filanes de cocons. Pasteur tient à la main gauche le rameau de bruyère qu'il vient de recevoir et l'examine attentivement, tandis que de la main droite il tient une main de la jeune fille qu'il soutient et relève. »

Les détails du piédestal rappellent d'une manière heureuse, en même temps que le noble et patriotique caractère de Pasteur, la grande part qu'ont pris à son érection la Fabrique de soieries et la Filature de la soie.

Grâce à l'application des méthodes préconisées par Pasteur la sériciculture s'est peu à peu relevée en France pendant la période décennale qui a suivi leur découverte. La production qui était montée à 8 100 000 kilos en 1869 a atteint 11 070 000 kilos en 1874, 11 400 000 kilos en 1877. Malheureusement depuis cette date ce chiffre, qui aurait pu arriver à être aussi et même plus important qu'à l'époque de la grande prospérité séricicole, n'a plus été atteint. Actuellement, dans les bonnes années, il ne dépasse pas sept à huit millions de kilos de cocons frais et nous constatons avec le plus vif regret que cette production tend plutôt à baisser qu'à se relever ainsi qu'en témoignent les chiffres ci-après :

ANNÉES	NOMBRE MOYEN de sériciculteurs	ONCES DE GRAINES de 25 grammes mises en incubation.	POIDS DES COCONS produits en kilogrammes
1894 à 1903	134 206	203 367	8 175 575
1904 à 1913	114 533	168 729	6 873 789
Différences en moins.	19 673	34 638	1 301 786

Après 1913, la décadence de la sériciculture française s'accentue au point que la statistique officielle ne mentionne plus, en 1918, que 59 457 sériciculteurs ayant mis en incubation 65 916 onces de graine et obtenu 2 922 908 kilogs de cocons.

4. La crise économique de la sériciculture française. — Le développement de l'élevage des vers à soie en France est entravé par diverses causes qui sont toutes d'ordre économique. Les principales sont :

a. — La cherté, la rareté et les exigences croissantes de la main-d'œuvre salariée;

b. — Le prix du cocon qui n'est plus en rapport avec celui de cette main-d'œuvre et des autres frais supportés par l'éducateur;

c. — La concurrence faite à la soie française par les soies de l'Extrême-Orient;

d. — La concurrence faite par le *fil de cellulose* vendu sous le nom usurpé de *soie artificielle*;

e. — L'augmentation du prix du vin et l'engouement pour la culture de la vigne.

5. La main-d'œuvre salariée. — Le salaire des ouvriers que l'on emploie pour faire l'élevage des vers à soie et pour ramasser la feuille de mûrier est, aujourd'hui, considérablement plus élevé qu'à l'époque de la prospérité séricicole.

En 1845 les journées d'homme se payaient 2 francs, celles de femme 1 franc; le ramassage de la feuille était rétribué à raison de 1 fr. 20 les cent kilos.

Au printemps de 1914, un ouvrier recevait, pour un mois de vers à soie, 90 francs et une femme, 60 francs; le propriétaire leur fournissait en plus la nourriture et le vin. Le prix de la cueillette de la feuille oscillait entre 4 et 5 francs les cent kilos suivant les cas.

La situation économique créée par la guerre a amené une telle hausse des salaires, qu'actuellement il n'est plus possible d'élever avantageusement des vers à soie si l'on doit avoir recours à des ouvriers salariés. *Seule la main-d'œuvre fournie par les membres de la famille, aidés par les domestiques attachés à la maison, peut nous permettre de produire des cocons avec bénéfice.*

Les autres dépenses nécessitées par l'éducation des vers à soie ont, comme les salaires, augmenté dans d'énormes proportions. Le charbon, l'huile pour l'éclairage, le papier, les cléons, l'entretien des agrès, la bruyère pour l'encabanage, etc., se paient beaucoup plus cher qu'autrefois.

La graine, de bien meilleure qualité, produit aujourd'hui, il est vrai, un poids de cocons double de celui que l'on obtenait avant les découvertes pastoriennes. Mais cette augmentation de récolte n'est pas du tout en rapport avec celle des salaires, des autres frais de l'élevage et des risques que court l'éducateur de voir périr sa chambrée à la veille d'en recueillir les fruits.

Les ouvriers agricoles recherchés comme aides pour soigner les vers à soie deviennent d'ailleurs très rares. Dans la plupart de nos communes rurales les jeunes gens délaissent le travail de la terre; ils préfèrent le travail de l'usine généralement mieux rétribué, plus régulier et surtout assuré. Les jeunes filles émigrent comme les garçons; les travaux de la ferme ne leur conviennent plus!

Seuls les vieux parents demeurent attachés à leur petite propriété qui, à leur mort, est bien souvent vendue par les enfants pour une somme dérisoire. En attendant, ils sont obligés de restreindre leurs cultures; ils délaissent les mûriers, mettent moins de graine en incubation.

On ne saurait mettre en parallèle les travaux agricoles proprement dits et ceux qu'exigent les vers à soie. Les premiers, en effet, peuvent être suspendus sans danger pendant plusieurs jours et attendre le moment favorable pour les effectuer; les seconds demandent, sous peine d'échec, *une continuité absolue*, non seulement pendant le jour, mais aussi, bien souvent, pendant la nuit. La main-d'œuvre salariée se plie très difficilement aujourd'hui à ces exigences.

Jusqu'à ces dernières années, certains propriétaires de mûriers s'entendaient avec des éducateurs auxquels ils fournissaient le local, la graine et la feuille. Ceux-ci se chargeaient de l'élevage et la récolte des cocons était ensuite partagée.

Malheureusement dans nos régions séricicoles, on ne trouve même plus de gens qui veuillent faire l'éducation à mi-fruit.

Ne voulant pas courir le risque d'un échec qui se traduit par une perte de temps et d'argent, ils préfèrent travailler à d'autres cultures, notamment à celle de la vigne qui, tout en les employant une grande partie de l'année avec un bon salaire, les laisse libres et tranquilles après leurs huit heures de présence sur le chantier.

6. **Le prix des cocons.** — L'examen de la statistique séricicole française nous montre que le prix du kilogramme de cocons pendant la première moitié du siècle dernier, avant 1855, alors que la sériciculture était en pleine prospérité, n'était pas supérieur à celui qui est pratiqué de nos jours. Il oscillait entre 2 fr. 50 et 5 francs.

De 1821 à 1855, la production moyenne annuelle a été de 19200000 kilogrammes de cocons; mais le rendement à l'once de 25 grammes de graines ne dépassait pas 30 kilogrammes.

De 1856 à 1876, les cocons de nos belles races indigènes régénérées par le système Pasteur qui, sous l'influence des ravages de la *pébrine* avaient disparu du marché, virent, en raison de la loi de l'offre et de la demande, leur prix s'élever à 5, 6, 7 et même 8 francs le kilogramme.

Mais à partir de 1876, l'industrie du grainage, basée sur les méthodes pastoriennes s'étend, se perfectionne, fournit aux éducateurs des graines saines qui donnent un rendement de 55 et même de 60 kilogrammes de cocons à l'once de 25 grammes.

Le prix de ces derniers redevient alors ce qu'il était avant la période d'intensité de la maladie. De 1876 à 1915, il oscille entre 2 fr. 50 et 4 fr. 50.

Les difficultés survenues du fait de la guerre mondiale dans la production des cocons et le commerce des soies, ont favorisé en 1916, 1917, 1918 et 1919, la hausse des prix de ces marchandises. Les cocons frais ont atteint 7 et 8 francs le kilogramme, comme en 1865-69.

Malheureusement ce prix, même augmenté de la prime de 60 centimes que l'État, ainsi que nous le verrons (8) alloue à l'éducateur depuis 1898, est insuffisant. Malgré l'accroissement de récolte dû à la meilleure qualité de la graine, il n'est plus en rapport avec les frais occasionnés par la main-d'œuvre salariée, par l'achat de la feuille de mûrier et par l'élevage, en tenant compte, ainsi que nous l'avons dit, des risques que court l'éducateur de voir périr sa chambrée de vers à soie à la veille d'en obtenir les cocons.

D'ailleurs, il n'est point douteux que ces prix continueront à subir, comme par le passé, *des fluctuations qui, malheureusement, sont parfois trop grandes d'une année à l'autre.*

Il en résulte que le sériciculteur n'est pas sûr du lendemain. Aussi ses mûriers le laissent indifférent et il prend, en passant, ce qu'ils lui donnent.

Au début de la campagne séricicole, il ignore généralement le prix que lui seront payés ses cocons à la fin de l'élevage, c'est-à-dire deux mois après. C'est d'autant plus décourageant que sa récolte lui rapporte parfois moins que ce qu'il espérait.

Dans ces conditions, il ne faut point s'étonner de l'abandon progressif de l'élevage des vers à soie en France, très concurrencé d'ailleurs par la culture de la vigne.

7. Concurrence faite à la soie française par les soies asiatiques. — Le maintien des cocons à un prix insuffisamment rémunérateur provient surtout de l'énorme concurrence que font à notre industrie séricicole les soies asiatiques produites en quantité considérable au Japon et en Chine.

Avant la monstrueuse guerre soulevée par l'Allemagne en 1914, la production mondiale de la soie grège était d'environ 25 millions de kilogrammes. La Chine et le Japon exportaient à eux seuls 19500000 kilogrammes, dont :

8700000 kilogrammes provenant de la Chine
10800000 — — du Japon.

En France, l'industrie du tissage absorbait 4500000 kilogrammes de soie grège, alors que nos filatures n'en produisaient que 600000 kilogrammes. Nous importions donc 3800000 kilogrammes de soies dont les deux tiers provenaient de la Chine et du Japon.

C'est grâce au canal de Suez, ouvert en 1869, que les produits soyeux de l'Extrême-Orient arrivent jusque chez nous. Avant cette date, seuls les cocons et les soies du Levant nous parvenaient.

Malheureusement pour notre production nationale, les soies asiatiques obtenues à un prix de revient inférieur aux nôtres, sont très recherchées par la fabrique de soieries qui, pour satisfaire aux demandes de la plus grande partie de sa clientèle, doit produire des tissus à un prix modique.

Le goût du luxe a pénétré dans les diverses classes de la société; les femmes de toutes les conditions veulent paraître. Elles y arrivent grâce à ces tissus généralement constitués par le mélange de fils de grège ou de schappe, de coton, de laine ou de cellulose, et surchargés de teinture chimique, qui sont accessibles aux bourses les plus modestes.

Il en résulte que nos filateurs ont toutes les peines du monde à vendre leurs belles soies dont le prix de revient est parfois plus élevé que le prix de vente des soies de l'Extrême-Orient.

A la fin de l'année 1919, la concurrence que nous font les Américains en Extrême-Orient et la hausse constante des changes asiatiques qui engage les acheteurs à rechercher de préférence les soies européennes dont la production restreinte favorise la cherté croissante, provoquent une augmentation considérable du prix de la soie qui est devenu six fois plus élevé qu'en 1914. Le prix des cocons profite de cette belle situation du marché de la soie et s'élève aussi : mais comme il continue, malgré cela, à ne pas être en rapport avec les frais de l'élevage et de la main-d'œuvre salariée qui augmentent aussi dans de très fortes proportions, il en résulte qu'il continue à n'avoir aucune influence sur le relèvement de la sériciculture en France.

8. Institution des primes à la sériciculture et à la filature. — Fortement éprouvés par cette concurrence étrangère, les sériciculteurs se levèrent en masse en 1891, demandant que leurs produits soient aussi bien protégés à la frontière que ceux des autres industries.

Le Parlement fut saisi de la question. Mais il fallut compter avec la fabrique de soieries qui, ne trouvant pas en France une quantité de soie suffisante pour s'alimenter, voulait conserver ses privilèges, et l'on transigea, en accordant aux éducateurs, pour une période de six années, *en compensation des droits de douane*, une prime de 0 fr. 50 par kilogramme de cocons frais, en même temps qu'une prime spéciale était allouée à la filature afin de lui permettre de se maintenir.

Ces primes ne favorisèrent point la sériciculture; l'élevage des vers à soie continua à péricliter. Par contre, elles furent avantageuses pour la filature qui augmenta, grâce à elles, le nombre de ses bassines sans apporter, cependant, pendant cette période de six années, aucune amélioration à son outillage.

Une nouvelle loi, promulguée le 2 avril 1898, accorda aux sériciculteurs, pour une période de dix ans, *une prime de soixante centimes* par kilogramme de cocons frais. Elle n'a pas donné de meilleurs résultats.

Néanmoins, elle a été renouvelée le 11 juin 1909 *pour une période de vingt ans*, sans qu'aucune modification ait été apportée au taux de la prime au kilogramme de cocons frais qui est resté à *soixante centimes*.

Aussi, constatons-nous avec peine que, pour les raisons déjà indiquées, l'élevage des vers à soie est de plus en plus délaissé par nos agriculteurs. Les grandes éducations qui exigent une main-d'œuvre considérable et d'énormes frais sont, d'ailleurs, généralement abandonnées.

9. Concurrence de la soie artificielle. — A la concurrence que font les soies asiatiques à notre industrie séricicole, vient s'ajouter celle d'un produit improprement désigné sous le nom de *soie artificielle* découvert depuis une trentaine d'années.

Des échantillons de ce textile, inventé par *M. de Chardonnet*, figurèrent pour la première fois à l'Exposition universelle de 1889. Son procédé consiste à traiter la cellulose du bois par un mélange d'acide azotique et d'acide sulfurique et à dissoudre la nitro-cellulose ainsi obtenue par de l'alcool et de l'éther mélangés dans des proportions déterminées.

Le collodion qui en résulte, contenu dans des cylindres en acier, est lancé, sous une pression de 40 à 50 atmosphères, dans des filières infinitésimes. Le fil obtenu est régulier, blanc, brillant, moins souple au toucher que la soie naturelle.

Mais le maniement de la nitro-cellulose présente des dangers. Aussi, d'autres procédés de traitement de la cellulose ont-ils été imaginés et mis en pratique pour concourir au même but.

Des fabriques se sont montées. En France, à Besançon, où l'on exploite le système Chardonnet; à Givet (Ardennes); à Lisieux (Loire), où l'on traite la cellulose extraite du coton par le procédé Despaissis qui consiste à dissoudre cette dernière dans l'oxyde de cuivre ammoniacal.

Grâce aux perfectionnements qui se sont produits dans sa fabrication, ce fil artificiel a aujourd'hui une grande ressemblance avec la soie; il est aussi fin, aussi résistant; son brillant est parfois plus accusé.

Cette soie artificielle, dont le prix est inférieur à celui de la soie naturelle, fait surtout concurrence aux soies provenant des déchets (cocons percés, cocons doubles, blaze, frizons, bassinés, etc.). Elle est employée, comme ces dernières, soit seule, soit en mélange avec de la laine ou du coton pour la confection de la passementerie et de ces étoffes à bon marché, très recherchées aujourd'hui, dont nous avons parlé à propos de la concurrence des soies asiatiques.

Comment remédier à cette concurrence ?

Tout simplement par la stricte application de la loi du 1er août 1905 relative à la répression des fraudes dans la vente des marchandises.

La cellulose qui provient du bois est d'origine exclusivement *végétale*. La soie produite par le Bombyx est de nature *animale*. Dans ces conditions, est-il admissible, aux termes mêmes de la loi susvisée, que la cellulose puisse être désignée sous le nom de soie ?

Un décret d'administration publique qui détermine les conditions d'application de la loi du 1er août sur la répression des fraudes distingue nettement la margarine du beurre et spécifie que chacun de ces produits doit être vendu sous son propre nom. Cependant le beurre et la margarine sont de même origine. Il n'en faut pas davantage pour démontrer que la *cellulose* et la *soie* ne peuvent être désignés sous le même nom.

D'ailleurs, l'Union des syndicats professionnels agricoles des Cévennes, l'Union des syndicats professionnels agricoles des Alpes et de Provence et la Société d'Agriculture de l'arrondissement d'Alais réunis en Congrès le 2 novembre 1912 à l'Hôtel de Ville d'Alais ont émis avec instance le vœu que « le Gouvernement, en vertu de la loi du 1er août 1905 sur la répression des fraudes dans la vente des marchandises décrète que *seuls les textiles provenant du cocon* soient désignés sous le nom de ***soie***. »

10. — Concurrence faite par la culture de la vigne. — En 1905, la viticulture était dans le marasme. Sous l'influence de la production abondante favorisée par les fraudes éhontées qui présidaient à la fabrication du vin, le prix de ce dernier était devenu dérisoire. On le vendait 5 à 6 francs l'hectolitre pris à la propriété.

Avant cette époque, un engouement énorme pour la culture de la vigne s'était emparé des agriculteurs. On en planta partout. Des prairies magnifiques, des oliviers séculaires, de *superbes mûreraies* durent céder la place aux cépages greffés ou aux hybrides.

Une crise violente survint. Le Midi se souleva. Des lois très sévères furent votées par le Parlement pour réprimer les fraudes dans la fabrication et réglementer le commerce des vins. A la suite de ces mesures énergiquement appliquées, les prix du vin augmentèrent dans de telles proportions qu'ils finirent par atteindre 80, 100, et jusqu'à 120 francs l'hectolitre pris à la propriété.

Ce fut un coup fatal pour nos pauvres *magnans*. Les petits

propriétaires qui ont des mûriers et des vignes abandonnent la sériciculture et se consacrent entièrement à ces dernières dont les travaux coïncident d'ailleurs avec ceux bien plus délicats et bien plus pénibles qu'exigent les vers à soie. S'il leur reste un morceau de terrain convenable, ils se hâtent d'en faire un vignoble. Chez eux, le mûrier ne jouit plus d'aucune considération.

C'est là encore une des causes essentielles de l'abandon du ver à soie, contre laquelle il est, pour le moment, très difficile de lutter.

Il n'est point douteux que l'abondance des surfaces plantées en vignes amènera fatalement, tôt ou tard, la surproduction du vin avec l'abaissement du prix de ce dernier, et il y a lieu de se demander si ces petits propriétaires ne regretteront pas alors les mûriers disparus?

La plus élémentaire prudence conseille donc d'encourager plus que jamais et d'une façon sérieuse le bon entretien des mûriers existants et la plantation de ces arbres. Qui nous dit, d'ailleurs, que la situation économique de l'industrie de la soie ne se modifiera pas un jour dans un sens favorable à la production des cocons?

11. L'élevage des vers à soie bien compris est une excellente opération. — Malgré les obstacles que nous venons d'examiner, l'éducation des vers à soie est encore une excellente source de revenus pour l'agriculteur qui sait tenir compte des conditions économiques actuelles.

C'est ainsi qu'elle est parfaitement à sa place chez le petit cultivateur *possédant les mûriers nécessaires* qui, *faisant le travail avec l'aide de sa famille et des domestiques attachés à la maison*, n'a pas à rechercher la main-d'œuvre étrangère.

Une once de 30 grammes d'œufs élevée dans ces conditions produit facilement au moins 65 kilogrammes de cocons frais qui, vendus par exemple 7 fr. 50 le kilogramme[1], rapportent 487 fr. 50, *payés comptant a la livraison de la récolte.*

Si nous ajoutons à cette somme le produit de *la prime de* 0 *fr.* 60 *accordée par l'État* pour chaque kilogramme de cocons obtenu, soit 39 francs, nous arrivons à un produit brut de 526 fr. 50.

Ce petit élevage fait par les personnes composant la famille du cultivateur qui possède les mûriers produisant les 1 100 kilogrammes de feuilles nécessaires à l'alimentation des vers à

1. Prix payé dans la région d'Alais, en 1919.

soie, n'exige *aucune dépense de main-d'œuvre*. Les mûriers généralement plantés autour des terres, profitent des travaux et des engrais donnés aux cultures qui y sont faites; ils produisent un feuillage abondant et leurs frais d'entretien sont presque nuls.

Les dépenses de l'élevage sont par conséquent réduites et il en résulte un bénéfice net de 430 à 440 francs. Quelle est la culture qui, toutes proportions gardées, rapporte, après un mois et demi de travail, avec de tels avantages, un aussi beau bénéfice?

Et ce bénéfice s'élève bien davantage si l'éducateur, abandonnant notre vieille méthode, se décide à adopter *le système d'éducation aux rameaux* (120-121), qui, tout en étant plus hygiénique pour les vers à soie, permet d'économiser les deux tiers du travail.

12. Statistique de la production des cocons. — La France produit actuellement environ 3 millions de kilogrammes de cocons dont 2750000 kilos sont utilisés par la filature, et 250000 kilos par l'industrie du *grainage* pour la production des œufs de vers à soie.

Les départements du Gard, de l'Ardèche, de la Drôme et de Vaucluse produisent ensemble plus des trois quarts de la récolte française. Les cocons obtenus dans le Var, les Hautes-Alpes, les Basses-Alpes et les Pyrénées-Orientales sont surtout utilisés pour la reproduction.

Le régulateur du marché mondial de la soie est le Japon, dont la production annuelle est de 200 millions de kilogrammes de cocons. Notre voisine l'Italie en produit 30 millions de kilogrammes.

La récolte pour le monde entier s'élève approximativement à 450 millions de kilogrammes de cocons de *vers à soie domestiques*. Si nous ajoutons à ce chiffre environ 35 millions de kilogrammes de cocons provenant des *vers à soie sauvages*, nous arrivons à une production totale de 485 millions de kilos de cocons frais, d'où l'on tire environ 35 millions de kilogrammes de soie grège et 30 millions de kilogrammes de déchets qui sont employés à faire des étoffes de moins bonne qualité, utilisées surtout dans la passementerie.

CHAPITRE I

LE VER A SOIE DANS LA CLASSIFICATION ZOOLOGIQUE RACES ET VARIÉTÉS

VERS A SOIE DOMESTIQUES ET VERS A SOIE SAUVAGES

13. Le ver à soie est un insecte. — Le ver à soie du mûrier appartient à l'ordre des *Lépidoptères* ou *Papillons* de la classe des *Insectes*. Son nom scientifique est *Bombyx* ou *Séricaria mori*.

Dans les Cévennes, il est connu sous le nom patois de *Magnan* qui signifie mangeur. Par suite, celui qui s'en occupe s'appelle *Magnanier* et le local dans lequel on l'élève a reçu le nom de *Magnanerie*.

C'est une *chenille* qui est sortie d'un œuf vulgairement appelé *graine* à cause de sa ressemblance avec certaines semences végétales. Cette chenille vit, à la température de 20° à 25° centigrades, trente à trente-cinq jours pendant lesquels elle se nourrit de feuilles de mûrier. Puis, une fois mûre, elle cherche à se transformer en *Chrysalide*.

Pour cela elle tisse un cocon de soie formé d'un fil continu qui, parfaitement clos, la met à l'abri. Après environ dix-huit jours elle en sort sous la forme adulte d'un *papillon* qui va s'accoupler et pondre ses œufs destinés à recommencer le cycle que nous venons de résumer.

Ce papillon a son corps formé de trois parties : la tête, le thorax et l'abdomen ; son thorax porte *six pattes* et des ailes. Ce sont là tous les caractères des insectes.

14. Vers à soie sauvages. — D'autres chenilles se nourrissant de diverses essences (chêne, ailante, ricin, noisetier, poirier, pommier. etc.). appelées *vers à soie sauvages*, parce qu'elles ne sont pas domestiquées comme celles du mûrier, produisent aussi de la soie fort estimée dans l'industrie de ce précieux textile. Mais nous verrons que leur élevage chez nous n'est pas à recommander au même titre que celui du *Sericaria mori*. On les exploite surtout en Chine, au Japon et dans l'Inde. Leur soie est généralement connue sous le nom de *Tussah*. Ces pays produisent annuellement 35 à 40 millions de kilogrammes de cocons de ces vers à soie sauvages.

15. Place occupée par les vers à soie domestiques et sauvages dans la classification zoologique. — L'ordre des *Lépidoptères* ou Papillons, auquel appartiennent les vers à soie, comprend deux sous-ordres :

1° Les *Hétérocères* qui sont les papillons dont les antennes ne présentent jamais de masse arrondie à leurs extrémités;

2° Les *Rhopalocères* à antennes plus ou moins renflées.

Le sous-ordre des Hétérocères forme cinq tribus parmi lesquelles on trouve celle des *Bombycines* dont font partie les vers à soie domestiques et sauvages.

La constitution variée des ailes chez les papillons qui appartiennent à cette tribu des Bombycines, a permis à *J. Dusuzeau* et *L. Sonthonax*, qui ont établi une classification très précise des Lépidoptères producteurs de soie, de la diviser en trois grandes familles :

Les *Bombycides*.
Les *Saturnides*.
Les *Lasiocampides*.

Le *Bombyx* ou *Sericaria mori* est donc un Lépidoptère hétérocère, de la tribu des Bombycines, appartenant à la famille des Bombycides.

Les vers à soie sauvages sont des *Saturnides* qui, suivant la structure de leurs ailes, appartiennent à l'un des trois groupes suivants qui constituent cette famille : les *Saturniens* proprement dits, les *Actiens* et les *Attaciens*.

Parmi les plus connus nous citerons :

Dans le groupe des Saturniens :

L'*Anteræa Pernyi*, originaire de la Chine, se nourrissant de feuilles de chêne.

Le *Telea Polyphemus*, originaire de l'Amérique du Nord, se nourrissant de feuilles de chêne.

L'*Anteræa Yama-Maï*, originaire du Japon, se nourrissant de feuilles de chêne.

L'*Antheræa Militta*, originaire des Indes Orientales, se nourrissant de feuilles de Jujubier.

Dans le groupe des Attaciens :

Le *Philosamia Cynthia*, originaire des Indes, Chine et Japon, se nourrissant de feuilles d'ailante et de lilas;

Le *Philosamia Ricini*, originaire des Indes, Annam et Chine, se nourrissant de feuilles de Ricin;

Le *Samia Cecropia*, originaire de l'Amérique du Nord, se nourrissant de feuilles de Prunier et d'Aubépine.

16. Le Bombyx du mûrier est le plus avantageux à élever. — Les avantages que le Bombyx du mûrier procure à l'éducateur sont vraiment remarquables.

Sa chenille est sédentaire; *elle ne quitte pas les feuilles qui lui sont données en nourriture.* C'est ce qui permet de l'élever commodément sur des tables dans l'intérieur des habitations, à l'abri de ses ennemis et des intempéries. On peut, dans ces conditions maintenir la température et régler l'élevage de façon à recueillir les cocons à un moment déterminé.

Ces cocons, complètement fermés, se dévident très facilement au moyen de l'eau bouillante et *donnent la plus belle de toutes les soies.*

Le fait de pouvoir élever le ver à soie du mûrier dans un local *permet de connaître à l'avance la surface de tables et le poids de feuilles de mûrier nécessaire* pour mener à bien une quantité déterminée de ces insectes, détail très important au point de vue de l'économie de la production des cocons.

Le mûrier, peu exigeant sur la nature du sol pourvu que celui-ci ne soit pas trop humide, soumis à une culture rationnelle, croît rapidement et *supporte très bien la taille qui favorise la cueillette de la feuille.*

Les vers à soie sauvages ne sont pas sédentaires. On les élève soit dans un appartement, sur des rameaux dont le pied trempe dans un récipient contenant de l'eau; soit à l'air libre sur des branches d'arbre que l'on a la précaution d'entourer d'un manchon en tulle pour les préserver de leurs ennemis : oiseaux, lézards, rats, perce-oreilles, etc.

Quelques-uns, tels que les *Antheræa Pernyi, Yama-Maï, Militta* et les *Téléa Polyphemus* font des cocons fermés que l'on peut dévider comme ceux du Bombyx mori; ce sont eux que l'on élève de préférence en Extrême-Orient. Les autres font des cocons plus ou moins ouverts; leur soie est parfois fine et d'excellente qualité, mais on ne peut l'obtenir que par le cardage.

Il résulte de tous ces faits que le *Séricaria mori* est le ver à soie que nos agriculteurs ont le plus d'intérêt à élever.

17. En France, l'élevage des vers à soie sauvages n'est pas compatible avec la situation économique. — La question de l'élevage des vers à soie sauvages, en France, fut surtout agitée à l'époque où la *pébrine* commença à exercer ses ravages sur le ver à soie du mûrier, menaçant d'anéantir la sériciculture française, vers 1865.

Les premiers essais datent de 1868, époque à laquelle *Camille Personat* fit connaître les beaux résultats qu'il avait obtenus en élevant la chenille de l'*Antheræa Yama-Maï*.

Cette chenille, qui se nourrit surtout de chêne blanc, produit de beaux cocons de couleur verte à la surface et dont la soie intérieure est blanche.

Ces cocons, qui pèsent environ 7 grammes, sont fermés et se dévident, dans l'eau bouillante, comme ceux du Bombyx mori. Ce ver à soie, de couleur verte, est élevé sur des taillis de chêne spécialement aménagés. Son éducation dure 52 jours pendant lesquels il faut exercer une surveillance assidue pour éviter les ravages causés par les oiseaux, insectes, reptiles, etc. Douze à quatorze kilos de ses cocons produisent un kilogramme de soie bien plus grossière que celle du B. mori.

On préconisa aussi l'élevage de la chenille de l'*Antheræa Pernyi* qui se nourrit également de feuilles de chêne quoiqu'elle ne dédaigne pas le prunier, le pommier et l'aubépine. Ayant deux générations par an, son produit est plus abondant que celui du Yama-Maï ; mais sa soie est inférieure comme qualité.

L'élevage de ces deux espèces (Yama-Maï et Pernyi) réussit très bien en France. Il en est de même pour le ver à soie sauvage de l'ailante (*Attacus Cynthia*) dont l'exploitation a été vivement recommandée dans la seconde moitié du siècle dernier par *Henri Givelet*.

En 1878, un avocat charentais, *Gabriel Bourdier*, convaincu que le ver à soie du mûrier ne se relèverait pas du coup que lui avait porté la pébrine fit des conférences à Paris en faveur du développement des éducations de Yama-Maï et de Pernyi et surtout d'un métis de ces deux espèces qu'il avait appelé *Perny-Yama* auquel il attribuait des qualités physiologiques et économiques bien supérieures à celles de ses procréateurs.

Plus tard et même dans ces dernières années des gens très compétents sur les questions de classification, de mœurs et d'élevage des vers à soie qui nous occupent, tels que les *E. André*, de Mâcon ; *C. de Labonnefon*, de Cercoux (Charente-Inférieure) ; *Dr A. Hugues*, de Chomerac (Ardèche) ; *F. Lambert*, de Montpellier, ont appelé, par les écrits ou par la parole, l'attention des agriculteurs français sur l'élevage de ces diverses espèces.

Malgré cette propagande, quelques amateurs seulement se sont intéressés aux séricigènes sauvages, de sorte que leur élevage n'a jamais acquis, en France, une importance capable de retenir notre attention au point de vue économique.

Le fléau qui sévissait sur le Bombyx du mûrier avant les remarquables découvertes de Pasteur n'a pu amener le développement des éducations de vers à soie exotiques, dont le produit textile a, cependant, une grande analogie avec celui qui provient du ver à soie domestique.

Les sériciculteurs pourraient-ils remédier à la crise actuelle en adoptant l'élevage des vers à soie du chêne ?

La situation économique nous permet d'en douter.

Aujourd'hui, grâce aux méthodes pastoriennes, l'élevage du ver à soie du mûrier est devenu avantageux car, *bien compris*, il peut procurer à l'éducateur un joli bénéfice.

La soie grège du *Bombyx mori* a, toutes conditions égales, des qualités de brillant, de finesse, d'élasticité, de ténacité, de souplesse bien supérieures à celles des soies des chenilles sauvages qui valent, d'ailleurs, beaucoup moins cher. Mais il n'est point douteux que leur prix de revient, en France, serait plus élevé que leur prix de vente !

En outre, il ne faut pas perdre de vue l'énorme concurrence qui est actuellement faite à ces soies par le *fil de cellulose* utilisé, comme elles, pour la passementerie, les articles d'ameublement et les étoffes mélangées.

Or, il est certain que le kilogramme de soie du chêne ou de l'ailante ne peut être produit à un prix de revient aussi bas que le kilogramme de soie artificielle.

Lorsque la crise occasionnée par la pébrine rendait difficile la production de la soie du *Bombyx mori* on aurait probablement réalisé des bénéfices en élevant, chez nous, des vers à soie sauvages.

Mais, aujourd'hui, étant donné la situation du marché de la soie, *la production croissante de la soie artificielle* à bas prix, et la cherté de la main-d'œuvre qu'il faudrait employer pour aménager les taillis de chêne et les surveiller pendant l'élevage, il est hors de doute que les séricicultcurs ne peuvent se lancer dans une voie qui ne leur procurerait certainement pas des avantages analogues à ceux de la culture du mûrier.

18. Races et variétés du Bombyx mori. — Les caractères secondaires du *Sericaria mori* sont extrêmement variables. Tous les éducateurs savent qu'un simple changement de milieu, d'altitude, de nourriture ou de pratique dans l'élevage peut modifier d'une façon très sensible les organes des vers et surtout la forme, le grain et la qualité des cocons.

Or, nous savons qu'on désigne sous le nom de **race,** en zoologie, l'*ensemble des individus semblables appartenant à une même espèce, ayant reçu et transmettant, par voie de génération sexuelle, les caractères d'une variété primitive.*

Tant que ces caractères peuvent se modifier sous une influence extérieure quelconque, en un mot, *tant qu'ils ne sont pas fixés*, on se trouve en présence d'une **variété.**

Nous en tenant à cette définition, nous ne connaissons qu'un nombre très limité de races appartenant à *l'espèce Bombyx mori.*

Certaines se différencient par la couleur des cocons qui peuvent être *jaunes*, *blancs*, ou *verts.*

Les races à cocons jaunes sont les plus recherchées; notre industrie du grainage s'applique à les sélectionner et ce sont elles que l'on élève de préférence en Europe. Leurs vers sont considérés comme plus vigoureux que ceux des races blanches qui, originaires de la Chine, furent importées pour la première fois, en France, en 1772. Leurs cocons sont plus lourds et valent le même prix. Ce sont les raisons pour lesquelles les races à cocons blancs préoccupent moins les éducateurs. Les cocons jaunes ont un fil de soie plus tenace et plus élastique que les cocons blancs; aussi donnent-ils un meilleur dévidage à la filature.

Les races à cocons verts se trouvent surtout au Japon. En France, elles jouèrent un rôle très important vers le milieu du siècle dernier, pendant la célèbre épidémie de pébrine qui menaça d'anéantir la sériciculture. A la suite des découvertes pastoriennes elles cédèrent peu à peu le pas aux anciennes races françaises reconstituées qui sont actuellement fort estimées dans les pays étrangers, comme chez nous. Aussi sont-elles l'objet d'un commerce d'exportation très important.

Il y a des races dont les vers, tout en donnant des cocons de même teinte, se différencient par la couleur, les taches, les dessins, les zébrures, etc., de leur peau. Ils peuvent être gris, blancs, noirs ou *mauricauds*, zébrés, rayés, tâchetés, etc. En Chine, on rencontre des vers qui ont des bosses sur les anneaux; ils constituent, par conséquent, des races bien caractérisées.

Les vers à soie élevés en France sont ou blancs, ou rayés de brun aux jointures des anneaux, ou mauricauds. Les variétés les plus intéressantes sont celles des Pyrénées-Orientales, des Alpes et du Var qui, tantôt pures, tantôt croisées entre elles, sont élevées par les sériciculteurs des Cévennes, du Dauphiné et de la Provence. Elles produisent des cocons jaunes, de dimension généralement moyenne, très recherchés par notre industrie de la filature.

Dans le langage courant les sériciculteurs ne font aucune distinction entre une race et une variété. C'est le mot race qui est toujours employé quand il s'agit de distinguer les vers et les cocons de divers types et de diverses origines. Mais, ainsi que l'a écrit *Maillot*, une race ne peut être qualifiée de pure que si tous les individus qui la composent ont identiquement les mêmes caractères, notamment en ce qui regarde la couleur de la peau, les mues, l'annualité, la couleur des glandes soyeuses, la forme et la couleur des cocons, leur poids et leur richesse en soie, enfin le nombre des doubles.

Autrefois, les vers à soie élevés dans les Cévennes y étaient reproduits et constituaient une race dont la soie jouissait, dans le monde entier, d'une excellente réputation. Aujourd'hui on ne produit plus, dans cette région essentiellement séricicole, que des cocons pour la filature. Les vers à soie qui les fournissent proviennent de graines originaires des Alpes, du Var ou du Roussillon, où l'industrie du grainage est surtout localisée.

Il n'est pas douteux que si, suivant les recommandations de Pasteur, on revenait au grainage indigène en y appliquant strictement sa méthode, cette race des Cévennes pourrait être facilement reconstituée.

Une variété italienne, appelée *Bione*, à cocons ovoïdes, presque sphériques, à grain fin, est souvent croisée avec nos races françaises pour modifier la forme des cocons de ces dernières dans un sens favorable à la filature.

Les variétés dont nous venons de parler se distinguaient autrefois assez nettement les unes des autres par des caractères particuliers. C'est ainsi que le cocon du Var, qui avait le grain grossier, était assez volumineux, légèrement resserré au milieu, arrondi d'un bout, presque pointu à l'autre. Celui des Pyrénées-Orientales était petit, à grain très fin, arrondi aux deux bouts et cintré au milieu. Aujourd'hui, par suite des croisements qui se sont effectués dans les ateliers de grainage, soit au hasard, soit pour rendre les descendants plus robustes, ces caractères sont généralement mélangés.

Chez certaines races les vers changent de peau quatre fois : ce sont les plus répandues. D'autres ne font que trois mues seulement. Dans ce dernier cas, il y a un raccourcissement de l'existence larvaire qui, d'après *Cornevin*, serait un signe de précocité. *Robinet* est, au contraire, d'avis que les vers à trois mues ne sont que des dégénérés. En effet, ils restent petits ; leurs cocons sont légers. Elevés dans des conditions favorables ils font, après deux ou trois années de ce traitement, quatre mues, deviennent plus gros et donnent de meilleurs cocons. Cela montre bien que la diminution du nombre des mues est plutôt un signe de faiblesse.

19. Races bivoltines et races polyvoltines. — Dans les pays chauds, par exemple à Madagascar, en Indo-Chine, en Chine, au Japon, au Bengale, etc., on rencontre des races du Bombyx mori qui font plusieurs générations par an ; on les appelle *polyvoltines*. Celles qui n'en font que deux sont dites *bivoltines*. Leurs œufs ont la faculté d'éclore douze ou quinze jours après la ponte de sorte que l'on peut faire, avec ces races, deux ou plusieurs éducations successives dans une même année.

Chez nous leur élevage ne serait pas économique étant donné la cherté de la main-d'œuvre et le manque d'une quantité suffisante de feuilles de mûrier. D'ailleurs leurs cocons, sous nos climats, sont généralement chétifs et de médiocre qualité. Nous devons donc nous en tenir exclusivement aux races n'ayant qu'une seule génération par an qui, pour cette raison, sont qualifiées de races *annuelles*.

En Chine on rencontre, vivant à l'état sauvage sur le mûrier un ver à soie qui, sous ses diverses formes de chenille, de chrysalide et de papillon a une très grande ressemblance avec notre Bombyx du mûrier. C'est le *Theophila mandarina* qui est abondant dans la région de Shangaï. Ses cocons d'un jaune clair, allongés, à tissu serré sont arrondis à une extrémité, pointus à l'autre ; ils sont pourvus d'une enveloppe non adhérente et fixés au mûrier par un petit cordon. Plusieurs savants et notamment le professeur *Sasaki*, qui l'ont beaucoup observé, sont d'avis qu'il est l'ancêtre de notre ver à soie domestique.

CHAPITRE II

L'ŒUF OU GRAINE

20. Aspect extérieur. — L'œuf du ver à soie, improprement désigné sous le nom de graine (13) a un diamètre moyen de 1 millimètre. Sa forme est plutôt ovale que ronde; ses deux faces sont très légèrement concaves et il possède à son extrémité la plus pointue une petite dépression correspondant à une ouverture appelée *micropyle* par laquelle les *zoospermes*, éléments du mâle, ont pénétré lors de la fécondation. Sa densité est sensiblement égale à 1,08.

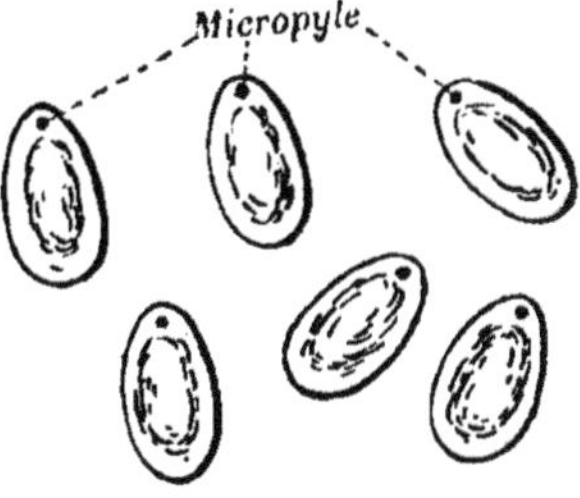

FIG. 1. — ŒUFS DU VER A SOIE TRÈS GROSSIS.

Un vernis gommeux dont il est enduit le colle à la substance sur laquelle il a été pondu; mais il peut en être facilement détaché grâce à la propriété qu'a ce vernis de se dissoudre sous l'action de l'eau.

C'est pourquoi les sériciculteurs, pour séparer les graines des toiles qui les supportent, plongent celles-ci pendant quelques minutes dans un récipient contenant de l'eau et les raclent avec un couteau à lame émoussée qui entraîne les œufs.

Chez certaines races du Levant (Bagdad, Massourah, etc.), ce vernis n'existe pas. Aussi faut-il prendre des précautions pour recueillir leurs œufs au moment de la ponte afin qu'ils ne se répandent pas sur le sol où ils se perdraient.

Une papillonne pond 400 à 600 graines qui sont, tout d'abord, d'un jaune clair. Mais, si elles ont été fécondées, leur coloration passe insensiblement, en deux ou trois jours, au gris bleuâtre chez les races à cocons blancs, au gris ardoisé ou au jaune terreux chez les races à cocons jaunes. Ce phénomène est causé par l'accumulation d'un pigment dans les cellules d'une fine membrane, désignée sous le nom de *séreuse*, qui tapisse tout l'intérieur de la coque.

Cependant le professeur *Verson* a observé que l'on rencontre parfois des œufs fécondés qui, tout en étant bien vivants, demeurent jaunes ou blanchâtres, jusqu'à la veille de leur éclosion. Mais ils présentent à proximité du micropyle, visible par transparence au travers de la coque une petite tache noire punctiforme qui est produite par la tête déjà pigmentée de l'embryon. Ce n'est que plus tard, quelques heures avant le début de l'éclosion, que la coque tout entière prend un aspect légèrement assombri. C'est le pigment contenu dans les cellules hypodermiques de la tête qui, s'étendant et se propageant peu à peu à toute la surface de la peau de l'embryon arrivé à son entier développement, produit ce résultat.

L'examen microscopique de ces œufs, pratiqué au moment où ils sont encore jaunes ou blanchâtres, montre que leur membrane séreuse est tout à fait dépourvue de pigment.

Le nombre d'œufs nécessaire pour peser 1 gramme varie suivant les races ou les variétés. C'est ainsi que :

1 gr. d'œufs	des variétés	du Var	en contient	1410
—	—	des Alpes	—	1435
—	—	du Roussillon	—	1540
—	de la race	de Bagdad	—	1350
—	—	Japonaise à cocons blancs	—	2180
—	—	Japonaise à cocons verts	en contient	2030
—	—	Chinoise à cocons blancs	—	1923
—	—	Chinoise à cocons jaunes	—	2057

L'examen de ces chiffres indique qu'il faut approximativement 1500 graines de nos races indigènes à cocons jaunes pour couvrir le poids de 1 gramme.

On a remarqué que certaines variétés indigènes, dont les vers sont très développés au moment de leur maturité, contiennent plus d'œufs dans 1 gramme que d'autres moins volumineuses. Les graines des premières sont donc plus petites. Il résulte de cette observation que « la longueur et le poids des vers parvenus à leur entier développement ne sont pas en rapport constant avec le diamètre et le poids des œufs dont ils sont sortis. » C'est ce qui explique la différence des rendements que produisent les vers de races pures et ceux qui sont issus de leurs croisements.

21. Structure de la graine. — La graine fécondée présente quatre parties bien distinctes :

La coque ou chorion.

La membrane vitelline.

Le vitellus.

L'embryon.

La coque est formée d'une matière cornée. Elle présente sur toute sa surface des dessins figurant des polygones irréguliers qui font supposer, ce qui n'est pas, qu'elle est constituée par des cellules. Ces dessins ne sont que des empreintes laissées par l'épithélium de l'ovaire qui a sécrété la substance dont le chorion est formé.

D'après le professeur *Verson*, chaque cellule épithéliale contiendrait 12 à 20 petites alvéoles qui, après la formation de la coque, laisseraient sur cette dernière l'empreinte d'un même nombre de ces petits polygones irréguliers.

Par suite de la contiguïté des cellules épithéliales autour de la coque, ces empreintes se trouvent réparties sur toute la surface de l'œuf. Les polygones qu'elles représentent sont plus allongés et régulièrement disposés sur deux rangs autour de l'ouverture, appelée *micropyle*, dont nous avons parlé (20).

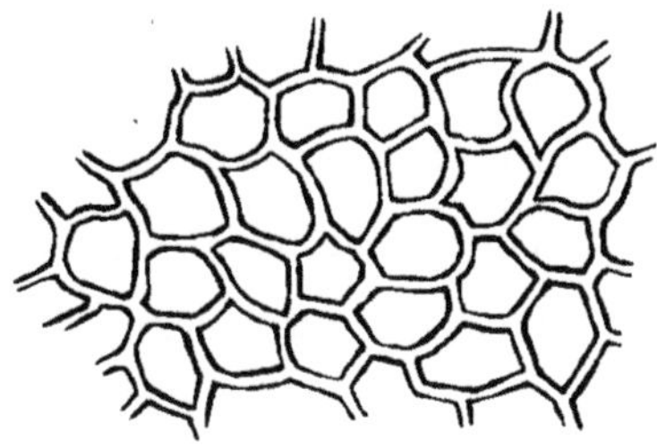

FIG. 2. — DESSINS CELLULOÏDES DE LA COQUE DE L'ŒUF.

De celle-ci partent trois petits canaux qui traversent obliquement l'épaisseur de la coque, pénètrent dans la cavité de l'œuf et y déversent la liqueur fécondante du mâle, par leur extrémité qui est recourbée.

La substance cornée de la coque est tout à fait différente de la *chitine* qui forme la peau des insectes. Les recherches des professeurs *Verson*, en Italie, et *Tikhomiroff*, en Russie, ont montré qu'elle s'en différencie parce que, à l'encontre de cette dernière, elle contient du soufre et une quantité presque triple d'azote.

Tikhomiroff l'a désignée sous le nom de *chorionine*. Elle contient, en moyenne, pour cent :

Carbone	47.27	Azote	16.93
Hydrogène	6.71	Soufre	3.67
Oxygène	24.72	Cendres	0.70

La chorionine est soluble dans les solutions concentrées de soude et de potasse.

La coque est perforée d'une multitude de canaux microscopiques qui permettent à l'air, nécessaire à la respiration de l'embryon, de pénétrer dans la graine. Son poids est de 8,87 pour 100 du poids total de l'œuf et ce dernier contient 64 à 66 pour 100 d'eau.

Nous avons dit (20) que des œufs fécondés demeurent parfois jaunes ou blanchâtres jusqu'à la veille de l'éclosion, par suite de l'absence du pigment dans leur membrane séreuse. *Verson* est d'avis qu'il faut en attribuer pour une grande part la cause à un vice de constitution des canaux microscopiques de la coque qui sont, dans ce cas, extrêmement petits et très ramifiés. L'air les parcourt difficilement ; l'intensité respiratoire de l'œuf est diminuée ; le pigment ne se forme pas dans la séreuse.

La membrane vitelline est une enveloppe transparente très mince placée immédiatement sous la coque.

Au-dessous d'elle se trouve la séreuse formée de grandes cellules polygonales contenant le pigment qui donne lieu au changement de coloration de l'œuf fécondé. Ces deux membranes entourent le vitellus destiné à nourrir le ver à soie pendant sa formation.

Le vitellus est une substance semi-liquide qui remplit la

graine. Il est constitué par de gros globules remplis de granulations, contenant un ou plusieurs noyaux analogues à ceux que l'on rencontre dans le jaune d'œuf des oiseaux et par un liquide albumino-graisseux dans lequel ces globules sont en suspension.

Les analyses de *Tikhomiroff* lui ont fait découvrir dans le vitellus qui contient les éléments nutritifs du germe les substances suivantes : albumine, graisse, glycogène, peptone, cholesterine, lécithine et des cendres contenant : acide phosphorique, acide sulfurique, acide chlorhydrique, potassium, sodium, calcium et magnésium.

L'embryon, ou germe du ver à soie, se trouve dans l'œuf fécondé sous la forme d'une bandelette foncée appliquée contre le chorion, à l'opposé du micropyle.

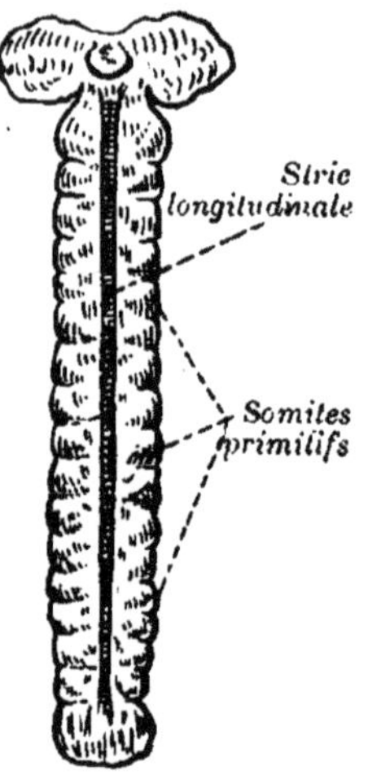

Fig. 3. — Embryon (bandelette primitive).

Cette bandelette primitive présente une strie longitudinale, indice de la symétrie bilatérale du corps de l'insecte, et dix-sept segments transversaux, appelés *somites primitifs*, qui sont les premiers vestiges des anneaux. Une de ses extrémités plus élargie, présente une double expansion qui formera la tête du ver à soie.

La face ventrale du germe est appliquée contre la coque; sa face dorsale tournée vers la partie intérieure de l'œuf est en communication avec le vitellus qui le nourrit pendant son développement.

Au moment où l'œuf est pondu, le germe, situé dans le vitellus, près du micropyle, est constitué par une simple cellule, *la vésicule germinative*, contenant un noyau appelé *Pronucléus femelle*. Mais, après l'accouplement, les zoospermes, éléments du mâle, qui ont pénétré dans l'œuf par le micropyle, ont formé un autre noyau, le *Pronucléus mâle* qui, fusionnant avec le premier, a opéré la fécondation.

Dès lors il s'est produit dans ce nouvel élément une multiplication de cellules qui, allant se grouper a la périphérie, ont formé une membrane appelée *Blastoderme* aux dépens de laquelle se sont constituées la membrane séreuse et la bandelette germinative.

22. Composition chimique de la graine. — D'après Peligot, 100 grammes d'œufs soumis à l'incinération ont laissé 1 gr. 285 de cendres contenant :

Acide phosphorique	53,8	p. 100
Potasse	29,5	—
Chaux	6,4	—
Magnésie	10,3	—

Cette composition se rapproche beaucoup de celle du grain de blé.

23. L'œuf et l'hérédité — La graine demeure, ainsi que nous venons de la décrire depuis la ponte qui a lieu généralement en juin, jusqu'à la fin du mois de janvier. Insensible pendant l'été, l'automne et l'hiver aux variations de température, elle subit l'action des plus grands froids sans en être incommodée. Mais, dès que les premières chaleurs se font sentir, en février, le germe s'anime et commence à opérer une évolution qui lui permettra de sortir de l'œuf à l'état de chenille.

En sériciculture, le développement de l'embryon s'opère sous l'influence de l'*incubation artificielle*, qui est basée sur des principes d'hygiène que l'éducateur doit bien connaître et appliquer sous peine de subir un échec (32).

La qualité des graines a une grande influence sur le rendement en cocons. L'œuf, en effet, transmet *par hérédité* à l'être dont il contient le germe, les caractères que possédaient les parents, leur robustesse ou leur débilité, leurs instincts. Les vers qui naîtront de graines saines, provenant de parents robustes, auront donc la chance de bien se tenir pendant le courant de leur vie et présenteront plus de résistance aux maladies accidentelles.

Mais si l'on veut obtenir de bons résultats, il faut, en attendant l'époque de leur mise en incubation, attacher un soin tout particulier à la conservation de ces graines qui est sous la dépendance de trois facteurs importants : l'*air*, la *température*, l'*humidité*.

24. L'air est indispensable à la graine. — La graine respire. Nous avons vu (21) que sa coque est traversée par une multitude de canaux microscopiques par lesquels l'air pénètre. L'ouverture extérieure de ces derniers est circulaire ; mais leur diamètre se rétrécit au fur et à mesure qu'ils pénètrent vers la cavité de l'œuf où leur débouché est extrêmement rétréci. Considérés isolément, ils ont l'aspect d'une virgule. D'après *Verson*, les canaux aérifères qui se trouvent vers la périphérie de la graine traversent l'épaisseur de la coque en suivant une direction oblique ; ils sont par suite assez longs. Ceux qui correspondent à ses deux faces concaves ont une direction presque normale. Leur parcours est bref.

C'est par ces canaux que l'œuf reçoit l'oxygène qui lui est nécessaire. Il rejette, en échange, de la vapeur d'eau et de l'acide carbonique.

Les recherches du professeur *Duclaux* nous ont appris que

son activité respiratoire est surtout très grande pendant les premiers jours qui suivent la ponte, alors que sa coloration s'accentue par suite de l'accumulation du pigment dans les cellules de la membrane séreuse, et à la veille de son éclosion.

Il en résulte que la graine diminue continuellement de poids depuis le moment où elle est pondue jusqu'à la fin de son incubation et cela dans les proportions suivantes, d'après *Maillot* :

Pendant le 1er mois qui suit la ponte	2 p.	100 du poids primitif.
—	2e — —	1	— —
—	les sept mois suivants (automne et hiver)	1	— —
—	le 10e mois (incubation)	9	— —
	Total	13 p. 100	

La perte de poids de la graine marchant de pair avec l'activité respiratoire, on voit, d'après ces chiffres, que cette dernière est surtout très grande à l'approche de l'éclosion.

25. Conséquences pratiques au sujet de l'emballage des graines. — Il résulte de ces considérations que les graines ne doivent jamais être entassées en couches épaisses, surtout pendant les premiers jours qui suivent la ponte et dès la fin de l'hiver. Si on les laisse sur les toiles où elles ont été déposées, celles-ci doivent être suspendues au milieu d'une salle, de façon que l'air circule librement autour d'elles.

Détachées des toiles, on doit les conserver dans des boîtes en carton percées de petits trous ayant une surface d'au moins 2 décimètres carrés pour 25 grammes de graine ou dans des sachets de mousseline de 10 centimètres sur 15, que l'on aura soin de toujours poser à plat sans les superposer. Lorsqu'on se trouve dans la nécessité de les transporter ou de les faire voyager, il faut, autant que possible, les mettre à l'abri des secousses violentes qui peuvent leur être funestes.

Les boîtes complètement fermées doivent être rejetées, ou *tout au moins assez grandes* pour que les graines y trouvent la quantité d'air nécessaire à leur respiration. Les expériences de *E. Duclaux* ont, en effet, démontré qu'il suffit, pour que les graines placées dans ces conditions respirent à leur aise, que la capacité des caisses soit telle que l'acide carbonique produit pendant la durée du séjour ne dépasse pas 3 pour 100.

Pour 25 grammes de graine devant être enfermée pendant un mois dans un récipient complètement clos, celui-ci doit contenir :

Pendant le mois qui suit la ponte		12	litres d'air
—	l'hiver	1	—
—	le mois qui précède l'incubation	5	—

26. — Résistance de la graine à l'action de l'eau et de diverses substances toxiques. — On peut laisser des graines deux ou trois jours sous l'eau impunément. En automne, alors que leur activité respiratoire est très ralentie, elles peuvent y demeurer, sans inconvénient, pendant une douzaine de jours.

Des bains de dix, douze et quinze heures dans des solutions à 1 pour 100 de sels désinfectants tels que le sulfate de cuivre, le sulfate de zinc et le permanganate de potasse ne nuisent en rien à leur éclosion.

D'ailleurs, le professeur *Raulin* a montré, à la suite de nombreuses recherches, effectuées en 1891, que les œufs du Bombyx mori peuvent être plongés pendant plusieurs heures dans des solutions assez fortes de substances neutres, sels mineraux toxiques ou sels d'alcaloïdes, sans souffrir du contact de la plupart d'entre elles. « Maintenus pendant trois heures dans des solutions, à 10 pour 100 en général, de divers sels : sulfate de cuivre, sulfate de fer, arséniate de potasse, sulfate de morphine, fuchsine, ils ne s'en sont point ressentis. Le sulfate de quinine, le sulfate de cinchonine, l'acide nitrique même n'ont pas empêché les trois-quarts des œufs d'éclore. »

27. Influence de la température sur la graine. — L'activité respiratoire de l'œuf fécondé est très sensible pendant le mois et surtout pendant les *vingt premiers jours* qui suivent la ponte, pourvu que la température se maintienne, à cette époque, au voisinage de 22° à 25° C. Cette activité correspond au travail interne qui assure l'organisation définitive et parfaite de la bandelette germinative dont nous avons parlé à propos de la structure de la graine. Il est donc prudent de ne point toucher à cette dernière avant que ce temps se soit écoulé.

Après vingt jours, on peut être certain qu'elle est passée *à un état d'inertie* qui dure pendant six mois, qui correspondent à l'été, à l'automne et à une partie de l'hiver.

Nous avons vu que, dans cet état, elle supporte très bien les variations naturelles de la température. Les fortes chaleurs et le froid très vif lui sont tout à fait indifférents pourvu qu'ils ne soient pas de longue durée.

Il est reconnu que les chaleurs estivales sont favorables à la graine; le sériciculteur a donc intérêt à lui laisser subir leur influence. Par contre, une température de 30° C, produite artificiellement, et maintenue pendant trois mois autour d'elle, l'altère et finit par la tuer.

Il résulte des recherches de *E. Duclaux*, que l'embryon ne se forme pas ou est mal constitué quand la graine n'a pas subi l'*action du froid* de l'hiver.

Le naturaliste hollandais *Leuwenhoek* en 1687, et *Loiseleur-Deslongchamps*, en 1869, avaient déjà remarqué que les graines annuelles n'éclosaient jamais avant l'hiver, même après avoir été exposées pendant un temps plus ou moins long à l'action de la chaleur.

Les professeurs Verson et Quajat ont obtenu avec des graines soumises pendant l'hiver à une température constante de 15° Centigrades des éclosions qui se prolongèrent pendant une quinzaine de jours, laissant à la fin un résidu de 30 pour 100 d'œufs non éclos.

Des graines que j'ai moi-même conservées pendant tout l'hiver 1897-1898 dans mon laboratoire constamment chauffé donnèrent un résultat analogue à celui qu'ont obtenu ces expérimentateurs et les quelques vers qui furent élevés *présentèrent une extrême lenteur à la montée à la bruyère.*

Les œufs qui ont été maintenus pendant toute la période hivernale dans un milieu tempéré sont donc capables d'éclore après une incubation plus ou moins longue; *mais les vers qu'ils produisent sont chétifs et prédisposés aux maladies.*

Il faut, par conséquent, soumettre les graines à l'action du froid pendant l'hiver.

Des expériences ont montré qu'elles peuvent supporter une température extrêmement basse. Tout récemment, *Takahashi,* au Japon, a découvert qu'elles ne gèlent qu'à 20° Centigrades au-dessous de zéro.

Mais la température qui leur est surtout favorable est celle qui est comprise entre o *et* + 5° *Centigrades.*

Sous l'influence de ce degré de froid, l'œuf acquiert son complet développement; le vitellus se modifie et devient apte à nourrir l'embryon qui s'organise d'une façon parfaite.

La graine s'engourdit au point de supporter, sans en être incommodée, le manque d'air momentané, l'humidité en excès, les secousses ou les chocs, toutes choses qui, aussitôt la ponte ou dès le printemps, lui seraient funestes.

Un froid plus intense (de — 6° ou de — 8° C, par exemple) est préjudiciable. Les œufs maintenus longtemps à cette température trop basse s'avarient.

La période de temps pendant laquelle la graine doit être soumise à l'action du froid est d'environ trois mois. On l'appelle période hivernale ou *hivernation.*

28. Hivernation de la graine. — On pratique l'hivernation soit en utilisant la fraîcheur naturelle de certains locaux, soit en envoyant séjourner les graines à une altitude élevée, soit en les plaçant dans des chambres ou dans des appareils refroidis artificiellement.

On est généralement d'accord pour reconnaître que la graine peut subir l'hivernation dans d'assez bonnes conditions, en la plaçant dans une pièce inhabitée, *exposée au nord et bien aérée,* n'ayant aucune communication avec des tuyaux amenant la chaleur d'un foyer situé dans l'appartement inférieur, et dont la température, indiquée par un bon thermomètre, se maintient, en hiver, à environ + 5° C, et ne s'élève jamais, au printemps, au-dessus de 10° C.

On peut, d'autre part, se servir de glacières appelées *Hivernatrices*, sortes de meubles d'environ un mètre cube de capacité, formés d'une caisse à double paroi contenant des corps mauvais conducteurs de la chaleur (sciure de bois, laine, etc.), et dont le couvercle est disposé de façon à pouvoir enfermer de la glace. Des combinaisons spéciales y assurent *le renouvellement constant de l'air* et empêchent la production exagérée d'humidité, conditions indispensables à la bonne conservation des graines.

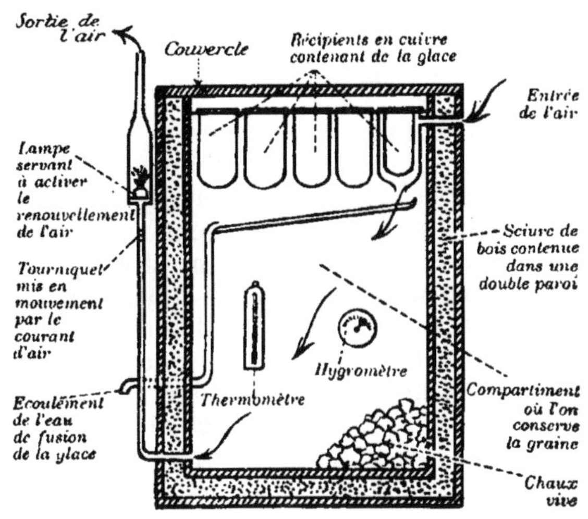

Fig. 4. — Hivernatrice de la station séricicole d'Alais.

Cependant, ces appareils ne sont pratiques que lorsqu'il s'agit de conserver quelques centaines de boîtes de 25 grammes ou de 30 gr. de graine. Leur capacité est restreinte.

Pour le sériciculteur qui dispose d'une production importante se chiffrant par milliers de boîtes de 15, 25 ou 30 grammes d'œufs, les meubles-glacières sont insuffisants. Il peut utiliser :

1° **L'hivernation en montagne** qui consiste à faire séjourner les graines à une altitude élevée, par exemple au couvent des Trappistes de Notre-Dame-des-Neiges (à 1000 m. d'altitude), dans l'Ardèche, ou aux observatoires de l'Aigoual (1560 m.), et du Ventoux (1900 m.).

Mais ce mode d'hivernation présente des inconvénients. Le graineur ne peut disposer à son gré de sa marchandise car, pendant une bonne partie de la morte-saison, les établissements où elle est en dépôt sont inaccessibles. Les moyens de transport sont lents et peu commodes. Enfin, la graine y est parfois soumise à l'influence de l'humidité qui, trop prolongée, lui est préjudiciable.

2° **L'hivernation dans des chambres frigorifiques** refroidies à l'aide de machines de divers systèmes — déjà aménagées dans quelques grandes villes pour la conservation des produits alimentaires — dans lesquelles la température au voisinage de zéro et la sécheresse de l'air sont réglées à volonté.

Celles de ces chambres qui servent à la conservation de la graine sont aménagées spécialement pour favoriser les fonctions physiologiques de cette dernière. Les résultats obtenus sont excellents.

La première chambre frigorifique d'une certaine importance a été construite en 1878, en Italie, par un habile sériciculteur, *Susani*. Il a fait établir en Lombardie, à Rancate, un local de ce genre pouvant contenir cent mille boîtes de 25 grammes de graine, dans lequel le froid est obtenu au moyen d'une solution concentrée de chlorure de magnésium, refroidie par l'évaporation de l'acide sulfureux liquide, dans une machine frigorifique système Pictet.

Quoi qu'il en soit, la capacité des locaux destinés à la conservation des graines doit avoir pour base un volume de 5 décimètres cubes par 25 grammes d'œufs. Par conséquent, 200 boîtes de 25 grammes exigent un mètre cube.

Nous avons dit que la graine doit subir l'action du froid pendant environ trois mois. En conséquence, le graineur, utilisant une des méthodes précédemment exposées, la mettra en hivernation vers la fin du mois de décembre pour l'y laisser jusqu'aux premiers jours d'avril, époque à laquelle il se disposera à en faire la livraison à ses clients en France.

E. Duclaux a montré que les *graines récemment pondues demandent pour éclore un froid plus prolongé que celles qui sont âgées de cinq à six mois par exemple.*

La connaissance de ces faits permet de rendre la graine annuelle déposée en juin par la papillonne, apte à éclore dès le mois d'octobre. On y arrive en mettant les graines en glacière à une température de + 2 à + 3° C, vingt jours après la ponte et en les y maintenant pendant soixante jours. Puis on les laisse prendre pendant six semaines la température ambiante, et enfin on les met en incubation.

Cette méthode rend l'éclosion aussi complète et aussi régulière que si elle s'effectuait au printemps.

Etant donné la situation économique actuelle de la sériciculture en France, la naissance des vers en octobre n'a rien de pratique pour nos régions et ne peut servir qu'à des recherches dans les magnaneries expérimentales.

Grâce aux hivernatrices ou aux chambres frigorifiques, des graines pondues l'année précédente peuvent être conservées en état d'inertie jusqu'au mois d'août et livrées à ce moment aux éducateurs qui désirent faire une *éducation dite d'automne.*

Il fut un temps où ces élevages étaient assez pratiqués en France. Mais, nous avons vu qu'aujourd'hui, la main-d'œuvre devenue rare, chère et exigeante, l'abandon progressif des mûriers, la concurrence faite par la culture de la vigne font délaisser de plus en plus les éducations de printemps. En faut-il davantage pour reconnaître que celles d'automne, qui exigent pour la cueillette de la feuille des soins tout particuliers, n'ont plus aucune chance d'être prises en considération !

Les locaux frigorifiques rendent aussi un réel service aux sériciculteurs en leur permettant de conserver de la graine très tard au printemps en prévision des gelées qui, sévissant parfois sur les mûriers dès le début de leur végétation, obligent les éducateurs à abandonner, faute de nourriture, leurs vers nouveau-nés. Cette graine, mise en incubation huit ou dix jours après la gelée, éclôt juste au moment où la feuille commence à repousser sur les mûriers qui ont été atteints par le fléau. Le magnanier se trouve alors en possession de jeunes vers très sains qui lui permettront de reconstituer son élevage et d'obtenir, malgré l'accident météorologique, une bonne récolte de cocons.

29. **Conservation de la graine au printemps.** — A partir du mois de *février*, la conservation de la graine devient très délicate et acquiert une importance considérable au point de vue de la vigueur des vers qui en naîtront et de la réussite de leur éducation.

Dès cette époque, en effet, les premières chaleurs printanières se font sentir. Sous leur influence, les cellules de la bandelette germinative, prédisposées par le froid de l'hiver, entrent en mouvement, leur respiration devient active et l'embryon commence à opérer ses transformations. Si la température se refroidit, cette évolution est brusquement interrompue. Les arrêts successifs de développement qui peuvent ainsi se produire sont *très préjudiciables* à la robustesse ou même à la vie de la future chenille. Celle-ci *périt peu après sa sortie de l'œuf* : *parfois même elle n'éclôt pas*. Sinon, elle traîne une misérable existence et devient généralement victime de la *gattine* (maladie des passis ou des luzettes) dès sa sortie de la troisième mue (163), de la *grasserie* (172), ou de la *flacherie* (157) au cours du cinquième âge.

Verson est d'avis que la plus grande partie des désastres que la *flacherie accidentelle* occasionne dans les magnaneries *est due à la mauvaise conservation de la graine au printemps, surtout en mars*.

Il faut donc s'arranger de façon à la tenir au froid jusqu'au moment de l'incubation.

Il résulte de ces considérations que les marchands de graine qui transportent cette dernière en mars et avril, d'une commune à une autre, soit réunie en masse dans des sacs, soit en boites enfermées elles-mêmes dans des valises, pour les livrer à leurs clients les jours de marché, agissent très mal. Les magnaniers qui, dès la réception de cette graine, la mettent, pour la conserver, dans la chambre à coucher, dans un tiroir ou dans une armoire, se portent un préjudice considérable.

Les conditions défectueuses dans lesquelles se fait le transport des œufs de vers à soie par la poste (secousses, maintien plus ou moins long dans des sacs fermés, remplis de toutes sortes d'échantillons : chaleur trop élevée dans les bureaux ou dans les wagons chauffés, etc.), contribuent beaucoup à gâter la graine et à produire les accidents que nous venons de signaler.

Pour éviter tout aléa, le producteur de graine doit conserver celle-ci au froid jusqu'aux premiers jours d'avril. Il l'adresse alors, par la voie la plus directe, à ses clients, dans des boîtes fermées et banderolées, conformément à la loi du 11 juin 1909 sur les primes à la sériciculture, en leur recommandant de la placer, aussitôt reçue et en attendant sa mise à l'incubation, dans un local inhabité, exposé au Nord, sec, et *bien aéré*, dans lequel le thermomètre se maintiendra jusqu'à ce moment entre 8° et 10° C, soit 6° et 8° Réaumur.

30. Influence de l'humidité sur les graines. — En respirant, les œufs de vers à soie perdent du poids. Ils émettent de la *vapeur d'eau* et de l'acide carbonique. Si l'air du local où on les conserve est humide, cette exsudation s'arrête et l'animal qui en sort est chétif. En outre, pour peu que la température s'élève à 8° ou 10° C, l'humidité exagérée favorise, sur les graines, le développement de moisissures qui leur sont très préjudiciables.

En 1876, la Commission des soies de la Société d'Agriculture, d'Histoire naturelle et Arts utiles de Lyon fit, à ce sujet, une expérience très concluante, rapportée par son secrétaire, *M. Dusuzeau*, à la séance du 23 février 1877.

Deux lots, n°s 1 et 8, comprenant chacun six cellules de graine de même race à cocons jaunes parfaitement sélectionnée, provenant d'une petite éducation bien réussie, en 1875, exempte de grasserie et de flacherie furent placés chacun dans une boîte de fer-blanc finement perforée de trous multipliés pour livrer passage à l'air, sans permettre l'introduction des insectes dangereux pour les graines, puis transportée au lieu qui lui était assigné.

On plaça le n° 1 dans une pièce au premier étage exposée en plein nord, aérée et dont la température ne dépassa pas + 8° C., au printemps suivant.

La boîte contenant le lot n° 8 fut renfermée et suspendue dans une caisse cubique en bois de 30 centimètres de côté, qui fut recouverte d'un linge dont les coins, s'imbibant dans quatre soucoupes remplies d'eau, devaient communiquer par capillarité l'humidité à toute la toile et à la caisse.

Les graines furent détachées des toiles le 20 février, puis après avoir été bien ressuyées à l'air, remises dans leurs boites et réinstallées à leurs places respectives jusqu'à l'époque préparatoire de l'éclosion. Mais on constata que les cellules du n° 8 étaient envahies par d'abondantes moisissures; leurs graines se distinguaient de celles du lot n° 1 par une teinte plus terne, par plus de volume et plus de poids.

Le 5 mai 1876, avant la mise à l'incubation on réduisit chaque lot à un seul gramme de graine. Le 12 mai, l'éclosion était achevée dans les deux lots, mais les œufs tarés atteignirent la proportion élevée de 32 pour 100 dans le lot n° 8, tandis que les naissances dans le n° 1 furent complètes.

Le lot témoin produisit 2 kg. 462 de cocons de bonne qualité. Le rendement du lot n° 8 ne fut que de 0 kg. 412; les cocons de rebut y furent très nombreux, car leurs vers avaient été très éprouvés par la flacherie.

Les œufs avaient donc été profondément altérés par l'humidité et par les moisissures. Le mycelium de ces dernières pénétrant dans la graine étreint les organes du ver embryonnaire pour s'en faire un aliment, tandis qu'au dehors l'inflorescence du champignon, absorbant l'oxygène, vicie l'air et produit l'asphyxie.

En Italie, le professeur *Verson* a conservé pendant deux mois un lot de graine dans de l'air saturé d'humidité comparativement à un lot placé dans un local aéré et sec. Les trois quarts seulement des œufs du premier lot donnèrent naissance à de jeunes vers et le rendement en cocons fut de 0 kg. 866 par gramme de graine. Le lot témoin, conservé dans l'air sec, produisit 2 kg. 085 de cocons pour la même quantité d'œufs.

L'air trop sec est moins dangereux que l'humidité; mais il amène une surexcitation dans l'évaporation de la graine qui s'aplatit et qui, plus tard, mise à l'incubatrice pour éclore, peut, ce qu'en terme de métier on appelle, *se brûler*.

La meilleure façon de se rendre compte de l'humidité d'un local consiste à y placer un *hygromètre à cheveu*. Les conditions favorables à la conservation des œufs sont remplies lorsque l'aiguille de cet instrument se maintient entre 70° et 75°. Au delà de ces limites, l'air humide augmente l'activité respiratoire de la graine au détriment du développement normal de l'embryon.

31. Éclosion naturelle de la graine. — Nous avons vu que les graines de nos races annuelles ne deviennent aptes à bien éclore qu'après avoir subi l'action plus ou moins intense du froid. Quelques œufs éclosent une douzaine de jours après avoir été pondus. Mais ces cas de *bivoltinisme accidentel*, dont on n'a pu encore expliquer la cause, sont généralement rares et sans importance.

C'est donc au printemps qu'il faut s'attendre à voir les jeunes chenilles sortir des œufs lorsque ces derniers sont abandonnés à l'influence des chaleurs plus ou moins régulières qui commencent à se manifester dès le début de cette saison. La bandelette germinative commence, en effet, son évolution dès que la température du milieu où elle est placée atteint 11° à 12° C.

Mais l'éclosion obtenue dans ces conditions traîne en longueur; les variations de température auxquelles la graine est soumise nuisent à l'embryon qui se développe mal et finit par devenir un ver chétif, débile, dont l'existence sera fort précaire.

Une économie bien entendue commande, au contraire, de régulariser le développement du germe, de façon à faire naître, en même temps et au moment voulu, les vers à soie que l'on se propose d'élever. Ces derniers sont alors vigoureux. On y arrive en pratiquant l'*incubation artificielle*.

32. Principes de l'incubation. — On désigne sous ce nom l'opération qui consiste à chauffer les œufs de façon à amener l'éclosion simultanée des vers à soie.

Ceux-ci doivent marcher avec la végétation de la feuille de mûrier; il faut donc s'arranger de manière à les faire naître au moment où les bourgeons de cet arbre commencent à se développer.

Pour obtenir un bon résultat, il faut procurer à la graine :

Une chaleur douce s'élevant régulièrement de un demi-degré par jour jusqu'à 23° C, et, détail très important, ***ne revenant jamais en arrière.***

2° *De l'air pur et sans cesse renouvelé*, indispensable à la respiration des œufs qui est, à ce moment, très active.

3° *Une légère humidité* destinée à empêcher le dessèchement de la graine et à favoriser l'éclosion.

La température du local de conservation étant de 10° C, la chaleur de 23° C, nécessaire à l'éclosion, sera obtenue au bout d'une vingtaine de jours environ en procédant de la façon suivante :

Au sortir de la chambre froide, la graine est placée dans un appartement sans feu où l'on se tient d'habitude, et on l'y laisse séjourner pendant trois ou quatre jours, afin qu'elle en prenne la température ambiante qui est de 13° à 14° C. C'est ce que l'on appelle : *préparer la graine.*

Puis on l'augmente régulièrement de 1/2 degré par jour, soit de 1 degré tous les deux jours de façon qu'elle passe successivement : à 15° du 5ᵉ au 7ᵉ jour; à 16° du 7ᵉ au 9ᵉ jour; à 17° du 9ᵉ au 11ᵉ jour; à 18° du 11ᵉ au 13ᵉ jour; à 19° du 13ᵉ au 15ᵉ jour; à 20° du 15ᵉ au 17ᵉ jour; à 21° du 17ᵉ au 19ᵉ jour. On maintient cette température jusqu'à ce que les œufs commencent à blanchir, ce qui indique que l'éclosion est proche. On l'élève alors à 22° C. Enfin, lorsque les premiers vers font leur apparition, on chauffe un peu plus pour faire monter la colonne thermométrique à 23° que l'on doit conserver pendant tout le temps de la naissance des vers.

Ceux-ci naissent parfois dès les premiers jours qui suivent leur mise à l'incubation. On a alors ce que l'on appelle une ***éclosion spontanée***, due la plupart du temps à la conservation défectueuse de la graine en février-mars. *C'est un mauvais présage pour l'avenir de l'éducation.*

Il vaut mieux, au contraire, que la graine soit un peu dure à l'éclosion. C'est l'indice d'une bonne hivernation et de la vigueur des vers qui en naîtront.

Dans un milieu humide, l'embryon se développe un peu plus rapidement que dans un milieu sec; l'éclosion commence un jour plus tôt.

Le même phénomène se produit pour certaines races. C'est

ainsi que, toutes conditions de conservation et d'incubation de la graine étant égales, ce sont les œufs des races de Chine qui éclosent les premiers, puis ce sont ceux des races du Japon. Les vers de nos races européennes sont les moins précoces à ce point de vue.

33. Formation du ver à soie dans l'œuf et éclosion. — Nous avons vu (21) que, cinq ou six jours après avoir été pondue, la graine fécondée contient une bandelette aplatie formée de dix-sept segments qui est le premier vestige de l'embryon et qu'elle demeure ainsi constituee jusqu'au moment où la température printanière atteint 11° à 12° C.

Sous l'influence de cette dernière, l'évolution du germe commence. La lame formant l'embryon, dont la face ventrale est tournée vers la coque de l'œuf, commence à s'épaissir; elle se courbe en gouttière de façon à former un tube qui, se fermant en avant et en arrière, laisse vers le milieu de la partie dorsale une ouverture par laquelle le germe demeure en communication avec le vitellus qui le nourrit. La g aine étant mise en incubation conformément aux principes que nous avons exposés, le développement du précieux insecte se poursuit d'une façon régulière.

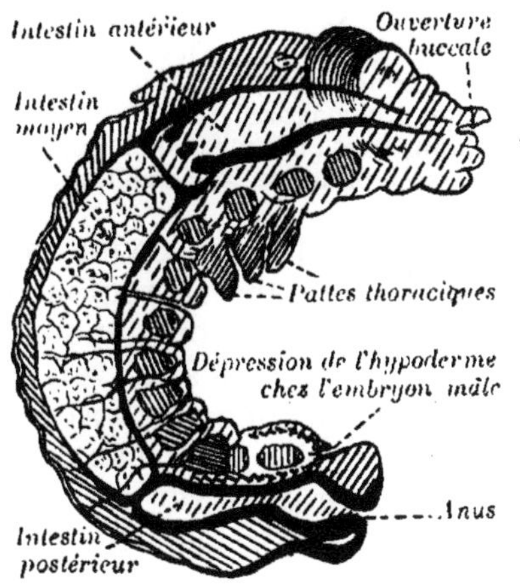

Fig. 5.
Embryon au quatorzième jour.

Vers le quatrième jour on voit de chaque côté de la strie longitudinale, au niveau de chacun des sept premiers segments, deux renflements coniques. Ce sont les rudiments des mandibules, des palpes maxillaires, des palpes labiaux et des trois paires de pattes écailleuses ou thoraciques.

Les extrémités céphalique et caudale présentent chacune, du cinquième au sixième jour, une invagination correspondant l'une à la bouche, l'autre à l'anus. A peu près en même temps, les labres se constituent au-dessus et au-dessous de la bouche.

Vers le septième jour la chaine ganglionnaire du système nerveux est constituée. La bouche, les mâchoires et les pattes thoraciques sont formées les huitième et neuvième jours.

Le dixième jour les neuf paires de stigmates apparaissent sur le premier anneau thoracique et sur les huit premiers anneaux de l'abdomen; presque aussitôt la trompe soyeuse, qui est le débouché des glandes de la soie, se montre sous la bouche.

A ce moment, les 3°, 4°, 5°, 6° et 9° anneaux de l'abdomen produisent chacun une paire de renflements qui deviennent peu à peu les pattes membraneuses ou fausses pattes. Les quatre premiers segments céphaliques de l'embryon se soudent et la tête est définitivement constituée.

Les invaginations de la bouche et de l'anus ayant, depuis lé moment de leur formation, penétré plus avant dans le corps de l'embryon, ont formé l'indestin antérieur et l'intestin postérieur. Quant à l'intestin moyen ou ventricule, qui est demeuré jusqu'à présent en communication avec le vitellus, il se détache de ce dernier et l'ouverture dorsale, par laquelle il correspondait avec lui. se ferme. Les séparations qui limitaient l'intestin antérieur et l'intestin postérieur disparaissent et, dès lors, le tube digestif forme un conduit unique allant de la bouche à l'extrémité anale du corps de la chenille en formation.

L'embryon devenu libre fait une demi-révolution sur lui-même. Il tourne sa région dorsale vers la coque, de sorte que sa face ventrale et ses pattes viennent regarder le centre de l'œuf. Il continue maintenant à se nourrir en absorbant par la bouche le reste du vitellus.

Le quatorzième jour les trachées, les glandes salivaires, les glandes soyeuses sont constituées; les rudiments des poils se montrent sur les anneaux du corps.

Le seizième jour la pigmentation de la peau commence; elle s'étend insensiblement de la tête vers la partie postérieure de l'animal.

Le dix-huitième jour la constitution de la petite chenille touche à sa fin. Les ongles des extrémités des pattes et les poils sont tout à fait formés. L'air commence à pénétrer dans les trachées.

L'insecte se repliant sur lui-même vers l'intérieur de l'œuf s'isole de la coque; il en résulte qu'il devient moins visible par transparence au travers de cette dernière qui, par suite, prend un aspect blanchâtre. C'est le signe qui permet aux magnanières de reconnaître que l'éclosion approche.

Enfin, sous l'influence de la température portée et maintenue à 23° Cent., le ver à soie paraît au jour définitivement formé.

Pour sortir de sa coque la jeune chenille la perce avec ses mandibules dans la région du *micropyle*; puis elle agrandit l'ouverture en la coupant sur ses bords morceau par morceau. Ceux-ci sont avalés, traversent le tube digestif sans subir aucune modification, de sorte qu'on les retrouve dans les déjections expulsées par l'insecte à peine éclos et encore à jeun.

Parfois le petit ver ne fait pas une ouverture assez grande pour sortir normalement de sa coque. C'est alors la partie postérieure de son corps que l'on voit paraître, tandis qu'il fait des efforts pour dégager sa tête qui demeure à l'intérieur. *Verson* est d'avis que c'est un signe de débilité.

Les coques abandonnées après l'éclosion sont absolument vides et propres; elles ont un aspect blanchâtre et l'on distingue très nettement, à la place où se trouvait le micropyle, l'ouverture par laquelle les petites chenilles sont sorties.

34. Évaluation des vers éclos. — Il est parfois nécessaire de rechercher à quel poids de graine correspond une certaine quantité de vers à soie nouvellement éclos.

Or, il résulte de plusieurs observations que 25 grammes de graine, comprenant 36 000 vers, pesés aussitôt après l'éclosion, se décomposent ainsi :

Poids des jeunes vers	17	grammes.
Poids des coques	5	—
Poids de l'eau évaporée	3	—
Total	25	—

Par conséquent 17 grammes de jeunes vers à peine éclos et à jeun ou 5 grammes de coques correspondent approximativement à 25 grammes de graine ou à 36 000 vers.

35. Éclosion prématurée des graines sous diverses influences. — Nous avons vu (28) que l'hivernation artificielle favorise l'éclosion prématurée des graines.

Le même résultat peut être obtenu avant que les œufs aient subi l'action du froid, en les soumettant à diverses influences telles que celles du frottement, de l'électricité, des acides, d'une forte chaleur, d'une lumière intense et des variations brusques de température.

36. Frottement. — C'est en 1856 que des éducateurs de Bergame trouvèrent le moyen de faire éclore des graines de race annuelle quelques jours après la ponte. Leur procédé, qu'ils gardèrent secret pendant une quinzaine d'années, consistait à brosser vivement les œufs, pondus sur un carton, à l'aide d'une brosse de racines de bruyère.

Des recherches furent entreprises à ce sujet, en 1870, par *Terni*, *Verson*, *Susani* et *Duclaux* et poursuivies pendant plusieurs années.

Il en résulte que l'on pouvait provoquer la naissance des vers à soie soit en brossant les graines avec une brosse végétale dure ou même une brosse douce en crin très fin, soit en les percutant à de brefs intervalles, soit en les malaxant entre les doigts sous l'eau pendant une dizaine de minutes.

De nombreuses expériences permirent de reconnaître que l'éclosion est d'autant plus rapide et plus complète que l'on opère sur des graines plus jeunes. L'âge le plus favorable est deux à trois jours.

Il ne faut pas que les graines aient dépassé vingt jours depuis le moment où elles ont été pondues, sans quoi on n'obtient que 5 pour 100 d'éclosions, tandis que, avec des œufs jeunes, les naissances atteignent le 50 pour 100.

37. Électricité. — Pensant que l'efficacité du frottement pouvait être attribuée à l'électricité qu'il a pu développer sur les graines, le professeur Verson soumit, en 1874, un lot de ces dernières à l'influence de cet élément.

Ayant suspendu un pinceau métallique à une machine électrique il fit tomber directement sur les œufs âgés de un, deux ou trois jours une pluie d'étincelles pendant des temps variés et il obtint, après une action de dix minutes, l'éclosion de tous les œufs au bout d'une dizaine de jours d'incubation.

Plus les graines sont âgées, plus les naissances sont rares et si on les soumet à l'expérience lorsqu'elles ont plus de trente jours elles ne donnent, pour ainsi dire, plus rien.

D'autre part, *E. Duclaux*, s'étant livré à des recherches sur le même sujet reconnut que l'électricité statique était seule vraiment efficace pourvu que les graines soient placées dans une atmosphère au sein de laquelle s'effectue la recomposition des fluides positif et négatif que les machines ont séparés.

En se servant de l'électricité produite par une pile voltaïque ou en faisant pondre les œufs sur une sphère de laiton que l'on électrise fortement aucune éclosion n'est obtenue.

Duclaux a placé les œufs entre deux plaques de verre sur lesquelles, de chaque côté, deux disques de laiton étaient mis en communication avec les pôles positif et négatif d'une bobine de Ruhmkorff et, dans l'obscurité, on voyait à travers les lames de verre une lueur se produire. Après avoir fait subir ce traitement pendant un quart d'heure il constatait que pour des graines âgées de deux jours, mises aussitôt après en incubation, l'éclosion se produisait dans la proportion de 50 pour 100.

On remarque, lorsqu'on soumet une ponte à l'influence de l'électricité, que toutes les graines ne sont pas capables d'éclore; il y en a qui résistent. On explique ce fait en disant que ces dernières sont plus vieillies que les autres, tout en étant du même âge.

C'est que l'âge d'une graine se mesure par le degré d'activité respiratoire qu'elle a manifesté et non par le nombre d'heures écoulé depuis le moment où elle a été pondue. Une graine qui a beaucoup respiré a vieilli, tandis qu'une autre qui a peu respiré est jeune. Il y aurait ainsi dans le commencement de la vie des œufs une certaine période de jeunesse pendant laquelle ils seraient capables d'éclore sous des influences variées.

38. Influence des acides. – L'éclosion prématurée des œufs sous l'influence des acides a été découverte en 1876 par *E. Duclaux*.

Ce savant eut l'idée de plonger, pendant des temps variés, des graines fraîchement pondues dans de l'acide sulfurique au maximum de concentration. Il reconnut que trente secondes d'immersion, suivies d'un lavage à grande eau, suffisent pour rendre la graine apte à éclore.

En 1877, *Bolle* répète les expériences de Duclaux, agissant, en outre, avec les acides chlorhydrique et nitrique, et il obtient des effets analogues même en plongeant simplement les œufs dans de l'eau distillée chauffée à environ 50° centigrades.

En 1878, l'ingénieur *Susani*, en Italie, trouva que les acides nitrique, chlorhydrique, tartrique et acétique produisent des résultats analogues, peut-être en exerçant sur les coques des actions dissolvantes qui les rendraient plus perméables à l'air. Il faut, en effet, pour que l'éclosion se produise prématurément, que l'œuf respire très activement, ce qui a lieu quand on modifie par les acides l'épaisseur du chorion.

Il résulte de nombreuses recherches qui ont été effectuées sur ce sujet que l'on doit donner la préférence à l'acide chlorhydrique dilué (deux parties en poids d'acide concentré et une partie d'eau) en le faisant agir pendant quinze minutes sur des œufs fraîchement pondus, à la température de 30° centigrades.

Bellati et *Quajat* ont remarqué que la sensibilité à l'action des acides varie avec les races (l'épaisseur et la dureté de la coque variant avec ces dernières) et avec la température du milieu où l'on opère. Le froid affaiblit l'action des acides qui, au contraire, est très énergique aux environs de 40° centigrades.

Ces mêmes expérimentateurs reconnurent, en outre, en 1894, que l'on peut obtenir l'éclosion prématurée des œufs par les moyens suivants :

39. Température élevée. — Des graines placées pendant vingt à vingt-cinq secondes dans un milieu où la température est de 80° à 85° centigrades, donnent jusqu'à 30 pour 100 de naissances, tandis qu'au dessous de 50° centigrades, on n'obtient rien ou à peine 3 pour 100 d'éclosions.

40. Chaleur accompagnée de lumière intense. — En concentrant pendant quelques secondes les rayons du soleil au moyen d'une lentille, ou d'un miroir concave, sur des œufs on arrive à obtenir le 5 pour 100 d'éclosions. Mais, avec une telle élévation de température on risque de dessécher complètement toutes les graines.

41. Variations brusques de température. — En plongeant les graines dans de l'eau chauffée à environ 50° centigrades, puis, immédiatement après, dans l'eau froide et en répétant cette opération une dizaine de fois on arrive à avoir le 90 pour 100 de naissances.

Mais les effets obtenus dans ces trois derniers procédés varient suivant les variétés et les races, et même suivant les graines d'une même ponte.

L'éclosion prématurée des graines favorise les recherches

qu'effectuent les laboratoires séricicoles; la pratique des éducations chez nous n'a rien à en tirer directement.

42. — Distinction du sexe des œufs de vers à soie. — L'œuf du *Bombyx mori* ne présente extérieurement aucun caractère permettant de distinguer le sexe auquel il appartient. Sa grosseur, sa forme, son poids ne nous décèlent rien. Les nombreuses recherches qui ont été faites à ces divers points de vue n'ont donné aucun résultat. Par contre, il résulte des travaux du professeur russe *Tikhomiroff* et de l'ingénieur japo-

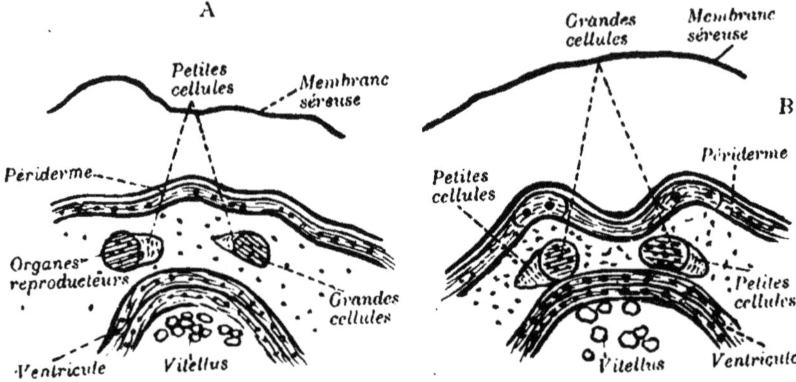

Fig. 6. — Distinction du sexe dans l'œuf.

nais *Ishiwata* que l'embryon dont le développement est assez avancé présente des rudiments d'organes reproducteurs qui font distinguer le sexe du futur animal.

C'est ainsi que, d'après *Tikhomiroff*, l'embryon mâle possède un organe émanant des enveloppes dermiques qui, dès le 13e jour de son développement printanier, se présente sous l'aspect d'une dépression assez profonde de l'hypoderme située sous l'intestin postérieur (fig. 5).

S. *Ishiwata* a reconnu tout dernièrement que les organes reproducteurs existent par paires et sont bien visibles dans l'embryon organisé. Chacun de ces organes est formé d'un groupement de grandes et de petites cellules dont la disposition diffère suivant que l'on a affaire à un mâle ou à une femelle.

Leur recherche se fait en examinant au microscope des coupes transversales de l'embryon dont on veut déterminer le sexe.

« Si l'on trouve, dit-il, sur la coupe transversale (fig. 6, A) de petites cellules agglomérées sur chaque organe à l'intérieur de la section et de grandes cellules (qui sont les cellules reproductrices) à l'extérieur, nous avons affaire à une paire d'organes mâles (testicules). Si c'est l'inverse, c'est-à-dire si les petites cellules sont à l'extérieur et les grandes cellules à l'intérieur (fig. 6, B) nous sommes en présence d'une paire d'organes femelles (ovaires). »

CHAPITRE III

LE VER A SOIE OU CHENILLE DU BOMBYX MORI

43. Généralités. — Ages. — Dimensions. — Poids. — Nous avons vu (31-32) que, sous l'influence de l'incubation, le germe contenu dans l'œuf du Bombyx du mûrier se développe et devient peu à peu une petite chenille qui éclôt.

Cette larve, qui est le ver à soie, a au moment de sa naissance tout au plus 3 millimètres de longueur et pèse à peu près un demi-milligramme. Complètement brune, elle est recouverte de touffes (de 4 à 5 poils chacune) placées sur des mamelons symétriquement disposés sur les parties dorsale et latérales de chacun des anneaux du corps. Sa tête, très brillante, est d'un noir de jais.

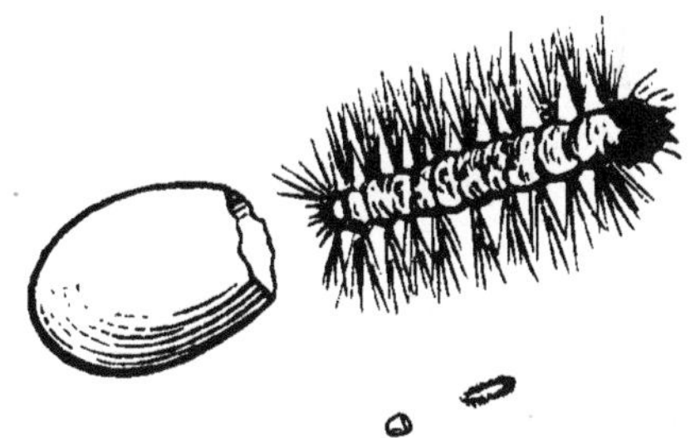

Fig. 7. — Le ver a soie a l'éclosion.

Elle se nourrit de feuilles de mûrier et, sous l'influence d'une température de 20° à 22° cent., qui est celle que l'on maintient généralement pendant son élevage, sa croissance est si rapide qu'au bout de 33 à 36 jours elle atteint 80 millimètres de longueur et un poids de 4 à 5 grammes.

Pendant le cours de son existence cette chenille change quatre fois de peau et l'intervalle compris entre chacune de ces *mues* constitue un *âge*.

Le ver à soie a donc cinq âges à parcourir depuis sa sortie de l'œuf jusqu'au moment où, devenu *mûr*, il se dispose à faire son cocon. C'est ainsi que nous avons :

De l'éclosion à la 1re mue, le premier âge qui dure 5 à 6 jours.

De la 1re mue à la 2e mue, le second âge qui dure 4 à 5 jours.

De la 2e mue à la 3e mue, le troisième âge qui dure 6 à 7 jours.

De la 3e mue à la 4e mue, le quatrième âge qui dure 7 à 8 jours..

De la 4e mue à la confection du cocon, le cinquième âge qui dure 9 à 10 jours.

Dès le second âge la peau du ver à soie devient grisâtre, paraît chagrinée et les touffes de poils, ainsi que les mamelons qui les supportaient, ont disparu.

L'appétit de notre insecte est surtout très grand au cours du cinquième âge, pendant sept à huit jours qui constituent l'époque de la *grande frèze* ou *grande briffe*.

Il atteint alors sa plus grande taille. Puis sa voracité s'apaise, il mange de moins en moins, son poids diminue et il finit par abandonner complètement la feuille de mûrier. Son corps qui était opaque devient transparent. Les magnaniers disent qu'il est *mûr*.

Voici, d'après *E. Maillot*, les dimensions moyennes d'un ver de race jaune dont le cocon pèse environ 2 grammes :

	LONGUEUR	LARGEUR	SURFACE
	mm.	mm.	mmq.
A l'éclosion.	3	1	3
A la sortie de 1re mue	8	1,25	10
— 2e —	15	2,00	30
— 3e —	28	3,20	90
— 4e —	40	5,50	220
Au maximum de taille.	80	7,50	600

Le même auteur a calculé, d'après les chiffres de Dandolo, la variation de poids, aux divers âges, des vers issus d'une once de 25 grammes de graine, généralement au nombre de 36000 et il est arrivé aux résultats suivants :

Poids de 36000 *vers* :

A la naissance	17	grammes
A la sortie de 1re mue.	255	—
A la sortie de 2e mue.	1 598	—
A la sortie de 3e mue.	6 800	—
A la sortie de 4e mue	27 676	—
A la plus grande taille	161 500	—
A la maturité.	131 920	—
Cocons (472 au kilo.)	76 250	—
Chrysalides seules	66 300	—
Papillons (moitié de chaque sexe) .	99 865	—

Cette augmentation de poids, dans la proportion d'à peu près 1 à 10000, en si peu de temps, est vraiment prodigieuse

Le ver mûr abandonne la litière et se met à la recherche d'un endroit commode pour y confectionner son cocon. Il s'y enferme tout à fait pour se transformer en chrysalide.

44. Extérieur du ver à soie. — Pour bien connaître les diverses parties qui composent le ver à soie il faut l'étudier au moment où il vient d'atteindre son maximum de taille, c'est-à-dire vers le huitième jour de son cinquième âge.

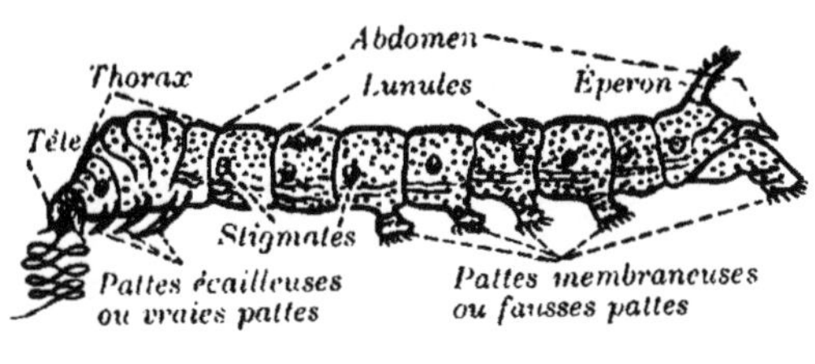

Fig. 8. — Extérieur du ver a soie au cinquième age.

Son corps, allongé et cylindrique, composé de douze renflements ou anneaux, sans compter la tête, présente trois parties bien distinctes :

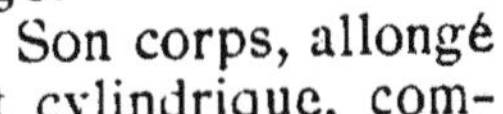

La tête.

Le thorax portant les pattes écailleuses.

L'abdomen muni de fausses pattes, dites membraneuses.

Le tout est recouvert par la *peau*.

45. La tête est petite; elle est formée de deux hémisphères appelées *squames pariétales*, entre lesquelles se trouve une squame triangulaire, dite *frontale*, présentant à sa base deux parties : l'*épistome* qui lui adhère directement et le *labre* ou lèvre supérieure.

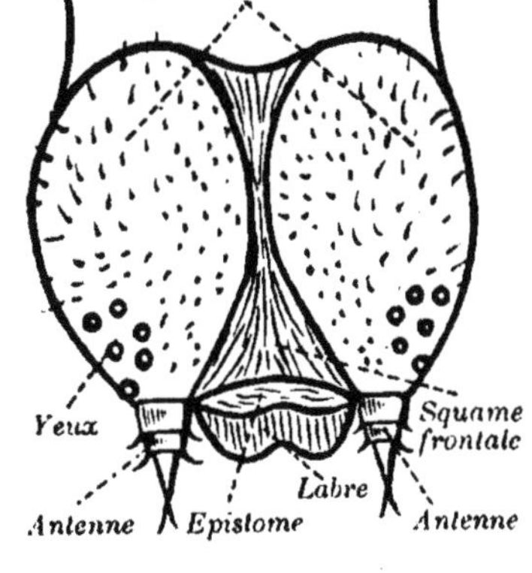

Fig. 9. — Tête vue par-dessus.

Ces squames sont dures, coriaces, grâce à un fort revêtement de *chitine* et l'on voit à leur surface des poils très courts disséminés un peu partout.

Chaque squame pariétale porte à sa base un organe articulé, appelé *antenne*, formé de trois parties tronconiques, munies de poils tactiles et sur le côté six petites proéminences disposées en arc de cercle; ce sont les *yeux*. C'est dans les antennes que se localisent sans doute l'ouïe et l'odorat qui sont, d'ailleurs, à peu près nuls.

Le ver à soie possède deux antennes et douze yeux.

Vue par-dessous la tête présente :

1° deux *mandibules*, pièces chitineuses très dures qui, se mouvant dans le sens transversal, servent, grâce à leurs bords tranchants et dentés, à couper la feuille de mûrier;

2° la lèvre inférieure, épaisse et charnue, mobile dans le même sens, accompagnée sur les côtés de deux petits organes du tact analogues aux antennes, appelés *palpes maxillaires*;

3° sous la lèvre inférieure, encadrée de deux minuscules *palpes labiaux*, un petit mamelon conique possédant à sa pointe une ouverture; c'est la *trompe soyeuse* qui sert à l'émission du fil de soie.

La tête possède, à l'intérieur des prolongements chitineux qui, se dirigeant vers l'appareil digestif, entourent l'œsophage: des *muscles* servant à faire mouvoir, d'une part, les divers organes que nous venons d'énumérer et, d'autre part, la *langue* destinée à favoriser la mastication et la déglutition de la feuille de mûrier.

46. Le thorax est formé de trois anneaux. Le premier a les mêmes dimensions que la tête; il est le plus petit. Les deux anneaux suivants sont très développés; leur partie supérieure, pourvue de nombreux plis, forme une sorte de bosse dorsale.

Chacun de ces anneaux porte une paire de pattes troncôniques appelées antérieures ou *écailleuses*, formées de trois pièces articulées et terminées par une griffe pointue et recourbée.

Ces pattes, qui servent surtout à l'animal pour tenir la feuille du mûrier pendant qu'il la mange, persistent pendant toute son existence et se retrouvent, par conséquent, chez le papillon. Aussi les appelle-t-on, en même temps, les *vraies pattes*.

Enfin, de chaque côté du premier anneau on voit une petite tache elliptique, noire, très apparente. Ce sont deux ouvertures, désignées sous le nom de *stigmates* qui permettent à l'air de pénétrer dans les conduits respiratoires.

C'est sur les deuxième et troisième anneaux du thorax que naîtront plus tard les ailes du papillon.

47. L'abdomen fait suite au thorax; il comprend neuf anneaux munis chacun, sauf le dernier situé à l'extrémité postérieure, d'une paire de stigmates.

Ces anneaux ont une forme arrondie dans leurs parties latérales et supérieure; au-dessous du ventre, ils sont aplatis et pourvus, sur leurs bords, de nombreux plis.

Les 3e, 4e, 5e, 6e et 9e anneaux portent chacun une paire de jambes membraneuses rétractiles, cylindriques et légèrement aplaties, appelées fausses pattes, parce qu'elles ne se retrouvent plus chez la chrysalide et le papillon. La larve seule les possède.

Ces pattes sont terminées par une surface elliptique qui forme la plante du pied, armée sur son bord interne, parallèle à la ligne ventrale du corps, d'une double rangée de petites griffes recourbées vers le haut.

Ces griffes, mues par des muscles contenus dans la partie centrale de la jambe se retournent et permettent au ver de se cramponner aux objets sur lesquels il repose.

48. **La peau** du ver à soie présente, ainsi que nous l'avons vu (18), des différences qui servent à déterminer sa race.

La chenille du *Bombyx mori* naît, nous le savons, avec une coloration brune et couverte de poils. Mais ces derniers, à mesure que l'insecte grossit; s'éclaircissent de plus en plus pour disparaître dès le deuxième âge. La peau paraît alors chagrinée et prend généralement une teinte grisâtre uniforme.

Sur la partie dorsale de chacun des 2e et 5e anneaux de l'abdomen se montre une paire de taches plus foncées, légèrement surélevées et recourbées en forme de croissant, appelées *lunules*, qui sont un simple ornement de la peau.

Quelques races présentent à la partie antérieure du thorax, sur le 2e anneau, au-dessus de la tête, des taches noires ou rougeâtres, symétriquement placées. Elles forment, dans leur ensemble, un dessin que l'on est convenu d'appeler le *masque* du ver à soie.

Ces taches qui, au premier abord, ressemblent assez bien à des yeux sont souvent prises pour ces organes par les magnaniers. Certaines chenilles du *B. mori* ont la peau complètement marron; d'autres ont chacun de leurs anneaux limité par une bande très nette ou bien présentent, sur ces derniers, des ocelles de diverses couleurs reposant sur un fond plus ou moins foncé.

Il y a des vers à soie uniformément jaunes; on en voit de zébrés, de tachetés, etc.; quelques-uns, en Chine, ont des bosses disposées régulièrement sur toute la longueur du dos.

La partie dorsale du 8e anneau de l'abdomen porte généralement une sorte d'appendice caudal, légèrement recourbé à son extrémité, auquel on a donné le nom d'*éperon* qui paraît n'être qu'un simple ornement.

49. **Distinction du sexe des vers à soie.** — C'est à l'ingénieur japonais *S. Ishiwata* que nous devons la connaissance

des signes qui permettent de distinguer avec précision les sexes sur la chenille du Bombyx du mûrier. On les découvre en observant attentivement la face ventrale des 11e et 12e anneaux au cours des quatrième et, surtout, cinquième âges de l'insecte.

Chez tous les vers à soie, quel que soit leur sexe, la face ventrale du 11e anneau (fig. 10) possède deux petites dépressions

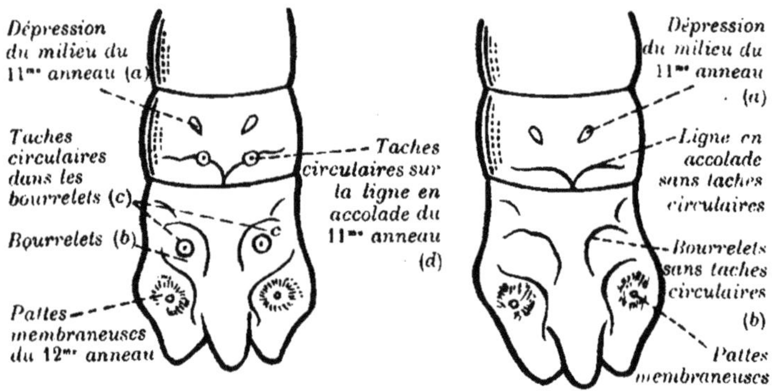

Fig. 10. — Signes distinctifs des sexes.

symétriques *a*, *a*, situées à peu près vers son milieu, et deux lignes parallèles à son bord postérieur, se réunissant sous forme d'accolade au milieu de ce dernier. D'autre part, le 12e anneau présente, au point d'attache de chacune des pattes anales, une sorte de bourrelet semi-circulaire *b*, *b*, qui s'étend vers le bord antérieur de ce même anneau.

Si l'on a affaire à une femelle, on voit dans chacun de ces bourrelets une petite tache circulaire blanchâtre *c*, *c*, accompagnée généralement en son milieu d'un point noir analogue à celui que produirait une piqûre d'aiguille. Deux marques pareilles *d*, *d*, se trouvent placées symétriquement sur la ligne en accolade qui longe le bord postérieur du 11e anneau, à peu près vers le milieu de cette ligne.

Ces quatre marques *c*, *c*, *d*, *d*, n'existent que chez la femelle. Le mâle ne présente que les deux dépressions *a*, *a*, situées vers le milieu de la face ventrale du 11e anneau.

Pour s'habituer à distinguer ces signes il faut d'abord se servir d'une loupe; on finit ensuite par les voir facilement à l'œil nu.

FONCTIONS PHYSIOLOGIQUES

La vie, chez le ver à soie comme chez tous les insectes, est sous la dépendance de diverses fonctions que des organes particuliers ont pour mission d'accomplir.

Leur connaissance est indispensable au sériciculteur, car elle sert de base, pendant l'élevage, à l'application des règles d'hygiène qui préservent nos précieuses chenilles des maladies, et favorisent la production d'une bonne récolte de cocons.

Lorsqu'on ouvre longitudinalement le corps d'un ver à soie au 5me âge, après l'avoir placé sous l'eau dans une cuvette à fond de liège où il est maintenu à l'aide d'épingles, et qu'on rabat avec précaution, de chaque côté, la peau ainsi sectionnée, on constate qu'il contient des organes variés dont les plus volumineux s'échapperaient pour venir flotter à la surface du liquide s'ils n'étaient retenus par divers ligaments.

Digestion, respiration, circulation du sang, innervation, élaboration de la soie, transpiration, mues et reproduction, telles sont les fonctions de ces organes. Etudions-les successivement.

50. Digestion. — La digestion est la fonction qui a pour but de faire subir à la feuille de mûrier absorbée par le ver à soie les transformations nécessaires au passage dans le sang des principes utiles qu'elle contient et qui doivent servir à la nutrition des tissus. Elle s'effectue dans l'appareil digestif.

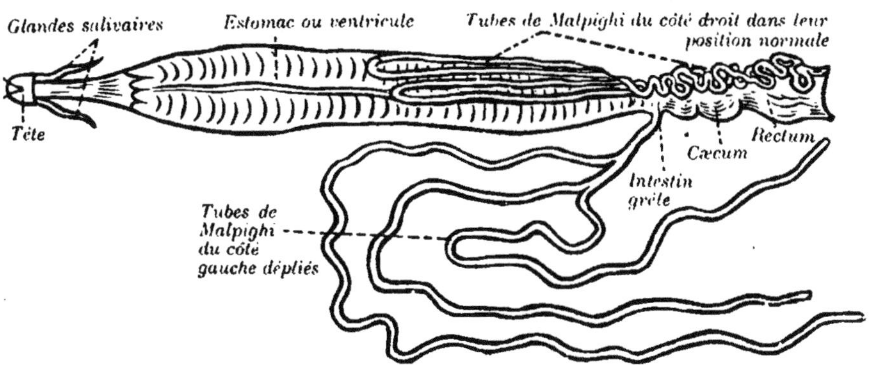

Fig. 11. — Appareil digestif et tubes de Malpighi.

51. L'appareil digestif occupe toute la longueur du corps de la chenille. Il comprend la bouche, le pharynx, les glandes salivaires, l'œsophage, l'estomac ou ventricule, l'intestin grêle, le cæcum, le rectum et l'anus.

A l'intestin grêle se rattachent les vaisseaux urino-biliaires appelés *tubes de Malpighi.*

52. **La bouche** est une ample cavité dans laquelle se meuvent d'une part les mandibules qui divisent la feuille de mûrier et, d'autre part, la langue qui favorise par ses mouvements la descente de l'aliment dans l'appareil digestif.

Le fond de la bouche constitue ***le pharynx***, qui précède immédiatement l'œsophage. Ces deux organes sont tapissés à l'intérieur d'un épithélium proéminent dans le premier et aplati dans le second, formé de grandes cellules pavimenteuses pourvues d'un noyau central.

Dans le pharynx ces cellules sont recouvertes d'une très fine membrane hérissée d'épines dirigées vers l'intérieur qui, sans s'opposer à la descente de la feuille déglutie, l'empêchent très probablement de revenir vers la cavité buccale.

Ce sont surtout des fibres circulaires qui composent la couche musculaire externe du pharynx et de l'œsophage; mais ce dernier possède, en outre, de forts faisceaux obliques qui rejoignent l'enveloppe musculaire de l'estomac.

Tout autour du pharynx prennent naissance des muscles dilatateurs qui se dirigent vers le haut, le bas et les côtés de la boîte crânienne.

53. **Les glandes salivaires** existent comme chez les animaux supérieurs. Elles sont placées de chaque côté du pharynx en avant duquel elles débouchent à droite et à gauche. Chacune d'elles présente l'aspect d'un petit tube renflé, tortueux, qui se termine en pointe fermée. Elles sécrètent la salive.

L'intérieur de ces glandes est tapissé par un épithélium pavimenteux formé de grandes cellules hexagonales, irrégulières, allongées surtout dans le sens transversal de l'organe. Dans le premier âge des vers ces cellules possèdent de gros noyaux arrondis, remplis de nucléoles; mais, dans les âges suivants ces noyaux sont distendus et présentent de nombreux prolongements irréguliers.

54. **L'estomac** ou **ventricule** est la partie la plus volumineuse de l'appareil digestif. Il occupe près des deux tiers de la longueur du corps de l'animal; sa forme est celle d'un sac à peu près cylindrique et il est constitué, de l'extérieur à l'intérieur, par :

1° une enveloppe musculaire;
2° un épithélium cellulaire et glandulaire;
5° une membrane appelée *aniste.*

L'enveloppe musculaire comprend trois couches de muscles lisses. Des faisceaux de muscles circulaires en entourent d'autres régulièrement disposés dans le sens de la longueur, munis de nombreux prolongements latéraux qui les unissent soit entre eux, soit avec les premiers; le tout est renforcé par des cordons très apparents qui longent les parties dorsale et ventrale de l'estomac en présentant, sur chacune d'elles, l'aspect de deux cordes parallèles.

L'épithélium cellulaire et glandulaire (fig. 12) est composé :

a) de cellules cylindriques à bord strié, contenant un gros noyau ovale et reposant sur une *membrane basale*;

b) de cellules arrondies, dites *mucipares*, intercalées parmi les premières. Elles sont surtout très abondantes dans les deux tiers antérieurs du ventricule.

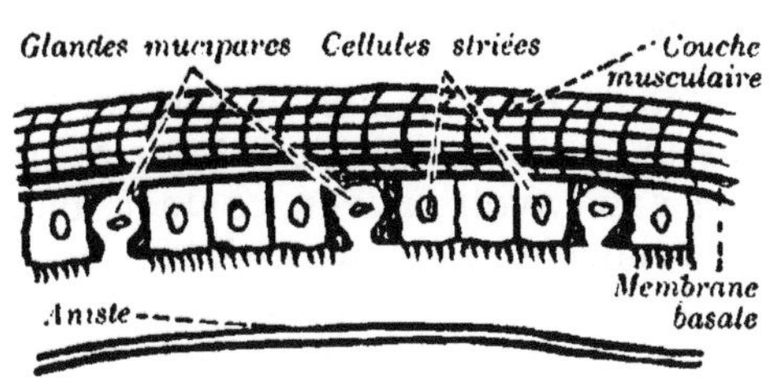

FIG. 12. — SCHÉMA DE LA CONSTITUTION HISTOLOGIQUE DE L'ESTOMAC.

D'après *Verson* ces cellules mucipares, d'abord petites, pauvres en protoplasma et munies d'un noyau moins grand que celui des cellules cylindriques ne tardent pas à croître en s'élevant peu à peu de la membrane basale vers l'épithélium. Elles entraînent avec elles une grosse goutte de matière gluante qui, arrivée au niveau de la surface de la muqueuse, se détache de la cellule génératrice laissant un vide en forme de calice dans lequel on distingue le noyau avec, au fond, le reste du protoplasma.

On peut voir, en effet, que la couche glandulaire est parsemée à sa surface de petits cercles plus clairs qui sont justement les ouvertures des calices déjà vidés.

Les gouttes gluantes sécrétées par cette couche glandulaire se fondent ensemble dans l'espace qui la sépare de la membrane aniste dont nous allons parler et, probablement avec le

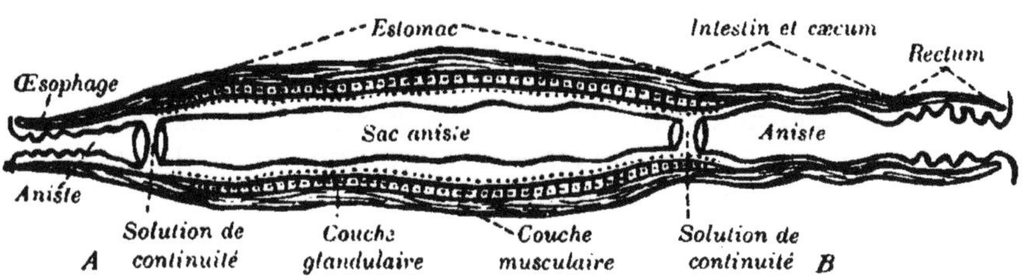

FIG. 13. — SCHÉMA DE LA DISPOSITION DU SAC ANISTE ET DE LA COUCHE GLANDULAIRE DE L'ESTOMAC

concours d'un agent spécial sécrété par les cellules cylindriques, forment le *suc gastrique*.

La membrane aniste est une très fine pellicule qui tapisse toute la surface interne de l'appareil digestif, aux extrémités duquel elle fait suite à la peau.

Plissée et complètement accolée à l'épithélium dans l'œsophage, elle est flottante et lisse dans le ventricule, adhérente dans l'intestin grêle et le cæcum, où elle présente de nombreuses aspérités épineuses microscopiques; accolée et plissée dans le rectum; flottante, enfin, au voisinage de l'anus.

Luisante, transparente, d'épaisseur égale partout, elle paraît avoir la même origine que la membrane basale qui sépare l'épithélium glandulaire de la couche musculaire.

Considérée dans son ensemble, l'aniste est une sorte de sac dans lequel la feuille de mûrier avalée par le ver à soie s'accumule sans avoir aucun contact avec la couche cellulaire et glandulaire de l'estomac. Mais ce sac présente deux solutions de continuité, l'une, au point de jonction de cet organe avec l'œsophage et l'autre vers son extrémité adhérente à l'intestin.

La membrane aniste se renouvelle comme la peau à toutes les mues; elle est formée, à chacune de ces périodes de l'existence larvaire, aux dépens de l'épithélium cellulaire qui ne donne plus aucune sécrétion cuticulaire jusqu'à la mue suivante.

55. **L'intestin grêle** est très court. Il présente, comme le ventricule dont il est nettement séparé par un sphincter, les trois enveloppes musculaire, cellulaire et aniste. La première, très robuste, est pourvue, surtout à l'extérieur, de nombreux faisceaux compacts de fibres musculaires qui s'insèrent jusque dans ses parties les plus profondes et recouvrent des muscles longitudinaux.

Sous l'action de tous ces muscles, la couche cellulaire formée d'éléments aplatis, bien différents de ceux existant dans l'estomac, se contracte fortement et forme des replis qui, grâce aux nombreuses aspérités de l'aniste, favorisent considérablement l'action digestive.

56. **Le cæcum** est formé de deux parties successives limitées transversalement par trois forts cordons musculaires également espacés. Six autres faisceaux puissants, disposés dans le sens de la longueur de l'organe, forment des sillons entre lesquels sa paroi est en saillie. Aussi le cæcum présente-t-il six renflements nettement distincts.

Son enveloppe cellulaire est formée de grandes cellules polygonales pavimenteuses contenant un noyau entouré de nombreux prolongements. Le développement de ces cellules, plus grandes que celles qui se trouvent dans les autres parties de l'appareil digestif, est dû, sans doute, à l'influence qu'exerce sur elles la gymnastique fonctionnelle de la tunique musculaire.

57. **Le rectum** est la dernière partie du tube digestif, il a une forme tronconique et aboutit à l'anus.

Son épithélium, qui n'a aucune adhérence avec la tunique musculaire est formé de grandes cellules polygonales à noyau arrondi; il est, ainsi que nous l'avons vu, en contact avec l'aniste qui, d'abord accolée et plissée, devient flottante au voisinage de l'anus et se continue ensuite directement avec la peau du ver. Des faisceaux de muscles situés à la partie supérieure de cet organe ouvrent ou ferment l'anus à volonté.

58. **Les tubes de Malpighi** sont de longs vaisseaux sinueux, de couleur jaunâtre, aboutissant à deux conduits qui, après avoir traversé la tunique musculaire de l'intestin grêle, débouchent, à droite et à gauche, dans l'intérieur de ce dernier.

A une courte distance de leur point d'insertion, chacun de ces conduits se divise en trois tubes sinueux, très longs, accolés contre le ventricule vers lequel ils remontent. Il y a donc six tubes; quatre d'entre eux longent le dessus de cet organe et les deux autres le dessous. Puis ils reviennent vers l'intestin grêle et le cæcum, à la surface desquels ils se replient un nombre considérable de fois, passent ensuite au travers de la tunique musculaire du rectum et vont se terminer en culs-de-sac dans un espace libre compris entre cette dernière et l'épithélium. C'est là leur point d'origine.

Ces tubes, signalés pour la première fois par le savant italien *Malpighi*, en 1669, sont désignés aussi sous le nom de *vaisseaux urinaires* ou *urino-biliaires*. Ils débarrassent le sang des matériaux de déchet, devenus inutiles ou nuisibles, qui résultent de l'oxydation des matières organiques.

La structure de ces organes est bien simple. Ils sont enveloppés d'une membrane très fine et constitués à l'intérieur par de grandes cellules, ayant un noyau, qui occupent presque la moitié de la périphérie du tube, laissant à son centre un canal extrêmement étroit par où s'écoule leur produit d'excrétion.

Les vaisseaux urinaires sont maintenus en place, soit par des plexus qui, émis de distance en distance, vont s'insérer parmi les éléments contractiles de la tunique musculaire de l'appareil digestif, soit par de très nombreuses ramifications des trachées.

D'après *Vlacovich*, les cellules de ces tubes, vides au moment où le ver vient de changer de peau, se remplissent peu à peu pendant le temps qui s'écoule d'une mue à l'autre, de cristaux octaédriques d'oxalate de chaux. Cela a lieu surtout pendant la période de temps où le ver mange abondamment la feuille de mûrier. A mesure que sa maturité approche, au cours du cinquième âge, à l'oxalate de chaux viennent se joindre des cristaux d'urate d'ammoniaque. Puis, ces derniers se substituent de plus en plus à lui au point que dans l'insecte parfait, on les rencontre seuls.

59. **Fonction digestive** — La feuille de mûrier coupée en très fines parcelles par les mandibules qui se meuvent transversalement, pénètre dans la cavité buccale où, promenée en tous sens par la langue, elle s'imprègne de la *salive* que sécrètent les glandes spéciales dont nous avons parlé.

Sous l'action de ce liquide visqueux, à réaction acide,

l'amidon contenu dans les cellules végétales se convertit, d'après *Basch*, en dextrine et en sucre.

La déglutition s'opère ensuite; le bol alimentaire descend, par l'œsophage, jusque dans l'estomac, où il s'accumule dans le sac formé par la membrane aniste.

Les cellules de la couche glandulaire, nombreuses surtout, ainsi que nous l'avons vu, dans les deux tiers antérieurs du ventricule, sécrètent une liqueur gluante, très alcaline, presque essentiellement composée, d'après le professeur *Verson*, de carbonate de potasse : c'est le *suc gastrique*, qui transforme les matières albuminoïdes de l'aliment en peptone assimilable.

Nous avons dit (54) que le sac aniste possède deux solutions de continuité A et B (fig. 13).

Le suc gastrique sécrété par la couche glandulaire se trouvant séparé, par l'aniste, de la feuille accumulée dans le ventricule, il y a lieu de se demander comment il peut bien se mettre en contact avec celle-ci.

Le mécanisme de son action est très simple. Refoulé en avant par les contractions musculaires de l'intestin grêle et de l'extrémité postérieure de l'estomac, ce suc abonde au niveau de la solution de continuité A existant à la base de l'œsophage.

Pénétrant par cette ouverture, il imprègne largement les minuscules morceaux de feuille mâchée au fur et à mesure qu'ils passent de cet organe dans l'estomac.

Sous l'action des muscles de ce dernier et de l'intestin grêle, qui est pourvu à l'intérieur de nombreuses aspérités, la bouillie alimentaire se trouve pressée en tous sens et laisse échapper sa partie liquide qui, arrivant au niveau de la solution de continuité B que présente l'aniste vers l'extrémité du ventricule, se met en contact avec l'épithélium de l'appareil digestif. Elle cède ainsi au sang, par endosmose, les principes utiles (peptones, glucoses, graisse, sels, eau, etc.). qu'elle contient.

Les produits de déchet excrétés par les cellules des tubes de Malpighi se déversent dans la partie étranglée de l'intestin grêle et se mêlent au résidu solide de la digestion. Celui-ci, sous l'influence de la même gymnastique musculaire, chemine lentement vers le rectum, se moule sous forme de crottins plus ou moins brunâtres et est finalement expulsé.

60. Respiration. — Les animaux ne pourraient vivre s'ils ne recevaient que des aliments solides et liquides. Il faut qu'ils absorbent aussi de l'air qui leur fournit l'*oxygène* dont ils ne peuvent se passer. Ce gaz, en effet, préside à toutes les fonctions vitales. Il s'unit au carbone des éléments anatomiques et il en résulte de l'*acide carbonique* qui est expiré au fur et à mesure de sa production.

Il y a donc un échange continuel entre l'oxygène de l'air et l'acide carbonique provenant de la combustion des tissus. Cet échange gazeux constitue *la respiration*.

Les insectes n'effectuent pas cette fonction comme les animaux supérieurs; ces derniers possèdent des poumons dans lesquels l'air se met en contact avec le sang que contiennent les vaisseaux capillaires, tandis que chez les vers à soie, ce gaz est réparti dans tout l'organisme par une infinité de conduits qui ont reçu le nom de *trachées*.

61. L'appareil respiratoire est constitué par l'ensemble des organes qui introduisent l'air atmosphérique dans toutes les parties du corps de l'insecte. Il comprend :

1° *Les stigmates;*
2° *Les trachées;*
3° *Les capillaires trachéens.*

62. ***Les stigmates*** sont des ouvertures par lesquelles l'air pénètre à l'intérieur du corps de l'insecte. On en compte, ainsi que nous l'avons vu (46-47) neuf paires placées sur les parties latérales des 1er, 4e, 5e, 6e, 7e, 8e, 9e, 10e et 11e anneaux.

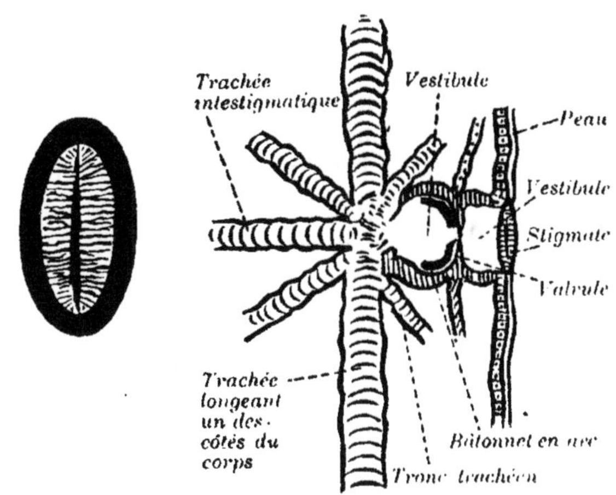

FIG. 14. — STIGMATE ET SCHÉMA DU VESTIBULE ET DU TRONC PRINCIPAL.

Ces organes, de forme ovale, ont au premier abord l'aspect de taches noirâtres nettement auréolées; mais, observés à l'aide d'un instrument grossissant, ils présentent deux lèvres chitineuses formées de muscles rayonnés (fig. 14) qui laissent ouverte entre elles une fente sinueuse.

Ces deux lèvres possèdent des poils enchevêtrés qui empêchent les poussières charriées par l'air de les franchir.

Derrière chaque stigmate se trouve un *vestibule* divisé en deux parties par un repli de la peau qui joue le rôle d'une valvule. D'après *Verson* cette valvule est maintenue fermée par un bâtonnet chitineux recourbé en arc qui appuie sur ses bords. Pour que la fonction respiratoire s'effectue, un bras de levier chitineux mû par un muscle spécial, relève le repli de la peau ; l'ouverture devient libre et l'air pénètre dans les trachées.

63. ***Les trachées*** sont les conduits dans lesquels l'air circule. Elles débutent en arrière de chacun des vestibules stigmatiques par des troncs d'où prennent naissance trois conduits principaux (fig. 14) qui se rendent : l'un au stigmate du côté opposé, les deux autres en avant et en arrière, vers les troncs stigmatiques des anneaux voisins, formant ainsi deux conduits ininterrompus qui longent totalement les deux côtés du corps du ver à soie. A ces troncs s'en attachent d'autres secondaires d'où partent les trachées qui se dirigent : les unes vers la région dorsale, les autres vers la région ventrale. Elles vont desservir la peau, les muscles et les viscères, autour desquels elles se ramifient à l'infini, de la moitié de l'anneau correspondant. Elles maintiennent les différents organes à leur place respective. Leur diamètre diminue de plus en plus à mesure que l'on se rapproche de leurs terminaisons, au point que ces dernières ne peuvent plus être vues qu'à l'aide du microscope.

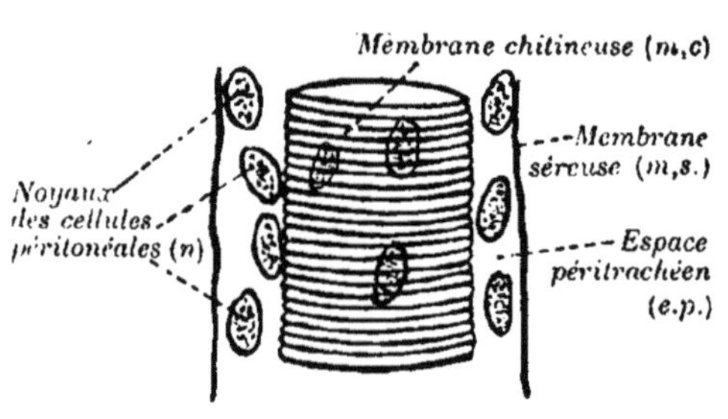

FIG. 15. — TRACHÉE.

Les trachées sont des formations analogues à celle de la peau, dont elles ne sont d'ailleurs que la continuation. Leur constitution présente :

1° Une membrane interne chitineuse *m. c.* (fig. 15) qui tombe et se renouvelle à chaque mue du ver à soie. Elle possède des épaississements filiformes rangés en spirale qui maintiennent le conduit béant. La partie comprise entre les tours de spire se déchire facilement, de sorte que l'on peut les dérouler comme ceux d'un ressort élastique. Cette membrane n'est pas attaquée par la potasse caustique.

2° Une membrane séreuse *m. s.*, soluble dans la potasse caustique, flottant autour de la précédente et qui, d'après de Filippi, se confond avec la membrane dite *péritonéale.*

Il y a donc entre ces deux membranes un espace dénommé *péritrachéen*, *e. p.* dans lequel on distingue, au microscope, de nombreuses cellules dites péritonéales, serrées les unes contre les autres, qui ne présentent pas de différence avec les cellules adipeuses. Leur transparence est si grande que leur noyau *n* seul se distingue facilement. Cependant, elles contiennent du pigment qui donne aux trachées un aspect noirâtre.

64. ***Capillaires trachéens.*** — Quelques anatomistes ont observé que la membrane chitineuse, formée de tours de spire, ne se trouve pas dans les terminaisons très fines des trachées. D'après *Maillot*, elle cesse d'exister quand le diamètre de la trachée est inférieur à 1/900 de millimètre ; il en est de même en certains points interstigmatiques où doit s'opérer la rupture des conduits trachéens imposée par la mue.

Ces terminaisons de trachées, simplement constituées par les cellules de la membrane séreuse, pénètrent les tissus, forment, en quelque sorte, un réseau de capillaires qui est en contact avec toutes les parties du corps du ver à soie.

65. **Fonction respiratoire.** — Il résulte de cette organisation que l'air atmosphérique, pénétrant par la fente sinueuse des stigmates, franchit, au moment de l'inspiration, les valvules de leurs vestibules et se répand dans les trachées qui, par leurs terminaisons extrêmement fines, par leurs capillaires, le mettent en contact avec les cellules de l'organisme. C'est au niveau de ces dernières que paraît s'opérer l'acte intime de la respiration, c'est-à-dire l'échange entre l'oxygène de l'air et l'acide carbonique provenant de la combustion des tissus, accompagné d'une élimination plus ou moins grande de *vapeur d'eau*.

Chez les animaux supérieurs la fonction respiratoire donne lieu à des mouvements rythmiques qui se traduisent par la dilatation et par la contraction de la poitrine, d'où résultent l'inspiration et l'expiration.

Chez le ver à soie, ce sont les mouvements du corps, quand l'animal se déplace, qui paraissent favoriser ces phénomènes.

Le grand naturaliste *Malpighi* montra le premier, en 1669, que la fonction respiratoire s'effectue par les stigmates. Humectant ces organes le long des deux côtés du ver à soie, avec un pinceau imbibé d'huile, il constata que l'insecte périt presque aussitôt.

On obtient le même résultat en employant d'autres corps gras tels que le beurre ou le suif. Ces substances s'opposent, en effet, à l'entrée de l'air en obstruant la fente stigmatique. Ces expériences faciles à répéter, furent confirmées, plus tard, par *de Filippi* qui reconnut, en outre, que si l'on ne traite de cette façon que les stigmates de quelques anneaux, ces derniers se paralysent. Par contre, cette opération effectuée sur un seul côté du ver à soie, même en agissant sur tous les stigmates qui lui correspondent, ne lui occasionne aucune gène.

Les stigmates paraissent ne servir qu'à l'entrée de l'air atmosphérique dans les conduits respiratoires. L'acide carbonique, en effet, est expulsé par la peau ainsi que l'a montré Réaumur, en 1734, en plaçant des vers à soie sous la cloche de la machine pneumatique. Ceux-ci, au lieu de se gonfler au fur et à mesure que les coups de piston se multiplient, comme le font les autres animaux, n'augmentent pas de volume. L'air qu'ils contiennent s'échappe donc par de nombreux passages et il est facile de se rendre bien compte que ces ouvertures se trouvent dans l'épaisseur de la peau. Si, en effet, on répète la même expérience en mettant sous la cloche de la machine pneumatique des vers à soie des 4e ou 5e âges immergés dans l'eau et si on fait le vide, on ne tarde pas à constater que toute la surface de leur corps se recouvre de multiples bulles gazeuses brillantes produites par l'acide carbonique qui est expulsé.

Le ver à soie emmagasine dans son appareil respiratoire une telle quantité d'air qu'il peut vivre assez longtemps dans un milieu irrespirable pour les animaux supérieurs, sans en être incommodé. C'est ainsi qu'à la Station séricicole de Padoue un ver tenu pendant cinq heures dans l'eau est revenu à la vie. *D'Arcet* a pu recueillir les cocons de douze vers qu'il avait emprisonnés pendant 24 heures dans un vase d'un seul litre de capacité.

La chaleur active la respiration et toutes les fonctions vitales du Bombyx du mûrier.

En 1895, le prof. *Luciani* et le Dr *Lo Monaco* d'une part, le prof. *Quajat* d'autre part, se livrèrent à des recherches relatives à la respiration des vers à soie. Ils reconnurent, chacun de leur côté, que la production d'acide carbonique résultant de l'expiration diminue pendant la mue et s'élève au sortir de cette dernière.

Voici d'ailleurs les chiffres obtenus par *Quajat*, rapportés à 1 kilogramme de vers soumis à l'expérience pendant une heure :

	Acide carbonique (en grammes)
Vers une heure après la naissance, n'ayant pas encore mangé	1 gr. 6423
Vers à l'approche de la 1re mue	1 gr. 5195
Vers pendant la 1re mue	0 gr. 8095
Vers au réveil de la 1re mue	1 gr. 6600
Vers pendant la 3e mue	0 gr. 7060
Vers au réveil de la 3e mue	2 gr. 5053
Vers pendant la 4e mue (moyenne de deux expériences)	0 gr. 7403
Vers au réveil de la 4e mue (moyenne de deux expériences)	0 gr. 8566
Vers après le 11e repas qui a suivi la 4e mue	1 gr. 3850
Vers à la maturité, l'intestin s'étant vidé	0 gr. 3590

En 1898, le prof. *Jules Gal*, du Lycée de Nîmes, voulut aussi connaître la quantité en poids d'acide carbonique que les vers à soie éliminent dans un air pur et sec, renouvelé.

Ses minutieuses recherches l'amenèrent à constater que la proportion d'acide carbonique dégagé est :

Pour les vers au 4e âge, de 1/40 de leur poids.
Pour les vers au 5e âge, de 1/88 de leur poids.

Déjà, en 1849, *Regnault et Reiset* recherchant le poids d'oxygène consommé par un kilogramme de vers en une heure, avaient obtenu :

Vers au 3e âge. . . . . 1 gr. 170
Vers prêts à filer. . . . . 0 gr. 763

Les combustions respiratoires, rapportées à l'unité de poids, diminuent donc au fur et à mesure que le ver avance en âge.

66. Quantité d'air nécessaire à la respiration des vers à soie. — Il résulte des chiffres trouvés par le professeur *Quajat* que *le poids moyen* d'acide carbonique exhalé en une heure de temps par 1 kilogramme de vers à soie pendant le 5me âge est de 0 gr. 8668 c'est-à-dire de 20 gr. 803 en 24 heures.

Or, au moment de la grande frèze le poids moyen d'un ver à soie est de 3 grammes.

L'once commerciale de 30 grammes de graine représente environ 45 000 vers à l'éclosion. Mais, comme il y a au cours de l'élevage et surtout pendant les premiers âges 20 pour 100 de vers qui se perdent, ce nombre se réduit au moment considéré à 36 000 qui pèsent : 3 gr. $\times$ 36 000 = 108 kilogrammes et qui exhalent, en 24 heures : 20 gr. 803 $\times$ 108 = 2246 gr. 724, soit 1140 litres 4 d'acide carbonique.

D'autre part, en 1885, *E. Maillot*, se basant sur les résultats des expériences de *Regnault et Reiset* qui ont déterminé la quantité d'oxygène consommée par les vers à soie pendant la respiration, montra que 36 000 vers dégagent en 24 heures environ 1000 litres ou 1 mètre cube d'acide carbonique.

Ce gaz est délétère. Il vicie l'atmosphère du local qui le contient. L'homme y est beaucoup plus sensible que les vers à soie, qui sont indifférents aux dégagements d'acide sulfureux et aux fumigations de diverses sortes que produisent fréquemment encore, bien à tort, dans leurs magnaneries, nos éducateurs cévenols qui, ne pouvant les supporter, se hâtent de sortir.

La présence de deux personnes est presque constante dans la magnanerie pendant l'élevage. Aussi *Maillot*, tenant compte de la résistance plus grande des vers aux funestes effets de l'acide carbonique, a pensé qu'il valait mieux, dans la pratique, traiter ces insectes comme s'ils avaient besoin de la même quantité d'air pur que nous.

Or les règles d'hygiène conseillent de ne pas tolérer plus de 1 litre d'acide carbonique par 1000 litres d'air contenu dans nos maisons d'habitation. En conséquence, comme les 36 000 vers dont nous avons parlé exhalent par jour 1 mètre cube d'acide carbonique, il faudra fournir à la magnanerie qui les abrite 1000 mètres cubes d'air par 24 heures.

L'expérience montre que, pour l'élevage d'une once de

30 grammes de graine, il faut un local d'au moins 100 mètres cubes de capacité. Il sera donc nécessaire, rien que pour éliminer l'acide carbonique produit par nos insectes, de renouveler intégralement l'air de ce local dix fois par jour.

Mais nous verrons bientôt (87) que ce volume doit être décuplé. La respiration n'est pas, en effet, la seule fonction qui nécessite l'aération d'une magnanerie pendant l'élevage.

67. Circulation du sang. — Les éléments utiles provenant de la digestion de la feuille de mûrier (peptones, glucose, matières grasses, sels, eau, etc...) destinés à pourvoir à l'accroissement du ver à soie, à son entretien et, plus tard, au cours de son cinquième âge, à la sécrétion abondante de la soie, sont absorbés par les cellules qui tapissent l'estomac et l'intestin grêle et passent par endosmose dans le *sang*.

Le sang est un liquide limpide, incolore chez les vers à cocons blancs, légèrement jaunâtre ou verdâtre, suivant les races, qui baigne, dans la cavité générale du corps, tous les espaces libres situés entre les viscères.

Examiné au microscope à un grossissement de 400 diamètres, il présente de nombreux globules pâles de diverses grandeurs, analogues aux leucocytes des animaux supérieurs, contenant des noyaux et des granulations. Si ces globules sont accompagnés d'éléments polyédriques ou de cellules régulières *ovales et brillantes*, c'est que le ver est malade.

D'après le Dr *de Filippi*, ce liquide serait mis en mouvement par les contractions des anneaux du ver à soie lorsque celui-ci change de place. Il est, d'après lui, très différent de celui qui est contenu dans un conduit qui longe complètement l'insecte dans la région du dos et que l'on appelle, pour cette raison, le *vaisseau dorsal*.

De Filippi considère le fluide pourvu de globules, circulant dans la cavité générale, comme une sorte de *chyme*, tandis que le véritable sang qui serait, d'après cet auteur, parfaitement homogène, n'en contiendrait aucun et se mouvrait dans le vaisseau dorsal.

Quoi qu'il en soit, si l'on pique un ver à soie, avec une pointe d'aiguille par exemple, il sort par la blessure une plus ou moins grande quantité de liquide que l'on considère comme étant du sang.

Celui-ci a une réaction généralement acide. Exposé à l'air, il noircit rapidement.

Il résulte des recherches de *A. Conte* et *D. Levrat* que la couleur du sang provient des pigments colorés contenus dans la matière verte de la feuille du mûrier. Cette matière se décompose dans l'appareil digestif en pigments verts (*chlorophylle*) et en pigments jaunes (*xanthophylle*). Suivant que c'est l'un ou l'autre de ces pigments qui passe le plus facilement par osmose au travers des parois de l'intestin pour se mêler au fluide de la cavité générale, on a du sang vert ou du sang jaune. Si l'épithélium intestinal est réfractaire au passage des pigments, le sang est incolore. C'est ce qui a lieu pour les races à cocons blancs.

Les parois des glandes de la soie sont traversées à leur tour et c'est ainsi que les cocons se colorent en jaune, en vert ou en blanc.

68. Le vaisseau dorsal et la circulation du sang. — Ainsi que nous venons de le voir, le sang circule dans un vaisseau unique qui longe la région du dos, de la tête à la partie postérieure de l'insecte. Ce conduit, découvert par l'illustre *Malpighi*, a reçu le nom de *cœur* ou *de vaisseau dorsal*.

Constitué par une membrane très fine, formée de fibres musculaires striées, il est complètement fermé, sauf à son extré-

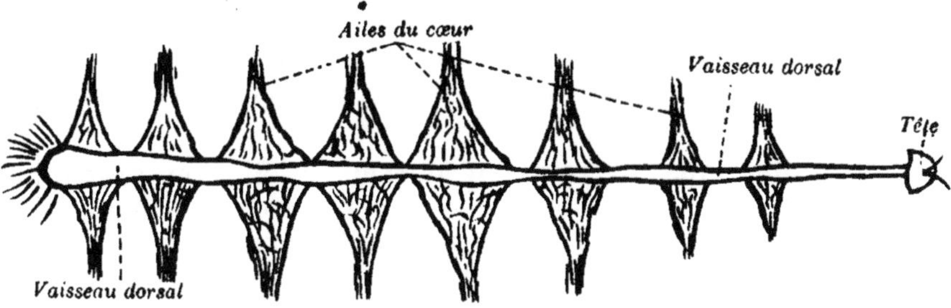

FIG. 16. — SCHÉMA DU VAISSEAU DORSAL AVEC LES AILES DU CŒUR.

mité antérieure située dans la tête. Dans le thorax, il est réduit à un petit canal très fin qui peut être comparé à l'aorte des animaux supérieurs. Sa partie abdominale présente six renflements qui augmentent successivement de volume. Le dernier, situé dans le 11ᵉ anneau, juste au-dessous de la base de l'éperon, est le plus gros; il a la forme d'un bulbe et il est constitué par un tissu lacunaire très fin. C'est un filtre que le sang de la cavité générale traverse pour s'introduire dans le vaisseau.

Le vaisseau dorsal est tapissé à l'intérieur d'une membrane extrêmement fine désignée sous le nom de *intime*. Sous cette membrane, contre la paroi interne du cœur, se trouvent des cellules particulières qui ont été considérées par *Kowaleski* comme des glandes chargées de délivrer le sang des matières étrangères ou nocives, qui demeureraient dans leur protoplasma.

Le cœur est maintenu en place, le long de la ligne médiane du dos, par les fibres musculaires striées et, sur les côtés, par une série de faisceaux de fibres de même nature, appelés les *ailes du cœur*.

Ces organes sont au nombre de 8 paires placées symétriquement des deux côtés du vaisseau dorsal. Chacun d'eux constitue un réseau très fin de fibres musculaires striées qui forment, dans leur ensemble, un triangle dont la base est attachée à la paroi du cœur, tandis que le sommet est relié au derme de la peau en avant et un peu au-dessus de chacun des troncs stigmatiques.

Sous l'action des ailes du cœur les renflements du vaisseau dorsal se contractent les uns après les autres et font ainsi cheminer le sang *d'arrière en avant*. Lorsque l'animal se déplace, les anneaux du corps pressent les viscères qui, ainsi que l'a démontré *Graber*, refoulent le sang. Celui-ci se ramasse dans la cavité générale et est poussé vers la partie postérieure de l'abdomen. Là, il pénètre dans le cœur, en traversant les parois du bulbe qui le termine et, sous l'influence des contractions et des dilatations successives de ce vaisseau, il chemine vers la tête d'où il se répand de nouveau dans la cavité générale, et ainsi de suite.

69. Pulsations du vaisseau dorsal. — Si l'on examine avec attention la partie dorsale d'un ver à soie du cinquième âge, au niveau des 6me et 7e anneaux de l'abdomen, on voit très bien, par transparence, le vaisseau dorsal sous la peau. On le découvre d'autant plus facilement qu'il présente des mouvements réguliers de contraction et de dilatation.

Le cœur du ver à soie est donc continuellement en systole et en diastole comme celui des animaux supérieurs.

Ces pulsations ont été signalées pour la première fois par *Malpighi* qui les a nettement décrites. Elles ont été étudiées, plus tard, par *Hérold*, *E. Maillot* et *F. Bernard*; mais, celui qui les a le mieux observées est le professeur *Jules Gal* qui, après avoir discuté les recherches de ses prédécesseurs, a établi que, avant la 4e mue, pendant la 4e mue, quand le ver est mûr, quand il a commencé à filer son cocon et pendant le premier jour où il s'est enfermé dans ce dernier, leur nombre est de 40 par minute et demeure tel, pour une température de 20 à 25 degrés centigrades.

Ce nombre, d'après les recherches de *Jules Gal*, est remarquablement constant pendant toute la durée de la vie larvaire. C'est seulement lorsque la transformation en chrysalide est imminente qu'il devient très variable comme leur direction, comme leur amplitude, suivant des causes qui lui ont échappé.

70. La nutrition et les substances de réserve. — Chez le ver à soie, comme chez les animaux supérieurs, les fonctions que nous venons d'étudier (digestion, respiration et circulation) assurent la *nutrition* de l'individu qui comprend l'*assimilation* et la *désassimilation*.

L'assimilation est le passage par endosmose dans le sang de la cavité générale, que *de Filippi* considérait comme une sorte de chyme (67), des éléments nutritifs qui ont été préparés par les sucs digestifs.

Après avoir circulé dans le vaisseau dorsal, ce liquide rejeté dans la cavité générale baigne les cellules des divers organes qui lui prennent ce qui leur est utile.

La feuille de mûrier contient des matières albuminoïdes, des matières grasses, des extractifs non azotés et des matières minérales. Le sucre qui provient des extractifs non azotés, transformé en glucose sous l'action de la salive, se trouve en plus ou moins grande quantité dans l'estomac du ver à soie pendant le temps compris entre deux mues. Or, il résulte des recherches effectuées par *C. Vaney* et *F. Maignon* que le glucose est détruit pendant la digestion, au niveau de l'épithélium intestinal ou immédiatement à son arrivée dans le sang. Ces expérimentateurs n'ont jamais pu trouver, en effet, la moindre trace de glucose, ni dans le liquide sanguin, ni dans les parois du corps, l'insecte étant en pleine activité digestive.

Le sucre ne fait son apparition dans les tissus de l'animal que vers la fin du stade chrysalidaire et il augmente jusqu'à la transformation de la chrysalide en insecte parfait qui, d'après *Claude Bernard* en renferme toujours.

La désassimilation est la fonction contraire. En même temps que les cellules prennent au sang les éléments dont elles ont besoin pour vivre, elles rejettent dans ce même liquide les substances de déchet inutiles ou nuisibles qui résultent de l'oxydation des matières organiques. Nous savons (58-59) que les tubes de Malpighi recueillent ces matériaux de déchet et les déversent dans la partie étranglée de l'intestin d'où ils passent dans le rectum pour être expulsés de l'animal. L'acide carbonique qui provient de la combustion des tissus est rejeté par la peau.

Tous les sériciculteurs savent que le ver à soie parvenu à l'état de chrysalide, puis de papillon, ne mange plus. Par contre sa fonction respiratoire devient bien plus active et l'insecte serait vite consumé si, pendant son cinquième âge, il n'avait accumulé autour de ses organes de la nutrition, une quantité suffisante de matériaux combustibles.

Ces matériaux dits **de réserve** sont la *graisse*, le *glycogène* et des *matières albuminoïdes solubles*.

Il résulte encore des belles recherches de *C. Vaney* et *F. Maignon* que ces substances sont surtout abondantes dans les cellules du tissu adipeux. Ces cellules, tout à fait comparables aux cellules hépatiques des animaux supérieurs, sont des centres actifs d'élaboration pour la graisse et le glycogène.

Le *tissu adipeux* est formé de lobes remplis de globules graisseux qui sont soutenus par un petit arbre trachéen. Chacun de ces lobes est entouré d'une membrane très ténue qui, d'après certains auteurs, serait la continuation de la membrane péritrachéenne. Ils la considèrent comme analogue à la membrane péritonéale des animaux supérieurs.

E. Maillot a observé que, dans le voisinage du vaisseau dorsal, les lobes du tissu graisseux sont d'un jaune plus foncé; ils rempliraient, d'après quelques savants, une fonction analogue à celle du foie. Ce tissu se trouve autour du vaisseau dorsal, recouvre les couches musculaires et remplit à profusion les interstices des viscères. Il est très développé chez le ver à soie au cinquième age.

La chrysalide et l'insecte parfait ont donc à leur disposition, pour entretenir leur activité respiratoire, des matières grasses, des matières hydrocarbonées et des matières azotées. D'après les auteurs susdésignés la chrysalide une fois formée consomme parallèlement ces trois sortes de réserves.

71. La température du corps. — Le ver à soie appartient au groupe des animaux invertébrés dont la température variable se met en équilibre avec celle du milieu extérieur. Cependant, sous l'influence des combustions respiratoires et des réactions chimiques qui s'accomplissent dans les tissus de l'insecte, elle est un peu plus élevée que celle de ce milieu.

En 1899, le prof. *Jules Gal* a recherché cette température sur des vers élevés dans un local où la température ambiante a oscillé, au cours de ses expériences, entre 19°,6 et 26°,3. Il a fait, pendant que les vers parcouraient leurs 3ᵉ, 4ᵉ et 5ᵉ âges, 25 observations et il a toujours obtenu, au bout d'une heure, un excès constant de température qui a varié entre 0°,65 et 3°,75. Ses recherches lui ont fait observer que les plus grands excès ont lieu au milieu du 4ᵉ âge et au milieu du 5ᵉ âge (grande frèze); par contre, il y a, a chaque mue, une chute de température correspondant au moment où d'eux-mêmes les vers cessent de manger et où ils changent de peau.

Les fonctions du ver à soie s'accomplissent normalement lorsque la température du milieu dans lequel il se trouve est comprise entre 20° et 25° centigrades; il se développe alors en 33 ou 35 jours, comptés depuis sa naissance jusqu'au moment où il commencera à filer son cocon.

Au-dessus de 25° son activité augmente en raison de la température. Plus il fait chaud, plus il a faim; sa croissance s'accélère. C'est ainsi que *Boissier de Sauvages*, en chauffant sa magnanerie à 30° et 37°, a pu faire des éducations parfaitement réussies qui n'ont duré que 24 jours.

Par contre, si la température s'abaisse au-dessous de 18° C., ses fonctions se ralentissent, son appétit diminue. Il se développe avec une telle lenteur que son élevage peut durer jusqu'à 45 et 50 jours. Cependant si le froid ne dépasse pas certaines limites d'intensité et de durée sa santé ne paraît pas en être affectée.

En 1837, *Loiseleur-Deslongchamps* fit, au sujet de la résistance des jeunes vers au froid, une expérience des plus instructives, rapportée par *Maillot*. « Il prit 200 vers au sortir de l'œuf et les fit séjourner pendant 8 minutes à la température de — 5°; il les ranima ensuite en les portant à 17°; puis, sans rien leur donner à manger, il les tint pendant dix jours à 4° : après ces épreuves, ces vers nourris comme d'habitude, donnèrent encore 97 cocons. Une autre fois, il laissa 160 vers fraîchement éclos, sans nourriture, à zéro, puis les porta à 24° et les alimenta régulièrement : il eut 50 cocons ».

La résistance des vers à soie au froid est donc considérable.

72. Innervation et système nerveux. — L'innervation est la fonction qui préside à l'harmonie des divers processus organiques et qui établit les relations de l'insecte avec le milieu extérieur. Elle est effectuée par des organes qui constituent, dans leur ensemble, le ***Système nerveux***.

Comme chez les animaux supérieurs, ce système préside, soit aux mouvements volontaires du ver à soie, soit aux fonctions (digestion, respiration, circulation, sécrétions, etc...) qui s'accomplissent sans aucune intervention de la part de l'insecte. Dans le premier cas, on l'appelle *système nerveux de la vie animale*, ou *système nerveux central*; dans le second, *système nerveux de la vie végétative* ou *système du sympathique*.

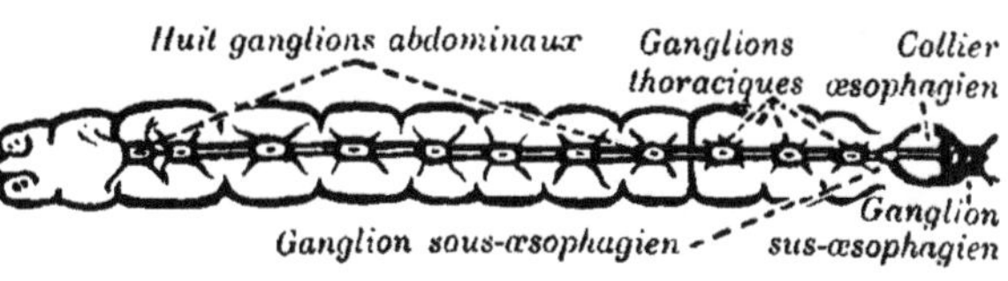

Fig. 17. — Schéma du système nerveux et d'un ganglion.

Le système nerveux central est constitué par treize renflements ou *ganglions* rattachés les uns aux autres par un double cordon de fibres nerveuses. Il représente ainsi une double chaîne placée dans la partie inférieure du corps, au-dessous de l'appareil digestif, qui partant de la tête aboutit dans le 7e anneau de l'abdomen.

Dans la tête il y a deux ganglions situés l'un au-dessus et l'autre au-dessous de l'œsophage. Ils sont réunis par un double cordon nerveux formant ainsi un collier qui entoure cet organe. C'est le *collier œsophagien*.

Le premier de ces ganglions, qualifié de *sus-œsophagien*, est le plus gros; il est formé de deux masses et on le considère comme analogue au cerveau des animaux supérieurs; le second, appelé *sous-œsophagien*, est semblable à tous les autres.

Dans le thorax, il y a 3 ganglions correspondant à chacun de ses anneaux. L'abdomen en possède 8; les six premiers sont situés dans chacun des six premiers anneaux de cette partie du corps, tandis que les deux derniers, très rapprochés, se confondant presque, se trouvent dans le 7e anneau.

Les ganglions sont légèrement aplatis et ovales. Ils sont formés de deux substances : l'une périphérique *a*, blanche et brillante; l'autre centrale *b*, de couleur fauve (fig. 17).

La partie périphérique est formée de cellules à noyaux munis de un ou deux prolongements qui sont les éléments essentiels du système nerveux. Le centre est constitué par des filaments entrelacés provenant desdites cellules qui, se réunissant en faisceau, forment les *nerfs*. Ceux-ci, vus au microscope, ont l'aspect de cordons striés.

Les nerfs partent donc des ganglions. Ils font communiquer ces derniers avec la périphérie du corps. Les uns, appelés *sensitifs*, reçoivent les impressions de la périphérie et les transmettent aux centres nerveux; les autres, qualifiés de *moteurs*, provoquent à la périphérie les impulsions commandées par les centres.

Du ganglion sus-œsophagien partent les nerfs qui desservent la partie supérieure de la tête, le labre, les antennes; ceux qui sont émis par le ganglion sous-œsophagien vont à la lèvre inférieure, aux palpes maxillaires et aux muscles des mandibules.

Chacun des autres ganglions émet deux paires de nerfs, l'une antérieure et l'autre postérieure, qui se ramifient à l'infini et devenant de plus en plus ténus, se distribuent dans les muscles et dans la peau de l'anneau correspondant. Le 1[illegible] ganglion, très rapproché de celui qui le précède, émet quatre paires de nerfs divergents qui desservent les deux derniers anneaux du corps.

Le système nerveux sympathique est moins compliqué. Les nerfs du tube digestif proviennent de deux ou trois petits ganglions dont l'un, appelé *frontal*, est situé au-dessus et en avant du renflement sus-œsophagien. Ce même renflement donne naissance à un filament bilatéral qui, longeant les deux côtés de la chaîne nerveuse principale, possède trois petits ganglions. Ceux-ci émettent des nerfs qui desservent les muscles du pharynx, les glandes salivaires, les stigmates respiratoires et le vaisseau dorsal du ver à soie.

Les ganglions et les nerfs sont enveloppés d'une gaine membraneuse, le *névrilemme*.

73. Les mouvements et les muscles. — Les diverses fonctions organiques sont sous la dépendance de *mouvements* provoqués par le système nerveux. Les *muscles* sont les organes actifs de ces mouvements. On distingue, chez le ver à soie comme chez les animaux supérieurs :

Les muscles striés qui obéissent à l'insecte.

Les muscles lisses qui, desservant les viscères (appareil digestif, vaisseau dorsal, trachées, glandes diverses, etc.), agissent indépendamment de sa volonté.

Les muscles volontaires, formés de faisceaux de fibres parallèles, striées, sont enveloppés d'une gaine appelée *sarcolemme*. Ils permettent à l'insecte de se déplacer et de prendre sa nourriture comme il lui convient. Ils forment trois couches :

La première, que l'on découvre immédiatement sous la peau, comprend des muscles courts, ayant une direction très oblique, situés soit dans un même anneau, soit dans l'intervalle compris entre deux anneaux; ils servent surtout à actionner les pattes. On en compte, d'après *Cornalia*, 268.

La seconde couche, plus profonde, est formée de 198 muscles plus allongés, obliques aussi, dirigés d'un côté à l'autre des anneaux et servant surtout aux contorsions du corps.

La troisième couche contient 110 muscles longitudinaux qui vont d'une extrémité du corps à l'autre en se faisant suite les uns aux autres.

Le long de la partie dorsale, ces muscles longs laissent entre eux un intervalle, une sorte de gouttière, dans laquelle le cœur se trouve logé. La région pariétale de la tête contient des muscles maxillaires volumineux qui font mouvoir les mandibules.

Chaque muscle étant formé de huit faisceaux, en moyenne, il en résulte que le ver à soie possède au moins 4300 muscles striés élémentaires.

Les muscles de la vie végétative n'agissent pas isolément comme le font les muscles striés. Constitués par des groupes de fibres lisses qui s'entre-croisent, leur action commune se porte sur l'ensemble de l'organe avec lequel ils sont en rapport.

74. Les sensations. — Les sensations éprouvées par le ver à soie se réduisent à celles du *toucher* et du *goût*; les autres sont nulles ou à peu près.

Le sens du toucher est celui qui paraît jouer le rôle le plus important. Il s'effectue par les palpes maxillaires et labiaux,

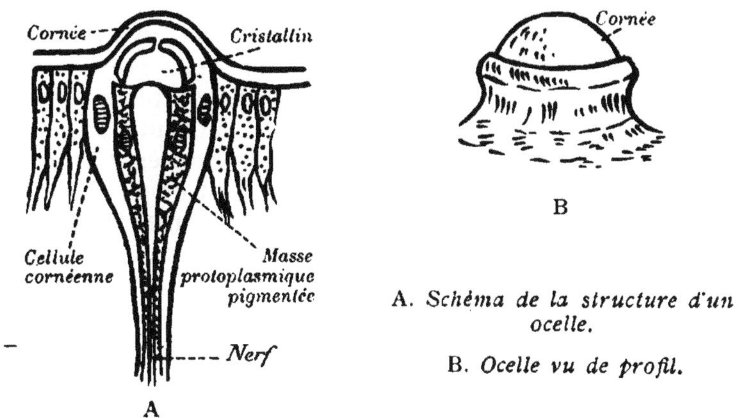

A. *Schéma de la structure d'un ocelle.*

B. *Ocelle vu de profil.*

FIG. 18. — OCELLE.

par les extrémités des appendices locomoteurs et surtout par les antennes. Tous ces organes sont pourvus de poils chitineux qui sont considérés comme les appareils nerveux terminaux du sens en question.

La vue est très réduite. Nous savons (45) que le ver à soie possède, cependant, douze yeux, dont six de chaque côté de la tête. Chacun de ces yeux, appelé *ocelle* ou œil simple, a l'aspect d'une petite protubérance arrondie, polie, brillante, de couleur sombre.

Il comprend un cristallin séparé du milieu extérieur par la cornée. Ce cristallin repose sur une masse protoplasmique chargée de pigment noir qui est le bulbe oculaire rattaché au nerf optique. Ce bulbe est protégé par une gaine formée par la réunion de trois grosses cellules, pourvues d'un noyau. placées côte à côte, qui sont les *cellules cornéennes*.

Les rayons lumineux venant de loin arrivent confusément dans ces yeux simples, de sorte que l'insecte ne voit pas au delà d'un centimètre de distance. Aussi est-il généralement admis par les sériciculteurs que le ver à soie n'y voit pas.

Les sens de l'ouïe et de l'odorat paraissent aussi ne point exister. Les bruits les plus intenses et les plus divers effectués autour des vers à soie les laissent tout à fait indifférents; ils continuent quand même à manger la feuille de mûrier qu'on leur a servie ou à confectionner leur cocon. *Maillot* est d'avis que quand on accuse le tonnerre de les troubler à la montée, il faut attribuer à ce bruit un effet qui est dû à la diminution de pression ou à la stagnation de l'air.

La fumée épaisse, les vapeurs sulfureuses, que certains éducateurs produisent parfois dans leurs magnaneries, les affectent si peu qu'ils continuent à se nourrir, à se développer et qu'ils parviennent tout de même à fournir une récolte. Cela montre bien que leur odorat est nul ou à peu près.

Le sens du goût existe certainement. Si on place des vers à soie sur des feuilles qu'ils n'ont pas l'habitude de manger ou qui sont salies, ils les délaissent aussitôt après y avoir mordu.

Les organes de la gustation se trouvent dans la bouche. Ce sont, d'après *Forel*, des terminaisons nerveuses situées surtout à l'extrémité de la langue et à la partie antérieure du pharynx.

75. Élaboration de la soie. — ***Glandes séricigènes***. — La soie que sécrète la chenille du *B. mori* pour faciliter l'accomplissement de ses mues, et surtout pour confectionner son cocon, est produite par deux longues glandes tubulaires qui occupent les deux côtés de l'appareil digestif.

Chacune de ces glandes est constituée par un long tube brillant qui présente trois parties bien distinctes :

1° Une partie postérieure, qui consiste en un tube mat, incolore ou à peine teinté de jaune, replié un grand nombre de fois sur lui-même. Il a 1 millimètre de diamètre et 18 à 20 centimètres de longueur. Son extrémité, fermée en cul-de-sac, se trouve vers la partie postérieure du corps, au niveau du huitième anneau de l'abdomen. *C'est le tube sécréteur de la soie.*

2° Une partie moyenne, représentée par un tube plus volumineux, replié deux fois sur lui-même, ayant 3 millimètres de diamètre et 7 à 8 centimètres de longueur. Elle est blanche chez les vers à cocons blancs; jaune ou verdâtre chez les vers à cocons colorés. On lui donne le nom de *réservoir* de la soie.

3° Une partie antérieure. C'est un tube très fin qui, faisant suite au réservoir, va en s'amincissant vers la tête. Il est de consistance chitineuse. Son diamètre est de 0mm,3 et sa longueur de 3 à 4 centimètres. C'est le *tube excréteur* de la soie qui lui donne sa forme et sa consistance.

Les deux tubes excréteurs se réunissent, au niveau de la tête du ver, dans un canal commun où les deux brins de soie s'accolent sans se fusionner pour former un seul fil qui est la *bave*. A ce canal commun fait suite un autre canal appelé *filière* qui traverse, d'arrière en avant, la lèvre inférieure pour aboutir à la base de la *trompe soyeuse* (45).

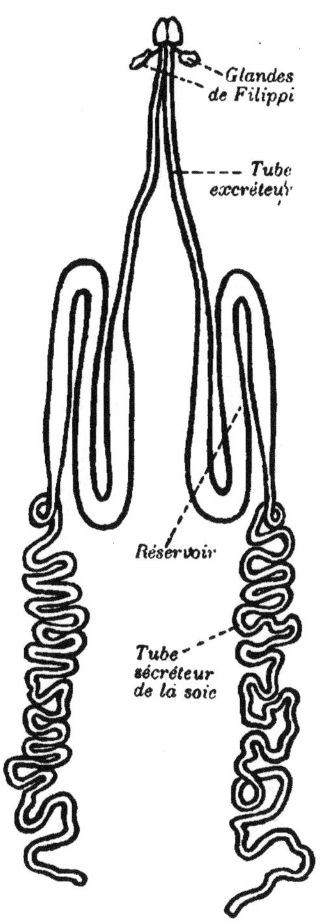

FIG. 19.
GLANDES DE LA SOIE.

Cette filière est tapissée par une cuticule très épaisse. Sa coupe transversale a la forme d'un fer à cheval renversé.

Au moment où les brins se rencontrent dans le canal commun, ils sont imbibés par une substance, dont le rôle n'est pas encore bien connu, sécrétée par deux glandules découvertes par *de Filippi*, munies chacune d'un petit canal excréteur. Cette substance doit probablement servir à assurer l'adhérence des deux brins, tout en lubréfiant l'intérieur de la trompe afin de faciliter l'émission de la bave. L'eau chaude la ramollit et permet le dévidage du cocon.

D'après *Louis Blanc*, la filière « a pour rôle de comprimer le fil et de modifier sa forme d'une façon plus ou moins considérable en même temps qu'elle diminue ses diamètres. Cette compression constante du fil pendant son passage à travers la filière, a pour effet de le maintenir dans un certain état de tension qui permet au ver en train de filer de tendre son fil d'une façon solide. Lorsque le ver suspend la contraction de ses muscles fileurs, la filière s'aplatit, comprime énergiquement le fil et arrête son cheminement, de telle sorte que, si l'on veut exercer une traction sur la bave, on la rompra plutôt que d'obliger l'animal à en laisser sortir davantage. Ajoutons que la filière n'exerce pas son action directement sur le fil de soie, mais par l'intermédiaire de la couche de grès qui transmet sur toute la surface du brin les pressions exercées sur elle. Après avoir franchi ce passage difficile, le fil de soie a acquis sa forme définitive, il traverse rapidement la trompe et arrive au dehors ».

76. **La constitution des glandes soyeuses** est très simple. Chacune d'elles est complètement enveloppée extérieurement par une *membrane basale* mince, transparente, élastique et très résistante.

Cette membrane recouvre une *couche de cellules hexagonales* à noyau plus ou moins filamenteux et ramifié, sans nucléole.

Les dimensions de ces cellules sont en rapport avec la partie de la glande à laquelle elles appartiennent. Chacune d'elles occupe la moitié de la périphérie de l'organe tubulaire, de sorte que deux de ces éléments suffisent toujours à l'entourer complètement.

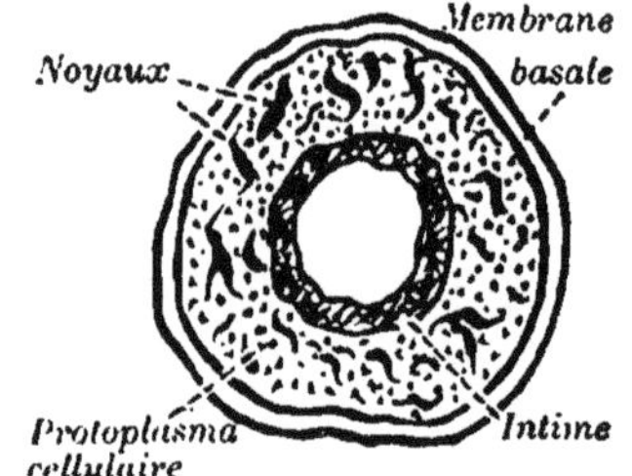

FIG. 20. — COUPE TRANSVERSALE DE LA GLANDE SOYEUSE.

Enfin, à l'intérieur, une membrane appelée *intime*, qui paraît être en relation avec les fonctions sécrétrices des cellules qui l'engendrent, est appliquée contre la couche cellulaire dont nous venons de parler. Elle est constituée, d'après *L. Blanc*, « par un système de fils circulaires auxquels sont rattachés des bourgeons ramifiés qui, s'entre-croisant avec les bourgeons voisins, lui donnent l'aspect d'une sorte de crible. Dans le canal excréteur, où il n'y a plus aucune sécrétion, l'intime se transforme en une cuticule compacte. » Les glandes soyeuses sont maintenues en place par de nombreuses ramifications de trachées qui viennent des troncs stigmatiques et par du tissu adipeux qui s'insinue entre leurs circonvolutions.

77. **Composition physique de la soie**. — Le fil émis par les glandes soyeuses est formé de quatre substances réunies et superposées dans l'ordre suivant, en allant du centre à la circonférence :

1° La soie proprement dite ou fibroïne;
2° Le grès, appelé encore séricine ou gomme;
3° La substance colorante;
4° La mucoïdine.

78. ***La fibroïne*** est fabriquée uniquement par les cellules hexagonales du tube sécréteur sous forme de gouttes denses qui, passant au travers des ouvertures de l'intime, se fusionnent

dans la partie centrale de la glande et s'écoulent peu à peu, en masse, vers le réservoir où la soie s'accumule. Elle est incolore et résiste à l'action des alcalis et de l'eau chaude.

79. ***Le grès*** ou ***séricine*** se forme exclusivement dans le réservoir. C'est une substance trouble, soluble dans l'eau de savon bouillante et, par conséquent, dans les solutions alcalines, qui enveloppe la fibroïne.

80. ***La matière colorante*** est produite aussi dans le réservoir; mais elle abonde de préférence dans la moitié de cette partie de la glande qui fait immédiatement suite au tube sécréteur de la fibroïne.

E. Quajat a observé que dans les races jaunes la substance colorante n'est jamais émise dès le commencement de la confection du cocon; la *bave* et les premiers cent, deux cents ou trois cents mètres de la première couche du cocon sont, de ce fait, parfaitement blancs.

Etudiant la distribution de la matière colorante de la bave dans toute la longueur qui constitue le cocon, il a constaté des variations plus accentuées encore dans les variétés d'une même race, et des variations encore plus grandes dans les croisements.

Raulin et Sicard sont d'avis que le grès et la matière colorante sont mêlés dans les réservoirs et forment autour de la fibroïne une gaine enveloppante.

D'après *L. Blanc* la matière colorante jaune passe du sang dans la fibroïne par toute l'étendue de la paroi du réservoir et probablement par simple filtration. Elle se mêle à la fibroïne et au grès par imbibition. Nous avons vu (67) que la substance colorante provient du sang, qui la tient lui-même des pigments colorés contenus dans la matière verte de la feuille de mûrier.

En saupoudrant des feuilles de mûrier avec certaines substances colorantes on peut faire produire aux vers qui consomment ces feuilles, de la soie ayant la même couleur. Cela résulte des recherches qui ont été effectuées par divers expérimentateurs, notamment par *Conte* et *Levrat*.

Les essais de ces derniers ont porté sur une espèce sauvage, l'*Attacus Orizaba*, et une domestique, le *Bombyx mori*. Les matières colorantes utilisées étaient le rouge neutre (rouge de toluylène), le bleu de méthylène BX et l'acide picrique. Les feuilles de troëne servies aux chenilles de l'*Attacus* et les feuilles de mûrier données au ver domestique étaient, avant chaque repas, badigeonnées avec une solution aqueuse de ces substances.

C'est le rouge neutre qui a produit le meilleur résultat. Les chenilles, dès les premiers repas, se sont colorées en rouge de teinte variée, suivant les espèces. Les cocons de l'*Attacus* présentaient une belle coloration rouge, tandis que ceux du *B. mori* étaient plutôt roses, ce qui montre que le passage de la matière colorante à travers la glande séricigène a lieu moins facilement chez ce dernier que chez l'*Attacus Orizaba*.

Conte et *Levrat* concluent de ces recherches « qu'on peut faire passer une substance, matière colorante, par exemple, du tube digestif sur la soie, par l'intermédiaire du sang. Les matières colorantes possèdent, à des degrés divers, la faculté de traverser par osmose les tissus d'un même ver à soie et chaque race de vers à soie est caractérisée par le pouvoir osmotique de ses tissus vis-à-vis des différentes matières colorantes permettant le passage des unes à l'exclusion des autres. Ceci explique les colorations naturelles des soies des Lépidoptères. »

81. ***La mucoïdine*** ou *mucus* a été découverte par *L. Blanc.* D'après ce dernier, cette substance, de nature albuminoïde, se forme dans le réservoir, à la périphérie du grès, entre celui-ci et la paroi de la glande séricigène. Elle est surtout abondante dans la partie du réservoir qui précède le canal excréteur dans lequel, d'ailleurs, elle continue à envelopper le grès et la fibroïne jusqu'à la sortie de la trompe soyeuse. Etant donné la place qu'elle occupe, il est très probable que cette substance est destinée à faciliter l'allongement du brin et son glissement dans le canal excréteur.

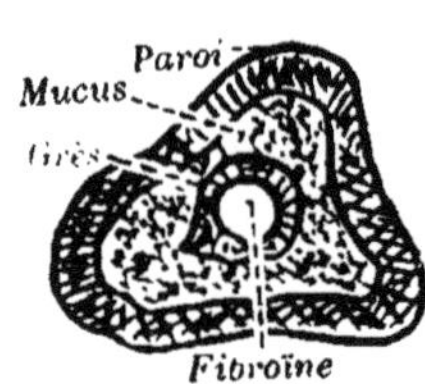

FIG. 21. — DISPOSITION DES ÉLÉMENTS DE LA SOIE DANS LE RÉSERVOIR.

En résumé, la *fibroïne* forme l'axe massif des deux brins qui se trouvent dans les canaux excréteurs. Elle y est enveloppée par le *grès* que la *mucoïdine* recouvre, à son tour, complètement. Chez les races à cocons colorés, la fibroïne et le grès sont imbibés par la matière qui donne sa coloration à la soie.

Nous avons vu qu'à leur arrivée dans le canal commun les deux brins s'accolent pour former *la bave*. Or, il résulte des observations de *L. Blanc* que, en cet endroit, le grès qui entoure les deux fils de fibroïne se soude, de sorte que ces derniers deviennent ainsi réunis côte à côte, dans la bave, au sein d'une couche unique de grès qui a pour enveloppes successives le mucus et le vernis sécrété par les glandes de Filippi.

FIG. 22. — SCHÉMA DE LA COUPE TRANSVERSALE D'UNE BAVE TRES GROSSIE.

A l'intérieur des glandes séricigènes la matière soyeuse est semi-fluide sans consistance; mais, au sortir de la trompe, elle se solidifie.

D'après *Raphaël Dubois* qui a effectué de minutieuses recherches à ce sujet, ce phénomène de la solidification présenterait une grande analogie avec celui de la coagulation du sang. Ses expériences mettraient hors de doute l'intervention nécessaire de l'oxygène et la fixation de ce gaz à l'état libre grâce à la présence d'un principe réducteur que contient la substance des réservoirs.

Par contre, les observations de *Eikiti Hirazuka* publiées dans le *Bulletin de la Station expérimentale de sériciculture de Tokio*, en mars 1918, lui ont permis d'énoncer que la substance soyeuse est formée de molécules libres, pourvues d'un mouvement vibratoire, flottant dans un véhicule de matière différente et visibles au microscope à un très fort grossissement. Sous l'influence d'actions purement mécaniques, telles que la compression de cette substance à son passage dans les conduits excréteurs, les tractions et l'étirement que le ver lui fait subir dès sa sortie de la trompe soyeuse pour filer son cocon, ces molécules se rapprocheraient, s'uniraient et c'est ainsi que se produirait la solidification de la bave.

82. La structure des fils de soie. — Lorsqu'on examine la bave disposée longitudinalement sous l'objectif du microscope, à un grossissement moyen, on distingue très bien la ligne de séparation des deux brins. En coupe transversale, elle a l'aspect d'une lanière plate ayant une dimension de 0 mm. 02 de largeur et 0 mm. 01 d'épaisseur.

Les brins de soie qui la forment sont, de l'avis d'un assez grand nombre d'observateurs, constitués par un faisceau de fibrilles parallèles. Cette structure fibrillaire a été très bien démontrée par *Verson* en 1869, par *Vlacovich* en 1894 et, en 1902, par *A. Conte et D. Levrat*.

Dès sa naissance, le ver émet des fils de soie auxquels il se suspend en cas de chute. A chacune de ses mues, il les emploie à amarrer aux corps voisins la vieille peau dont il va se débarrasser. Enfin, parvenu à sa maturité, il en confectionne son cocon.

Les glandes soyeuses sont très réduites pendant les quatre premiers âges; mais, après la 4e mue, elles prennent vite un énorme développement.

83. Poids des glandes soyeuses. — Voici, d'après *Haberlandt*, les poids successifs qu'acquièrent les glandes séricigènes pendant l'existence larvaire du *Bombyx mori* :

A la 1re mue.	0 milligr. 5
A la 2e mue.	0 — 7
A la 3e mue	7 — 0
A la 4e mue.	10 — 8
A la maturité.	458 milligrammes.

F. Lambert ayant pesé les glandes soyeuses d'une trentaine de vers mûrs appartenant à diverses races (Var, Cévennes, Hérault, Roussillon, Basses-Alpes et Italie) a trouvé un poids moyen de 1 gr. 028 milligrammes.

Le poids de la soie produite par le ver est supérieur à celui des lobes soyeux. *Péligot* pense qu'il faut en attribuer la cause au fait que les glandes continuent à sécréter de la soie pendant que l'insecte fait son cocon, ou peut-être, à une oxydation de cette dernière au sortir de la rompe soyeuse.

84. Crin de Florence ***ou poil de Messine***. — On désigne sous ce nom un fil très résistant, transparent, imputrescible, fourni par le ver à soie, qui est utilisé soit dans la technique chirurgicale comme fil de suture, soit pour garnir le bout des lignes des pêcheurs et fixer solidement l'hameçon.

Pour l'obtenir, on plonge dans du vinaigre le ver à soie prêt à filer et on l'y laisse macérer pendant vingt-quatre heures. Ce temps écoulé, on lui rompt la tête et, en tirant sur cette dernière les lobes soyeux se déploient, s'allongent, en prenant la forme d'un fil qui, tendu et exposé à l'air, devient très tenace. Pendant l'opération, le grès se désagrège, se sépare, et il ne reste plus que l'axe de fibroïne. Ce fil peut atteindre 30 à 40 centimètres de longueur.

La fabrication des fils de suture se fait surtout en Espagne, dans la province de Murcie où l'on élève pour cet objet une race de vers qui ont les glandes soyeuses très développées, c'est la race *Gubbio*. Les fils de pêche viennent principalement de Chine et d'Italie.

85. La peau et ses fonctions. — Si, après avoir sectionné la peau d'un ver à soie, on en place une coupe sous l'objectif du microscope, on constate qu'elle présente deux parties nettement distinctes :

L'hypoderme.

La cuticule.

L'hypoderme est la partie profonde qui est en contact avec les muscles volontaires dont nous avons parlé (73).

Constitué par des cellules très vivantes contenant un noyau ovale volumineux, et des granulations qui, d'après *Vlacovich*, seraient surtout composées d'urates, elle est en relation directe avec un tissu conjonctif très lâche dans les mailles duquel on découvre, à part les attaches des muscles, de nombreuses ramifications des nerfs et des trachées. La forme et les dimensions de ces cellules ne changent pas pendant toute la durée de l'existence larvaire. Certaines d'entre elles contiennent du pigment qui produit la coloration de la peau,

Le professeur *Verson* a découvert l'existence, dans l'hypoderme, de glandes unicellulaires spéciales, semblables à un corps arrondi, munies chacune d'un pédoncule creux qui émerge à la surface de ce dernier, sous la cuticule.

Ces glandes, au nombre de trente, sont divisées en deux séries de quinze, disposées symétriquement sur les deux côtés du corps de l'insecte.

Chaque anneau du thorax en possède deux paires, dont l'une est située à la partie supérieure, près du dos, un peu en avant et au-dessus des stigmates ; l'autre, à la partie inférieure, vers l'origine des pattes écailleuses. Les 1er, 2e, 3e, 4e, 5e, 6e, et

7ᵉ anneaux de l'abdomen en ont chacun une paire, vers la partie dorsale. Le 8ᵉ anneau en a deux paires disposées comme celles du thorax. Nous verrons bientôt quel est le rôle de ces glandes.

La cuticule est la partie superficielle. Elle est engendrée par les cellules de l'hypoderme. A mesure que ces cellules s'éloignent des parties profondes, elles prennent de plus en plus l'aspect de lames chitineuses qui se soudent intimement entre elles et finissent par constituer une pellicule coriace qui, à un moment donné, *enferme le ver comme dans un fourreau. Il faut, pour que ce dernier puisse poursuivre son développement, que cette cuticule tombe.*

FIG. 23. — SCHÉMA DE LA DISPOSITION DES GLANDES HYPODERMIQUES, D'APRÈS VERSON.

Ce phénomène, désigné sous le nom de *mue* se produit généralement quatre fois chez les vers de nos races indigènes, sous l'action des glandes, signalées par *Verson*, qui se trouvent dans l'hypoderme.

La cuticule a un aspect chagriné; elle porte, disséminés sur sa surface, des poils creux, qui, d'après les observations de *L. Blanc*, sont des appareils adaptés à l'exercice du tact, grâce aux filets nerveux qui sont en relation avec eux. Ceux de la tête possèdent à leur base une glandule dont le produit remplit leur cavité. Ces glandes, d'après le même auteur, remplissent, dans la mue de la tête, le même rôle que celles de l'hypoderme pour les anneaux du corps.

Les principales fonctions de la peau sont : les mues, l'exhalation de vapeur d'eau et d'acide carbonique, la production d'acide urique et d'oxalate de chaux.

86. La mue. — Ainsi que nous venons de le voir, le ver à soie passe, de l'éclosion à la montée à la bruyère, par des périodes critiques qui correspondent chacune à une fonction particulière qui se manifeste par un changement de la partie superficielle de sa peau. Chacune de ces périodes est une *mue*. Les magnaniers disent, des vers qui la subissent, qu'ils *dorment*, ou, encore, qu'ils font leur première, deuxième, troisième ou quatrième *maladie*.

Nous savons, en effet (43) que les vers de nos races indigènes font quatre mues et que l'intervalle compris entre chacune d'elles constitue un *âge*.

Le ver dont la mue approche perd de plus en plus son appétit. Il se promène avec inquiétude, levant la tête de temps à autre, à la recherche d'un endroit propice. Lorsqu'il l'a trouvé — et il faut remarquer que cet endroit est généralement découvert ou surélevé — il se cramponne à la litière avec les griffes de ses pattes membraneuses et s'y fixe, en les amarrant aux objets voisins avec quelques fils de soie. Puis, il relève sa tête et la partie antérieure de son corps, de sorte que, seuls, les sept derniers anneaux de l'abdomen reposent sur le plan horizontal. Enfin, il devient immobile et demeure ainsi pendant 24 à 36 heures, si la température du local d'élevage est maintenue entre 22° et 24° centigrades. Les trois premières mues ont une durée un peu moins longue que la quatrième.

Les anneaux thoraciques du ver à soie en mue se gonflent et paraissent transparents ; sa peau blanchit et devient brillante.

Dès l'apparition des premiers symptômes qui annoncent l'approche de la mue, les cellules de l'hypoderme se mettent à travailler activement. Elles se multiplient et se divisent pour constituer, d'une part, la nouvelle cuticule et opérer, d'autre part, la séparation de la pellicule chitineuse dont le ver doit se débarrasser.

Fig. 24. — Cristaux qui se trouvent sous la peau des vers sortis de mue.

Cette séparation est facilitée par le travail des glandes cutanées, signalées par *Verson*, dont nous avons parlé (85).

Ces glandes, qui sont à l'état inerte dans la période comprise entre deux mues, se réveillent à l'approche de chacune de ces dernières et se mettent à sécréter une humeur de plus en plus abondante, riche en cristaux tabulaires d'oxalate de chaux, qui se répand entre les deux pellicules.

C'est sous l'influence de cette humeur que les anneaux se gonflent, mais la cuticule chitineuse, qui acquiert une certaine souplesse, conserve sa résistance. En même temps, un travail hypodermique analogue se produit dans la tête. D'après *L. Blanc*, c'est le produit sécrété par les glandes situées à la base des poils de cette région qui s'épanche entre les deux couches de la peau. Les parties molles se séparent des parties dures et s'en écartent. Sous l'influence de la pression du sang déversé dans la tête par le vaisseau dorsal, celle-ci se gonfle jusqu'à déborder en arrière du vieux crâne qui tombera avec la dépouille. Mais ce dernier est vite remplacé, grâce à la sécrétion très active d'une nouvelle lame chitineuse qui se moule sur la couche hypodermique dont elle suit tous les contours.

On distingue très bien ce nouveau crâne sur le ver à soie en mue. C'est lui, en effet, qui apparaît à la partie supérieure de la tête sous l'aspect d'une *tache brun clair ayant la forme d'un triangle dont la base repose sur le premier anneau du thorax.*

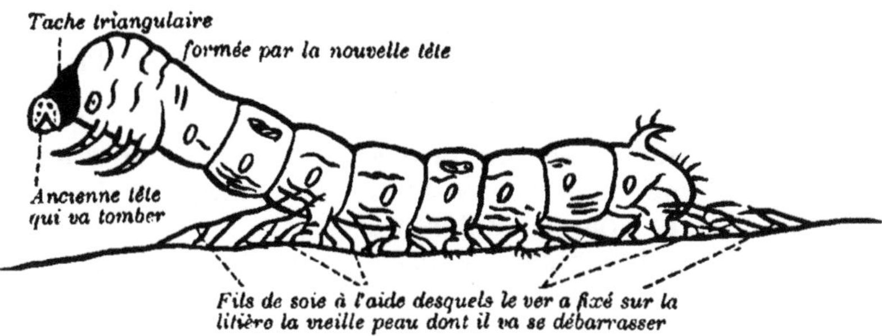

FIG. 25. — VER A SOIE EN MUE.

La tête continuant à se gonfler finit par sortir complètement de son ancienne boîte crânienne; elle vient se loger dans le premier anneau du thorax, où elle se trouve fortement comprimée, car la dépouille qui n'enveloppait que l'abdomen est évidemment trop réduite pour contenir maintenant tout le corps de l'insecte.

Nous avons vu que, pendant la période critique de la mue, le ver à soie demeure immobile, avec la partie antérieure de son corps relevée.

Or, d'après *Verson*, cette position est nécessaire, car elle empêche l'humeur sécrétée par les glandes cutanées, soumise aux lois de la pesanteur, de remonter jusqu'à la tête. Il en résulte que la portion de la cuticule située au niveau de celle-ci, n'étant pas imprégnée par ce liquide, se dessèche et perd de sa résistance. Aussi, sous l'influence de quelques tiraillements exercés par la tête, refoulée dans le premier anneau du corps, cette cuticule se brise facilement au point de jonction du crâne avec le thorax, produisant ainsi une ouverture par laquelle le ver pourra aisément se débarrasser de sa dépouille.

Les trachées, les parties antérieure et postérieure de l'appareil digestif, les mandibules, la trompe soyeuse, les canaux excréteurs de la soie participent à la mue. Tous ces organes subissent une rénovation, en même temps que la peau, et leurs dépouilles se joignent à celle qui provient de cette dernière.

Lorsque la fonction qui nous occupe va prendre fin, le ver à soie se tourmente pour se détacher complètement de son enveloppe. Il contracte et dilate successivement ses anneaux en commençant par celui qui est à l'extrémité postérieure de son corps et en allant ainsi progressivement vers le premier.

Passant enfin par l'ouverture dont nous venons de parler, il se débarrasse peu à peu de sa dépouille, comme d'un fourreau; il l'abandonne toute plissée sur la litière où elle est amarrée par des fils de soie.

Le ver qui sort de mue a la tête plus grosse qu'auparavant. Il demeure tranquille jusqu'à ce que ses nouveaux organes se soient raffermis. Puis, il attaque timidement la feuille de mûrier que le magnanier met à sa disposition. Son appétit ne s'accuse réellement que le lendemain.

87. Exhalation d'eau par la peau. — Le ver à soie exhale par sa peau une quantité considérable de vapeur d'eau qui provient de deux sources différentes :

1° du besoin d'éliminer l'énorme quantité d'eau contenue dans les feuilles de mûrier dont l'insecte se nourrit;

2° des combustions respiratoires.

La quantité approximative d'eau qui provient de la feuille de mûrier servie aux vers à soie pendant l'élevage a été établie, en 1885, par mon regretté maître *Eugène Maillot* dans ses remarquables *Leçons sur le ver à soie du mûrier.*

Il prend pour base de ses calculs le poids de la feuille de mûrier effectivement consommée pendant leur existence par 36000 vers provenant d'une once de 25 grammes de graine.

Ce poids est, d'après des expériences faites, en 1804, par *Dandolo,* de 420 kilogrammes dont le 65 pour 100 est fourni par l'eau contenue dans la feuille. C'est donc 273 kilogrammes d'eau que les vers en question doivent, de l'éclosion à la montée, éliminer par la peau.

Maillot établit de la façon suivante la répartition de ces 420 kilogrammes de feuille consommée et de l'eau qu'elle contient, aux différents âges du ver à soie :

FEUILLE INGÉRÉE	EAU CONTENUE 65 P. %	EAU EXHALÉE PAR JOUR
	kilogr.	kilogr.
1er âge (5 jours), 2 kilogr. . .	1,30	0,260
2e âge (4 —), 6 — . . .	3,90	0,975
3e âge (6 —), 20 — . . .	13,00	2,166
4e âge (7 —), 56 — . . .	36,00	5,200
5e âge (10 —), 336 — . . .	218,40	21,840

Le meilleur moyen de débarrasser la magnanerie de cette grande quantité de vapeur d'eau, consiste à opérer *une aération constante avec de l'air aussi sec que possible.*

La tension maxima de la vapeur d'eau est variable; elle augmente avec la température. A celle où l'on maintient généralement les vers (23°C), chaque mètre cube *d'air sec* dissout 20 grammes de vapeur d'eau.

Mais l'air qui pénètre dans une magnanerie est déjà chargé d'une certaine quantité de vapeur d'eau; parfois il en sort sans être complètement saturé. Aussi pouvons-nous abaisser, sans faire grande erreur, le chiffre de 20 grammes à celui de 5 grammes.

Dans ces conditions, nos vers auront besoin, par jour :

Au 1er âge de	260 gr. : 5 =	52	mètres cubes d'air.
Au 2e âge de	975 — : 5 =	195	—
Au 3e âge de	2 166 — : 5 =	433	—
Au 4e âge de	5 200 — : 5 =	1 040	—
Au 5e âge de	21 840 — : 5 =	4 368	—

Mais nous n'envisageons ici que l'eau provenant des feuilles de mûrier ingérées. Or, il ne faut pas oublier que les vers laissent, au 5e âge, une quantité de litière équivalente à 300 kilogrammes de feuille au moins, fournissant autant de vapeur d'eau que celle qui a été consommée. Nous devons tenir compte aussi de la transpiration du magnanier qui, d'après diverses expériences, exige, pour l'élimination de la vapeur d'eau qu'il produit, un volume d'air de 1 440 mètres cubes par 24 heures.

Tout ceci considéré, *Maillot* est arrivé aux chiffres suivants :

Au 1er âge	$52 \times 2 + 1\,440 =$	1 544	m. cubes en	24 heures.
Au 2e âge	$195 \times 2 + 1\,440 =$	1 830	—	—
Au 3e âge	$433 \times 2 + 1\,440 =$	2 306	—	—
Au 4e âge	$1\,040 \times 2 + 1\,440 =$	3 520	—	—
Au 5e âge	$4\,368 \times 2 + 1\,440 =$	10 176	—	—

La vapeur d'eau provenant des combustions respiratoires, comparée à celle qui est produite par la feuille de mûrier servie aux vers pendant l'élevage, est insignifiante; aussi, nous pouvons, sans crainte d'erreur, la confondre avec cette dernière.

Il résulte, en effet, des chiffres trouvés par *E. Quajat* que, pendant la grande frèze, un kilogramme de vers à soie exhale, en une heure de temps, 1 gr. 4532 de vapeur d'eau, soit 34 gr. 8768 en 24 heures.

Nous savons (66) que les vers d'une once de 30 grammes, considérés à ce moment, pèsent 108 kilogrammes. La quantité d'eau exhalée en 24 heures par leur fonction respiratoire est donc de 34 gr. 8768 × 108 = 3 kg. 766. Nous avons vu que la feuille de mûrier ingérée produit à elle seule, pendant le 5e âge, 21 kg. 840 de vapeur d'eau par jour.

C'est donc, en chiffres ronds, 10000 mètres cubes d'air, par 24 heures, qu'il faut fournir aux vers d'une once de 25 grammes de graine, de la 4e mue à la montée.

Étant donné qu'il est nécessaire, pour élever cette quantité de vers, de disposer *d'un local de 100 mètres cubes de capacité,* l'air devra y être renouvelé cent fois en 24 heures, c'est-à-dire à peu près *une fois tous les quarts d'heure.*

Ce renouvellement d'air qui est dix fois supérieur à celui que nous avons indiqué pour l'élimination de l'acide carbonique seulement (66) servira donc à chasser de la magnanerie l'acide carbonique, la vapeur d'eau exhalés par les vers, les litières et le magnanier, ainsi que les émanations produites par les litières et par les déjections.

88. **Production d'acide urique et d'oxalate de chaux.** — Nous avons vu (58) que, d'une mue à l'autre, pendant que le ver consomme de la feuille de mûrier, ses tubes de Malpighi se remplissent de cristaux tabulaires d'oxalate de chaux et ne contiennent pas d'urates; mais, ces derniers, qui sont surtout de l'urate d'ammoniaque, abondent dans les cellules de l'hypoderme.

Au moment de ses mues et une fois mûr, le ver ne mange plus; il vit aux dépens de ses réserves et devient, par conséquent, carnivore. Le contraire se produit alors. Les urates abandonnent les cellules de la peau, ils se localisent dans les tubes de Malpighi, tandis que les cristaux tabulaires d'oxalate de chaux se montrent en abondance dans les cellules hypodermiques. *C'est ce qui explique la présence de ces cristaux sur la peau des vers qui viennent de sortir de mue.*

Les fonctions de la peau sont donc corrélatives de celles des tubes de Malpighi.

89. **Organes de la reproduction.** — Les signes extérieurs qui permettent de connaître le sexe du ver à soie (49) sont en relation avec les organes de la génération situés dans le corps de cet insecte, de chaque côté du vaisseau dorsal, au niveau de la ligne de jonction des 4e et 5e anneaux de l'abdomen.

Ces organes, nommés *capsules génitales*, déjà visibles dans le ver au premier âge, sont très apparents après la 4e mue. Ils ont alors 2 à 3 millimètres de longueur.

Ce sont deux petits corps ovoïdes, jaunâtres, réniformes chez le mâle, à peu près triangulaires chez la femelle, maintenus en place, d'après *Hérold*, par des trachées et par six ligaments spéciaux.

Quatre de ces ligaments très courts, disposés par paires, s'attachent aux tissus cutanés voisins. Deux autres ligaments, beaucoup plus longs, partent de la face interne des capsules génitales, traversent obliquement les 8ᵉ, 9ᵉ, 10ᵉ anneaux et vont se fixer, sous le rectum, à la partie ventrale du 11ᵉ segment. D'après *Cobelli*, ce point d'attache se trouve, chez les vers mâles, à l'arrière de la ligne médiane de cet anneau, sur un petit corps bilobé qu'il a nommé *organe de Hérold*. Chez les vers femelles, ces deux ligaments longs aboutissent au contraire l'un près de l'autre, à la partie antérieure de ce même anneau, puis, s'écartant de 1 millimètre environ, vont se fixer chacun sur l'organe de Hérold constitué, dans ce cas, par deux corps globuleux séparés, situés sur la ligne en accolade du 11ᵉ anneau et dans le 12ᵉ anneau. Ces points d'attache correspondent, sans aucun doute, avec les signes extérieurs qui ont été découverts par le professeur *Ishiwata*.

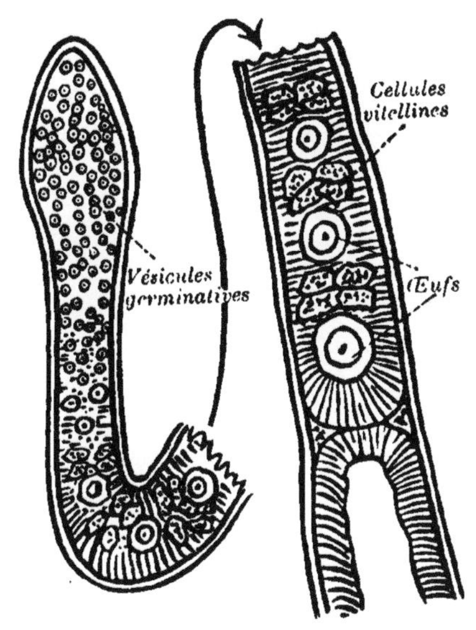

FIG. 26. — SCHÉMA D'UN TUBE OVARIEN CHEZ LE VER FEMELLE.

Le microscope permet de découvrir dans l'intérieur de ces capsules génitales une constitution bien différente suivant que l'on a affaire à un mâle ou à une femelle. Dans le premier cas, on y voit des cellules arrondies contenant plusieurs noyaux et de grosses cellules allongées, terminées en pointe, ayant un aspect strié.

Ces dernières cellules dérivent des premières; elles engendrent les zoospermes.

Les capsules femelles contiennent chacune huit tubes divisés en deux groupes de quatre chacun aboutissant à un conduit unique. Ces huit tubes, contournés, repliés sur eux-mêmes en paquets, tapissés à l'intérieur par un épithélium, sont les futurs ovaires. C'est dans l'intérieur de ces organes que les œufs se forment et l'on en voit déjà les premiers vestiges chez le ver à soie.

Un de ces tubes déroulé et examiné au microscope présente, en effet, dans son extrémité postérieure, gonflée et terminée en cul-de-sac, un amas de cellules translucides appelées *vésicules germinatives* pourvues chacune d'un noyau. Un peu plus bas chacune de ces cellules est entourée d'une sorte de nuage granuleux formé par des granules plus fins qui la nourrissent. Plus loin, en allant vers l'embouchure, chaque vésicule germinative et son amas granuleux sont accompagnés de cellules nutritives plus grandes situées en arrière; ce sont les *cellules vitellines*. Il y a ainsi plusieurs groupes séparés les uns des autres par une région plus claire.

Lorsque le ver à soie s'est transformé en chrysalide, l'épithélium du tube ovarien sécrète la coque autour de chacun de ces groupes (21) et l'œuf se constitue définitivement.

L'éducateur de vers à soie qui veut s'assurer une belle récolte de cocons doit donner à ces insectes des soins rationnels capables de les maintenir en bonne santé. Ces soins doivent être basés sur les connaissances physiologiques et sur les observations contenues dans les pages précédentes.

Malheureusement, dans nos campagnes, on rencontre encore beaucoup de magnaniers imbus de vieux préjugés qui soignent leurs vers à contre-sens; ils favorisent ainsi l'apparition de maladies parfois très graves qui anéantissent leurs récoltes et infestent leurs locaux d'élevage.

Ils doivent abandonner sans hésitation ces préjugés néfastes et entrer dans la voie du progrès en appliquant les méthodes rationnelles que nous allons maintenant exposer.

CHAPITRE IV

L'ÉLEVAGE INDUSTRIEL DES VERS A SOIE

LA MAGNANERIE

90. Préliminaire. — L'économie séricicole exige que l'élevage du ver à soie se pratique chez nous, à l'intérieur des bâtiments ruraux. Or, cet insecte à l'état sauvage vivait sur les mûriers, au grand air, au grand soleil. Ses fonctions s'accomplissaient parfaitement; il était robuste.

Il est donc de toute évidence que l'éducateur désireux de réussir doit faire en sorte que *le magnan*, enfermé entre quatre murs, s'aperçoive le moins possible qu'il n'est pas dans son milieu naturel.

Le magnanier y parviendra en aménageant son local d'élevage, c'est-à-dire *sa magnanerie*, de telle manière que toutes les fonctions du précieux insecte puissent s'y accomplir parfaitement.

Nous savons que la situation économique de la sériciculture ne permet plus de pratiquer les grands élevages qui nécessitent le concours de la main-d'œuvre salariée (3-4).

Une enquête faite en juillet 1911 pour l'arrondissement d'Alais, qui possédait à cette date 8869 éducateurs de vers à soie et est le plus important au point de vue séricicole, a donné les résultats suivants :

1° Educateurs se livrant à l'élevage absolument familial.	7359	soit	82,97 %
2° Educateurs qui emploient de la main-d'œuvre salariée pour aider les membres de la famille	1266	—	14,27 %
3° Educateurs chez lesquels la main-d'œuvre salariée est seule occupée à l'élevage des vers à soie.	244	—	2,75 %

Les quatre départements séricicoles les plus importants sont actuellement le Gard, l'Ardèche, la Drôme et le Vaucluse. En divisant pour chacun d'eux la quantité totale de graine mise en incubation, en 1912, par le nombre des éducateurs, nous trouvons que la moyenne de la quantité de graine élevée par chaque sériciculteur, au cours de cette campagne, a été la suivante :

Pour le Gard, 45 gr. 5; pour l'Ardèche, 43 gr. 2; pour la Drôme, 27 gr. 4 et pour Vaucluse, 26 gr. 3. Soit pour l'ensemble des quatre départements une moyenne de 35 gr. 6.

Nous voyons donc que l'élevage purement familial est celui qui domine de beaucoup. Il n'est pas douteux que dans quelques années, il sera le seul pratiqué en France.

Cet élevage a pour point de départ le poids de la graine qui doit donner naissance aux chenilles qui formeront la *chambrée*. Le poids le plus courant est 30 grammes qui se rapporte à l'ancienne once commerciale. Lorsqu'une éducation est réussie, les vers provenant de cette quantité de graine, au nombre de 40000 environ, produisent 65 à 70 kilogrammes de cocons.

91. Choix du local. — En présence des faits que nous venons d'exposer, il est facile de concevoir qu'une magnanerie spéciale, encombrée par un matériel fixé à demeure qui l'immobilise pendant au moins dix mois de l'année, devient tout à fait inutile.

Une pièce dépendant de la maison d'habitation ou des bâtiments de la ferme peut être temporairement appropriée à cette destination pourvu que sa capacité soit en rapport avec la quantité de vers à élever.

L'expérience a nettement démontré que moins il y aura de vers dans un local, mieux ils se trouveront. *T. Nenci* est d'avis que *la difficulté de réussir croît comme le carré de la quantité de graine élevée dans un même local*, c'est-à-dire que si ce dernier chiffre augmente de 4, celui des obstacles qui s'opposeront à la réussite s'élève à 16.

L'élevage d'une once de 30 grammes de graine exige un local de 100 mètres cubes de capacité, au moins.

Ce local doit être, en outre, aménagé de telle sorte qu'il puisse se prêter, pendant l'éducation, au renouvellement constant de l'air et au chauffage lorsque la température devient insuffisante.

Il faut donc qu'il soit pourvu de grandes fenêtres orientées, autant que possible, en sens opposé ; les expositions nord et sud sont préférables, parce qu'elles permettent d'élever ou d'abaisser la température de ce local suivant le temps. Ces fenêtres doivent être munies de volets extérieurs. Dans une petite pièce, la porte, si elle se trouve à peu près en face de la fenêtre, peut à la rigueur suffire au renouvellement de l'air.

La présence d'une cheminée ordinaire d'habitation est absolument nécessaire. Elle contribue beaucoup à l'aération. En y faisant, lorsque le temps est lourd, orageux, quelques flambées avec des sarments ou des copeaux, on active la circulation de l'air.

Il est évident que cette cheminée peut aussi servir au

chauffage de l'atelier; mais elle n'est point économique, car les neuf dixièmes de la chaleur se perdent par son conduit. On a la ressource de pouvoir utiliser, dans ce but, un poêle en tôle, en fonte ou mieux en faïence, muni d'une clef pour régler le tirage. D'ailleurs, nous partageons entièrement l'avis de *E. Maillot* qui a écrit, en 1885 « tous les appareils sont bons, pourvu qu'ils soient bien dirigés; dans le cas où des exhalaisons de gaz asphyxiants se produiraient, il n'y aurait qu'à activer la ventilation pour la réduire à des proportions insensibles. »

Pour conserver la feuille de mûrier fraîche et en bon état, en attendant sa distribution aux vers à soie, il est indispensable de disposer d'un local ni trop sec, ni trop humide et peu éclairé. Une cave, un cellier peuvent très bien satisfaire à ces conditions.

92. Matériel pour l'élevage. — Pour multiplier la place que doivent occuper les vers, il faut disposer, dans le local, des *montants* qui supportent des *claies* placées les unes au-dessus des autres et ayant entre elles une séparation verticale de 40 centimètres.

La disposition de ces échafaudages doit être telle que l'on puisse circuler facilement autour d'eux et au centre de la magnanerie. Une fois mis en place, il doit y avoir dans la salle d'élevage *autant de vide que de plein*, en comptant comme plein l'espace compris entre les claies dans le sens de la hauteur.

« Il est facile, ainsi que l'a conseillé autrefois *de Chavannes de la Giraudière*, d'établir dans une chambre un système de claies sans y causer le moindre dégât. En sorte que l'éducation terminée, il suffit d'un simple coup de balai pour remettre la pièce dans le même état où elle se trouvait auparavant.

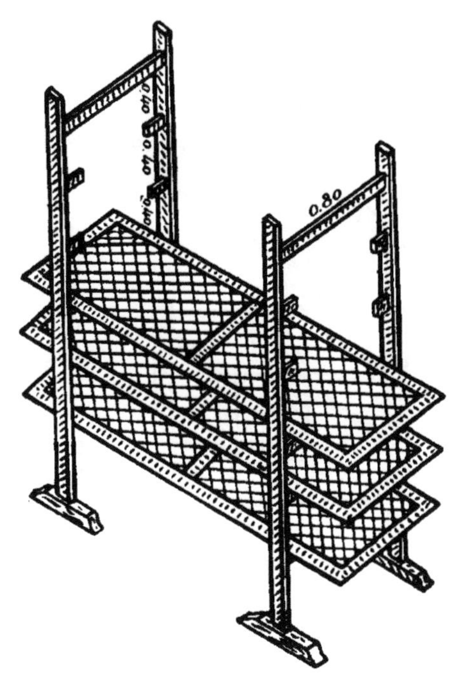

FIG. 27. — MONTANTS ET CLAIES.

Voici comment on peut s'y prendre : Les montants destinés à supporter les claies seront à leur partie supérieure et inférieure liés ensemble par des tringles de bois. Ainsi maintenus, ces montants se posent simplement sur le plancher sans avoir besoin d'aucune attache.

Sur ces montants on cloue les tassaux destinés à servir de point d'appui aux claies qui devront avoir entre elles au moins trente-cinq centimètres d'intervalle.

La dimension des claies n'a rien d'absolu. Il faut cependant éviter de les faire trop longues, parce qu'alors elles sont d'un maniement difficile ; trop larges, parce que les vers placés au milieu se trouvent moins à la portée du regard et de la main. »

Je me suis rendu compte que les meilleures dimensions à adopter pour les claies sont de 0 m. 80 de largeur sur 2 m. 50 de longueur.

Le fond de ces claies doit être à claire-voie. Il peut être constitué par des roseaux, des liteaux en bois ou, ce qui est bien préférable, par du grillage métallique galvanisé.

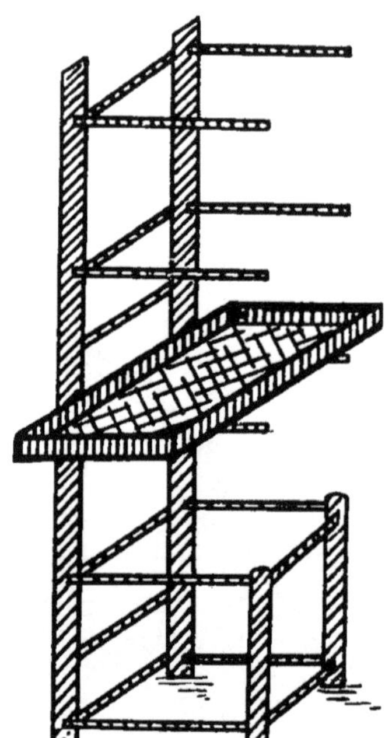

Fig. 28. — Escarras.

La fabrication d'une claie est facile. On commence par former un cadre avec quatre planchettes ayant 0 m. 045 de largeur et 0 m. 03 d'épaisseur, clouées ensemble et, afin de le consolider, on place une traverse en son milieu, dans le sens de la largeur.

Pour en constituer le fond, on déroule sur le cadre, du grillage métallique ayant des mailles de 2 ou 3 centimètres et, après l'avoir bien tendu, on le fixe tout au tour avec des rivets employés à cet usage.

Ces claies sont solides, légères et coûtent peu. Elles durent longtemps. Le papier qui les recouvre pendant l'élevage est, par-dessous, continuellement en contact avec l'air qui favorise l'évaporation de l'eau provenant des litières. Celles-ci se sèchent facilement et ne présentent pas de moisissures.

Il suffit, après l'éducation, de passer ces claies sur un feu de paille pour les désinfecter.

Ce sont là de sérieux avantages qui doivent les faire préférer aux liteaux. Quant aux claies à fond plein, elles favorisent les échecs et doivent être, en conséquence, absolument rejetées.

Seuls, les sériciculteurs arriérés en font encore usage.

Pour élever les vers au premier âge il est bon d'avoir des paniers plats, rectangulaires, en osier, de o m. 80 de longueur sur o m. 50 de largeur que l'on fait supporter par des pliants qui peuvent être facilement déplacés.

Dans les Cévennes, on emploie dans le même but une étagère assez primitive qui y est désignée, en patois, sous le nom de *Escarras*. La magnanière place généralement cette sorte d'échafaudage devant la cheminée de la cuisine, les paniers contenant les vers tournés vers le foyer. Pour y maintenir la chaleur, elle l'entoure en arrière et sur les côtés d'un drap grossier (fig. 28).

De légers cadres en bois sur lesquels est cloué du canevas ou une toile d'emballage très claire, de la même dimension que les baies des fenêtres, doivent faire partie du matériel. Lorsque il est nécessaire de tenir les fenêtres ouvertes, on place ces cadres dans leurs baies, où deux taquets tournants les maintiennent. Ils préservent les vers de l'action directe des rayons du soleil et du vent, tout en assurant l'aération du local.

Enfin, il est indispensable de disposer, à divers endroits de la magnanerie, deux ou trois *bons thermomètres* qui permettront d'en connaître la température pendant l'élevage.

93. La magnanerie des Cévennes. — Cette magnanerie est le type classique de l'atelier d'élevage. Construite à l'époque de la prospérité séricicole, on la rencontre encore dans la plupart des fermes du Gard, de l'Ardèche et de la Lozère.

Son organisation, qui est tout à fait primitive, laisse bien souvent à désirer au point de vue de l'hygiène des vers à soie; la disposition défectueuse des claies, qui ont 2 mètres de largeur, y rend le travail du magnanier très pénible.

Dans un rapport adressé en 1869 au Ministre de l'Agriculture, *de Chavanne de la Giraudière*, Inspecteur de la Sériciculture, en a fait une description parfaite; nous ne saurions mieux faire que de la reproduire :

« Dans une grande salle dont la toiture en tuiles mal jointes sert de plafond, s'élèvent deux ou trois rangées de poteaux qui soutiennent des tablettes, soit en planches brutes, soit en roseaux, dont la largeur atteint environ deux mètres; ces tablettes, nommées tables ou canisses, sont superposées depuis le sol jusqu'au toit et n'offrent entre elles qu'un intervalle libre de trente à quarante centimètres.

« Comme renfermer dans un local donné le plus de vers possible est l'idée fixe du magnanier cévenol, il ne réserve dans son atelier que la place strictement nécessaire pour circuler le long des tables.

« Dans ces ateliers, la question du chauffage est résolue de la manière la plus primitive : dans les encoignures, ou simplement le long des murs on allume des feux de charbon de terre. Quand les foyers sont surmontés d'une hotte et d'un tuyau pour conduire la fumée dehors, on est chez des gens de progrès, car très souvent il n'y a ni hotte, ni tuyau et la fumée, comme dans les huttes de sauvages, gagne le toit comme elle peut et s'échappe par les interstices des tuiles.

« Quant aux rares fenêtres percées dans les murs, elles sont soigneusement calfeutrées : qu'elles aient des vitres ou non on y colle du papier. Pour la porte, comme ce ne serait pas suffisant de la tenir fermée et qu'il faut bien l'ouvrir pour entrer et sortir, on suspend en dehors une épaisse couverture qui fait l'office de portière. »

Un demi-siècle s'est écoulé depuis que ces lignes ont été écrites. Eh bien! il est pénible de constater que, malgré les progrès de l'instruction et l'extension de l'enseignement agricole dans nos communes rurales, un grand nombre de magnaniers des Cévennes pratiquent encore l'élevage de cette même façon, dans ces locaux défectueux.

Il faut en attribuer surtout la cause aux sots préjugés et à la routine qui sont encore, malheureusement, trop enracinés dans nos campagnes cévenoles.

Certaines de ces magnaneries reposent sur un cellier voûté. Des trappes percées dans cette voûte, munies d'un grillage métallique pour empêcher les accidents et l'entrée des rats, permettent l'aération. L'air frais du cellier passant par ces trappes se répand dans les couches inférieures de l'atelier, chasse peu à peu l'air chaud, vicié, qui, plus léger, monte vers le toit et s'échappe par ses interstices. Ce mouvement ascensionnel est d'autant plus actif que la toiture est échauffée par le soleil.

Quelques fermes possèdent des magnaneries qui reposent directement sur le sol. Comme elles sont généralement munies d'ouvertures insuffisantes soit par leur nombre, soit par leurs dimensions, le renouvellement de l'air y est difficile. Elles favorisent les échecs.

Nous venons de dire que les magnaneries des Cévennes n'ont pas de plafond; elles sont placées directement sous le toit dont les tuiles mal jointes favorisent la ventilation de l'atelier. Ces tuiles s'échauffent fortement sous l'action du soleil et le rayonnement nocturne les refroidit de même. Les vers supportés par les claies des étages supérieurs subissent les conséquences de ces variations de température. On peut, il est vrai, atténuer ces inconvénients en disposant ces claies de telle sorte qu'un intervalle de 1 m. 50 les sépare du toit. Mais cette absence de plafond empêche de maintenir dans l'atelier la température nécessaire aux divers âges des vers à soie. Aussi, lorsque la saison est froide, l'élevage traîne en longueur; il y a gaspillage de feuille de mûrier, augmentation de travail et de dépenses.

Il est facile aux sériciculteurs qui utilisent encore ces anciennes magnaneries de corriger, par les moyens suivants, les quelques défauts que nous venons de constater :

Établir, à environ 1 mètre au-dessous du toit, un *plafond* en bois qui maintiendra la chaleur de l'atelier tout en s'opposant aux variations de température; ce plafond devra être muni en son milieu, et dans le sens de sa longueur, de *trappes* ayant 0 m. 30 sur 0 m. 50 de section, distancées de 3 mètres les unes des autres. Chacune de ces trappes sera pourvue d'une planche à bascule qui permettra de l'ouvrir et de la fermer à volonté à l'aide d'une corde. Si elle donne accès à un conduit de même section allant s'ouvrir au-dessus du toit, cela n'en vaut que mieux.

Fig. 29. — La magnanerie des Cévennes.

Il faut corriger l'insuffisance des ouvertures, si cela est nécessaire, par la construction d'une *grande cheminée au bois* dont le conduit aura une section de 0 m. 30 sur 0 m. 50 à l'intérieur, soit 15 décimètres carrés. A la vitesse de 2 mètres par seconde, cette cheminée, sans feu, évacue environ 200 mètres cubes d'air par heure, c'est-à-dire le double de la quantité d'air contenue dans un local destiné à l'élevage d'une once de graine.

Si la magnanerie ne repose pas sur un cellier voûté communiquant avec elle par des trappes, on peut encore, pour aider au renouvellement de l'air, établir de distance en distance au bas des murs latéraux, le long du plancher, *des soupiraux* munis de registres qui permettront, en les ouvrant ou en les fermant, de faire circuler l'air dans divers sens, suivant les besoins.

La grande cheminée au bois doit servir surtout au renouvellement de l'air. Des foyers munis d'une hotte et d'un tuyau pour l'échappement de la fumée, construits aux encoignures de la magnanerie seront utilisés pour le chauffage.

94. Nécessité de fractionner les éducations. — Les magnaniers ne doivent jamais perdre de vue *que plus les élevages sont fractionnés moins les maladies des vers à soie sont à craindre.* Dix petites éducations d'une once, conduites séparément, donnent une récolte de cocons plus belle en quantité et en qualité, qu'une éducation de dix onces faite dans un seul atelier. Par conséquent l'éducateur qui, malgré la crise séricicole, peut encore, grâce à sa nombreuse famille, se livrer à d'importants élevages doit avoir plusieurs locaux à sa disposition, car la plus élémentaire prudence conseille de ne pas élever plus de cinq onces de graine dans un même local.

LA PRATIQUE DE L'ÉLEVAGE

95. Achat de la graine. — La graine de vers à soie est fournie aux éducateurs par des industriels appelés *sériciculteurs graineurs.* Elle vaut actuellement 20 francs les 30 grammes.

Son achat nécessite de grandes précautions. Le magnanier soucieux de ses intérêts ne doit s'adresser qu'à des graineurs connus, établis et, ce qui est une sérieuse garantie, dont l'établissement est soumis au contrôle de l'État qui a été institué par décret du 26 avril 1907.

D'après l'article 2 de la loi du 11 juin 1909, l'emballage immédiat qui contient la graine « doit, au moment de la vente et de la mise en vente, porter sur une banderole de fermeture le nom et l'adresse soit du producteur, soit du vendeur, ainsi que l'indication exprimée en grammes du poids net des graines de ver à soie qu'il contient, avec une tolérance maximum de 5 pour 100. »

La graine est vendue soit détachée et contenue dans des boîtes ou des *télaïnes*, soit par pontes séparées encore adhérentes à des petites pièces de toile appelées *cellules.*

Étant donné les perfectionnements apportés dans la fabrication de la graine et l'article précité de la loi du 11 juin 1909, l'éducateur a plutôt intérêt à acheter sa graine en boîtes. Elle est d'aussi bonne qualité que celle qui est vendue en cellules et il n'a point la peine de la détacher.

Cette opération est d'ailleurs délicate. Celui qui la pratique mal *gâte* sa graine.

Il faut que l'eau utilisée soit à la même température que les œufs qu'il s'agit de séparer des petits morceaux de toile qui les supportent. Pour cela il faut la placer, dans le local où sont ces œufs, la veille du jour de l'opération et l'y laisser séjourner jusqu'à ce moment.

96. **Manière de détacher les graines des cellules.** — Les cellules sont mises à tremper pendant une vingtaine de minutes dans de l'eau bien claire contenue dans un récipient; puis, on les racle très délicatement avec une lame de couteau émoussée que l'on fait passer entre les œufs et leur support. Ces derniers, une fois détachés, sont abandonnés dans le liquide. Les bonnes graines vont au fond, tandis que celles qui sont desséchées ou non fécondées surnagent pour la plupart. On décante pour rejeter ces dernières, puis on nettoie les bonnes graines en les faisant glisser délicatement entre les doigts, sous l'eau, que l'on renouvelle jusqu'à ce quelle soit devenue limpide. On reçoit enfin les œufs sur un linge que l'on étend sur une claie, à l'ombre, dans un local très aéré, pour les faire sécher.

97. **Aspect de la graine**. — Le simple aspect de la graine permet de reconnaître si elle est capable d'éclore ; mais il ne peut faire préjuger ce que seront les vers auxquels elle donnera naissance. Ainsi, la graine *vivante* est de couleur gris-ardoisé, gris-cendré ou jaune-terreux, gonflée, avec une légère concavité sur ses deux faces (20) ; si on l'écrase entre les deux ongles, elle pétille; son contenu, glaireux, est adhérent. Il faut, au contraire se méfier d'une graine qui, quoique gonflée et pétillant sous l'ongle, est d'un brun foncé et contient une humeur fluide et coulante : son germe a péri. Il en est de même de celle qui est blanchâtre, aplatie ; comme la précédente, elle n'éclora pas.

98. **Conservation de la graine par l'éducateur.** — Nous avons vu (27, 28) que, pour devenir robuste, la graine doit subir l'*hivernation* jusqu'aux premiers jours d'avril. C'est donc à cette époque que l'éducateur doit en prendre livraison chez le graineur.

Dès qu'il la reçoit des mains de ce dernier il doit, pour les raisons déjà exposées (29), la placer dans une pièce exposée au nord, bien aérée, sèche, n'étant pas en communication avec des tuyaux amenant la chaleur d'un foyer situé dans l'appartement inférieur. La température de ce local, indiquée par un bon thermomètre, ne devra jamais s'élever au-dessus de 10° centigrades. La graine y demeurera jusqu'au moment de la mettre en incubation.

99. Incubation de la graine. — Elle est basée sur les principes que nous avons exposés (32). Le magnanier doit s'en préoccuper dès le moment où les bourgeons des mûriers commencent à se gonfler. Dans les Basses-Cévennes, en année normale, cela se produit généralement, vers le milieu du mois d'avril.

La graine ayant été *préparée*, il s'agit de la disposer de telle façon que l'on puisse augmenter régulièrement sa température d'un demi-degré par jour, c'est-à-dire d'un degré tous les deux jours, conformément aux principes déjà étudiés.

On peut utiliser :

Une chambre d'éclosion ;

Une étuve spéciale appelée *couveuse* ou *incubatrice*.

La chambre d'éclosion est une pièce *chauffée* et *aérée* dans laquelle on place la graine qui est déjà, ainsi que nous l'avons vu, à 13° ou 14° centigrades.

La cuisine peut très bien servir à cela. On met la graine, accompagnée du thermomètre, à une certaine distance du feu qui doit être tenu continuellement allumé. Chaque jour on la rapproche de plus en plus du foyer, de façon que le thermomètre s'élève d'un demi-degré et on continue ainsi jusqu'à ce qu'on arrive au degré de 21° centigrades que l'on maintient jusqu'à ce que les œufs commencent à blanchir; on l'élève alors à 22° en rapprochant un peu plus la graine du feu. Il est bon d'arroser le sol de temps à autre.

La couveuse classique est le *castelet des Cévennes*.

C'est une petite caisse en fer-blanc, de forme cubique, à doubles parois remplies d'eau. A l'intérieur se trouvent des tiroirs dont le fond est en canevas, dans lesquels on étend la graine en couche mince.

Les parois latérales sont percées d'ouvertures simulant des fenêtres — d'où le nom de petit château ou castelet donné à l'appareil — destinées au passage de l'air qui, après avoir traversé le fond des tiroirs s'échappe par une large ouverture située dans la paroi supérieure.

L'instrument est supporté à une certaine hauteur par des pieds en bois qui permettent de placer dessous une veilleuse mobile que l'on peut abaisser ou élever à volonté pour régler la température.

Le castelet des Cévennes est un excellent appareil. Que ceux qui en possèdent un et qui savent le régler s'en servent, rien de mieux; par contre, étant donné le prix des cocons et la cherté des dépenses, je conseille à ceux qui n'en ont pas de s'en passer, car son prix est assez élevé.

Chacun peut d'ailleurs construire soi-même un appareil de ce genre, donnant d'aussi bons résultats et ne coûtant rien.

Il suffit de posséder une *caisse d'emballage* et je conseille d'employer de préférence une de ces caisses qui servent au transport des eaux minérales, car les planches qui en forment les côtés, généralement assez éloignées les unes des autres, favorisent l'aération nécessaire à une bonne incubation.

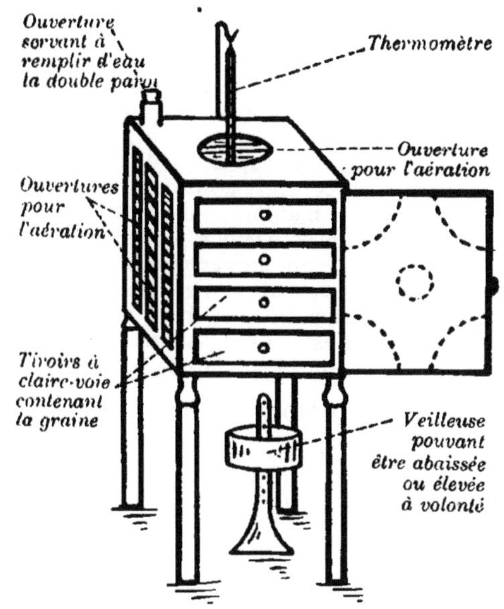

Fig. 30. — Le castelet des Cévennes.

On place cette caisse sur une table et on dispose à l'intérieur, dans le sens de la largeur, vers l'une des extrémités une bouillotte pleine d'eau chaude placée sur deux briques et sous laquelle on met une veilleuse pour en maintenir la chaleur.

On recouvre le tout d'une couverture de laine après y avoir placé une assiette contenant de l'eau destinée à produire, par son évaporation, une légère humidité.

La boîte de graine sans son couvercle, accompagnée d'un thermomètre, est placée à l'extrémité de la caisse opposée à la bouillotte et, tous les jours on la rapproche peu à peu de celle-ci, de façon à augmenter insensiblement sa chaleur, suivant le mode de procéder que nous avons indiqué à propos de la chambre d'éclosion.

Nous avons vu (32) qu'au cours de l'incubation *la température ne doit jamais revenir en arrière*. C'est un point capital à observer si l'on ne veut pas provoquer l'échec de la chambrée. Si une cause quelconque, un arrêt de la végétation des mûriers, par exemple, oblige à ralentir la marche de l'incubation, pour retarder l'éclosion de la graine il n'y a qu'à laisser séjourner momentanément celle-ci au degré thermométrique où elle se trouve.

Il est bon de retourner délicatement tous les jours les œufs dans la boîte à l'aide d'une barbe de plume pour favoriser leur respiration et l'action de la chaleur sur toutes leurs faces. L'épaisseur de leur couche ne doit pas être supérieure à 2 millimètres.

L'ancien système, encore beaucoup trop employé, qui consiste à chauffer les graines en les portant pendant le jour sur soi, sous les vêtements, et en les mettant la nuit sous le traversin, *est blâmable et doit être absolument abandonné*. Il leur fournit trop de chaleur, trop d'humidité, pas assez d'air et des variations de température considérables; il est contraire à l'hygiène des vers qui, éclos de cette manière, sont chétifs et très prédisposés aux maladies.

La pratique qui consiste à placer les œufs dans un lit aux couvertures soulevées, chauffé au moyen d'une bouillotte, est moins mauvaise que le système précédent; mais elle est encore à rejeter parce que l'air ne se renouvelle pas suffisamment autour de la graine et la température y est irrégulière. Tantôt elle est trop basse, tantôt elle s'élève trop et la constitution du jeune ver se ressent beaucoup de cet état de choses.

100. Précautions à prendre en cas de gelée des mûriers. — Il arrive parfois, notamment lorsque l'hiver a été doux, que des gelées se produisent dès le début de la végétation des mûriers (fin avril, premiers jours de mai) et détruisent les bourgeons nouvellement épanouis. La nourriture des vers à soie à la veille d'éclore, ou qui sont nés tout récemment, vient subitement à manquer, et ces derniers meurent de faim si l'éducateur n'a pas prévu le cas, en prenant les précautions nécessaires, pour y obvier.

Ces précautions sont bien simples. Elles consistent :

1° A avoir en réserve, au froid, une autre provision de graine. En la mettant en incubation sept ou huit jours après la gelée, le magnanier aura des vers nouvellement éclos au moment où la feuille recommencera à pousser sur les mûriers qui ont été victimes du fléau.

2° A posséder le long d'un mur à bonne exposition, *à l'abri des influences du froid*, une haie de mûriers sauvageons dont les feuilles, ainsi préservées, permettront d'alimenter les jeunes vers en attendant que la végétation reprenne son essor sur les mûriers gelés. Si l'on prend la précaution d'étendre au-dessus de cette haie les draps qui serviront plus tard au ramassage de la feuille, en les supportant à l'aide de piquets, elle sera tout à fait hors de l'atteinte du fléau.

Boissier de Sauvages donne un excellent conseil à ce point de vue. « Lorsque, par imprévoyance ou par impossibilité, dit-il, on ne s'est pas procuré par avance des espaliers de mûriers que l'on peut tenir à l'abri du froid, on peut y suppléer, pour avoir de la feuille hâtive, en piquant de bonne heure en terre de jeunes scions de mûriers au pied d'un mur exposé au Midi et en les arrosant souvent. »

3° A profiter de l'aptitude qu'ont les très jeunes vers à consommer, sans trop de difficulté, les feuilles de certains végétaux tels que le salsifis, la laitue, la scorsonère, le maclura. Ces végétaux peuvent donc être utilisés à la rigueur comme succédanés du mûrier jusqu'au moment où ce dernier, qui avait été gelé, entre de nouveau en végétation.

101. Éclosion de la graine. — Les graines maintenues pendant quatre ou cinq jours à la température de 21° centigrades (17° Réaumur) commencent à éclore (33); il est bon, dès lors, d'élever la chaleur de un ou deux degrés. On a soin de placer sur la boîte qui contient les œufs une feuille de papier percée de petits trous ayant environ deux millimètres de diamètre, ou mieux un morceau de tulle. Les naissances ont surtout lieu de 5 à 10 heures du matin. L'éclosion se prolonge pendant trois ou quatre jours. Le premier jour, il y a peu de vers, que l'on abandonne; le second et le troisième jours, les naissances sont nombreuses; le quatrième jour, il n'y a plus que quelques retardataires.

Pour recueillir les jeunes vers éclos, on dispose chaque matin, en les disséminant sur le tulle qui recouvre la boîte de graines, des bourgeons entr'ouverts, ou de jeunes feuilles de mûrier très tendres, *mais point humides*, sur lesquels les petites chenilles, après avoir traversé les mailles du tulle, se réunissent.

Dès leur naissance les vers émettent des fils de soie qu'ils attachent aux œufs qui sont dans le voisinage de la coque qu'ils viennent de quitter. Si le magnanier ne prend pas la précaution qui vient d'être indiquée, il emportera, en enlevant les feuilles de mûriers couvertes de petits vers, une grande quantité de graines qui leur sont adhérentes par les fils de soie. Ces œufs, déposés en même temps que les jeunes vers sur des claies où la température est plus basse que celle de la couveuse, éclosent quelques jours plus tard. Les vers qui en naissent sont constamment plus petits que les autres et font le désespoir du magnanier.

Chaque matin vers dix heures, on fait une *levée*, c'est-à-dire que l'on enlève délicatement, à l'aide d'une petite pince, les jeunes feuilles de mûrier chargées de vers et on les transporte sur une feuille de papier placée sur une claie, ou sur un panier plat, rectangulaire, de o m. 50 sur o m. 80 appelé, dans les Cévennes, un *cléon*.

Comme les vers deviendront d'autant plus robustes qu'on les espacera davantage dans leur jeune âge, il ne faut pas mettre les feuilles de mûrier les unes à côté des autres sur une surface restreinte ou dans l'intérieur d'un petit panier, comme on le fait trop souvent, mais les disposer en rangées longues et étroites entre lesquelles on éparpille la feuille, coupée en fines lanières, lors de la distribution des repas. En général, après trois ou quatre levées l'éclosion est terminée. Pour 30 grammes de graine, ces quatre levées doivent occuper une surface de 2 mètres carrés, soit 5 cléons de 0,50 × 0,80. Le local où l'on tient les jeunes vers ne doit jamais être complètement fermé; une aération constante est de rigueur.

Les vers bien portants sont noirs ou bruns à l'éclosion. S'ils sont *rougeâtres* c'est mauvais signe. Cela provient d'un chauffage exagéré ou de brusques variations de température pendant l'incubation. Il vaut mieux les jeter que d'en continuer l'élevage, car ils périront avant la montée ou bien ils feront des cocons défectueux, mous et mal tissés, n'ayant que la valeur des déchets.

102. Égalisation des vers à soie — On reconnaît qu'un élevage est bien conduit lorsque les vers qui recouvrent une même claie sont tous *égaux* en volume et en taille. Ce résultat ne peut être obtenu que si ces insectes ont absorbé une même quantité de nourriture, c'est-à-dire un nombre égal de repas, depuis la naissance si on les considère au cours du premier âge; depuis la mue précédente s'il s'agit des âges suivants.

La conservation de l'égalité des vers est d'une importance capitale. Pour l'obtenir, il faut que chaque levée de vers à l'éclosion, mise sur une feuille de papier à part portant un numéro d'ordre, soit élevée et nourrie séparément.

Lorsqu'on élève une petite quantité de graine on peut, dès le début, procéder à l'égalisation des vers. Il faut savoir, tout d'abord, que l'appétit de ces insectes dépend de la température du milieu où ils se trouvent. Plus il fait chaud, plus ils ont faim et réciproquement (71). Personne n'ignore, d'autre part, que dans un local chauffé la température est plus élevée vers le plafond qu'au niveau du sol. Ceci connu, il suffit de donner aux vers les plus jeunes *plus de chaleur* et *plus de nourriture* jusqu'au moment où tous les vers qui résultent de l'ensemble des levées ont absorbé la même quantité de feuilles.

Pour y arriver voici comment on procède :

Le cléon qui a reçu la première levée de vers éclos est placé sur une étagère (92) à o m. 30 du sol; celui qui, le lendemain, a reçu la deuxième levée, est mis à o m. 30 au-dessus, c'est-à-dire à o m. 60 du sol. La troisième levée, formée par les vers les plus jeunes, occupe le cléon placé à o m. 30 plus haut où la chaleur est plus élevée; ces derniers mangent avec plus d'appétit et profitent plus vite que ceux des 1re et 2e levées. On peut donc leur servir, chaque jour, un repas de plus. Si l'on sait s'y prendre, tous les vers formant la chambrée ont, dès le sixième jour qui suit la naissance, absorbé le même nombre de repas et sont égaux.

Le tableau suivant indique le nombre de repas que l'on peut, au cours du premier âge, servir aux vers de chacune des levées pour les égaliser en six jours :

LEVÉES	DISTANCE DU SOL aux vers	NOMBRE DE REPAS 1er JOUR	2e JOUR	3e JOUR	4e JOUR	5e JOUR	6e JOUR	NOMBRE TOTAL des repas
1re levée (vers nés les premiers. . .	0^{m}30	4	4	4	4	4	4	24
2e levée.	0^{m}60	»	4	5	5	5	5	24
3e levée (vers les plus jeunes . . .	0^{m}90	»	»	6	6	6	6	24

La feuille de mûrier, placée sur le morceau de tulle, qui a servi à lever les jeunes vers à l'éclosion, compte pour un repas.

En suivant la méthode que je viens d'indiquer le magnanier aura tous ses vers égaux dès la veille de la première mue qu'ils aborderont avec ensemble si la température du local est tenue aux environs de 23° centigrades.

Le magnanier qui fait un élevage important — de plusieurs onces de graine — n'a pas intérêt à avoir tous ses vers égalisés. Il vaut mieux que ses magnans soient divisés, par exemple, en trois séries ayant chacune un âge différent. Le travail s'effectue alors avec plus de facilité, car toute la chambrée ne demande pas à la fois d'être délitée, espacée ou mise à la bruyère. Si un temps orageux, une *touffe*, surviennent, seuls, les vers les plus avancés, ayant passé la quatrième mue, risqueront d'en subir les conséquences, ceux des autres séries y seront indifférents.

103. Espacement. — Les vers à soie doivent être tenus espacés sur les claies. Leurs fonctions (digestion, transpiration, etc.), s'accomplissent alors parfaitement et avec régularité; ils mangent avidement la feuille de mûrier qui leur est servie, se développent normalement et produisent, en fin de compte, des cocons de bonne qualité, lourds et soyeux.

D'après *E. Maillot*, il faut attribuer aux vers provenant d'une quantité déterminée de graine, à l'éclosion et à la sortie de chaque mue, une surface triple de celle qu'ils occupent sur un plan horizontal, augmentée de la surface qu'ils couvriront progressivement les jours suivants par suite de l'accroissement de leur taille, en tenant compte du fait *qu'ils doivent être tenus très clairs, surtout aux premiers âges.*

En conséquence, il conseille dans ses « Leçons sur le ver à soie du mûrier », publiées en 1885, les surfaces de claies suivantes, pour les vers provenant d'une once de graine :

De l'éclosion à la 1re mue. . .	5 m. carrés
De la 1re mue à la 2e — . . .	10 —
— 2e — 3e — . . .	20 —
— 3e — 4e — . . .	40 —
— 4e — montée. . .	55 à 60.

De nombreuses expériences ont démontré la nécessité de l'espacement. Nous nous contenterons de citer celles qui ont été effectuées en 1901 par *F. Lafont*, à Montpellier.

Ces expériences, sur l'espacement des vers à soie aux divers âges, ont porté sur deux lots A et B de Bivoltins accidentels et sur quatre lots A. B. C. D. prélevés dans une race originaire des Hautes-Alpes.

« En rapportant les récoltes obtenues à l'once de 25 grammes de graine les résultats ont été dans leurs traits les plus saillants :

	POIDS DES COCONS obtenus	RICHESSE SOYEUSE des cocons
	kilogr.	pour 100
1° Bivoltins accidentels :		
Lot A (espacé au début de l'élevage, serré à la fin	70	16
Lot B (serré au début, espacé à la fin). . . .	39	16,4
2° Race des Hautes-Alpes :		
Lot A (espacé à tous les âges)	70	16,2
Lot B (espacé au début, serré à la fin) . . .	60	15,4
Lot C (serré au début, espacé à la fin) . . .	48	15,6
Lot D (serré à tous les âges)	43	14,3

D'où il ressort :

1° Que l'espacement exerce une influence considérable sur la récolte et la richesse soyeuse ;

2° Que l'entassement amoindrit la récolte dans de grandes proportions par suite de la mortalité des vers, même lorsque l'entassement n'a été produit qu'aux premiers âges ;

3° Qu'il est possible de serrer les vers, dans une certaine mesure, au cinquième âge, sans diminuer sensiblement la récolte, pourvu que les vers aient été bien espacés dans leur jeunesse ;

4° Que l'entassement au cinquième âge, s'il est trop accusé, occasionne une diminution de la richesse soyeuse. »

En général, nos magnaniers tiennent leurs vers trop serrés ; ceux-ci se développent mal, gaspillent la feuille de mûrier en la tassant, et, si une maladie épidémique fait son apparition dans la chambrée, la contagion marche vite. Bien souvent, ces mêmes éducateurs entassent dans leur magnanerie beaucoup plus de vers qu'elle ne doit en contenir. Ils provoquent ainsi l'apparition d'une terrible maladie qui s'appelle la *flacherie* (157-158).

104. Alimentation. — L'aliment naturel du ver à soie domestique est la feuille de mûrier. On a cherché à le nourrir avec d'autres végétaux : *laitue*, *scorsonère*, *cudrania*, *maclura aurantiaca*, etc. Les résultats obtenus ont été généralement médiocres. Ils ont été, parfois, très mauvais. C'est ainsi que sept élevages avec de la feuille de *scorsonère* faits par *D. Levrat* lui ont permis de conclure, en 1898, que l'éducation, pénible et délicate, produit des cocons imparfaits, peu soyeux, dont le rendement à la bassine est presque nul. Avec le *maclura*, *F. Lambert* a reconnu, en 1893 et en 1896, que les vers étaient très-prédisposés à la grasserie (172). Cette plante a permis cependant à quelques expérimentateurs de conduire des vers de l'éclosion à la montée et d'obtenir des cocons assez analogues à ceux fournis par la feuille de mûrier. Malgré cela, les sériciculteurs ne l'ont point pris, en considération et nous devons reconnaître qu'actuellement, l'alimentation des vers par d'autres végétaux que le mûrier n'est pas du domaine de la pratique.

105. Quantité de feuille nécessaire à l'élevage. — Il est démontré depuis longtemps que 1000 kilogrammes environ de feuille *adulte* servie aux vers à soie produisent 50 kilogrammes de cocons correspondant à l'élevage de 25 grammes de graine.

De l'éclosion à la 4° mue, les vers consomment de la feuille qui est en voie de développement. Celle qui leur est distribuée au cours du 5° âge est généralement adulte, c'est-à-dire qu'elle a atteint le maximum de son poids.

Les poids de feuille servie à chaque âge des vers sont approximativement les suivants :

POUR UN ÉLEVAGE DE 25 GRAMMES DE GRAINE	POIDS RÉELS	POIDS A L'ÉTAT adulte
	kilogr.	kilogr.
De l'éclosion à la 1re mue	4	20
De la 1re mue à la 2e mue.	11	44
— 2e — 3e —	36	108
— 3e — 4e —	108	215
— 4e mue à la montée	622	650
	781	1037

Sur les 781 kilogrammes de feuilles réellement servies aux vers, ces derniers n'en consomment que 420 kilogrammes ; le reste demeure sur les claies et constitue la litière.

D'après le Dr *Tamaro*, un mûrier de haute tige régulièrement cultivé donne, selon son âge, les poids de feuille suivants :

A 6 ans.	5	kilogr. de feuille.
10 —	15	—
20 —	25	—
30 —	50	—
50 —	80	—
Production moyenne. .	35	—

A conditions égales de terrain, de culture et d'exposition, un mûrier mi-tige produit, en moyenne, 20 kilogrammes de feuilles et un mûrier nain 3 kgr. 5.

Par conséquent, pour avoir la feuille nécessaire à l'élevage de 25 grammes de graine, il faut s'assurer la possession de 30 mûriers de haute tige, 52 mûriers mi-tige ou 300 mûriers nains.

L'éducateur qui achète à l'avance, sur l'arbre, la feuille nécessaire à son élevage doit la payer comme si elle était *adulte*. Il faut donc, dans les transactions commerciales, ramener à ce poids celui de la feuille en voie de développement distribuée aux vers pendant le mois de mai.

Pour faciliter ces transactions entre agriculteurs et leur éviter des difficultés et des procès, la Société d'agriculture de l'arrondissement d'Alais détermine, chaque année, le moment où la feuille de mûrier est devenue adulte. Elle a établi, en principe, que 100 kilogrammes pesés sont 100 kilogrammes à payer quand la moyenne des chambrées de la région est arrivée au troisième jour après la sortie de la quatrième mue.

Cette taxation ne s'applique pas aux mûriers atteints par la gelée.
Elle est purement officieuse, n'oblige personne et n'engage aucune responsabilité.

Dans les conditions climatériques ordinaires, pour obtenir le rapport entre le poids réel et le poids adulte on revient en arrière en diminuant de 2 kilogrammes par jour.

Supposons, par exemple, que la date du 30 mai soit reconnue pour celle où la feuille de mûrier a atteint son poids maximum.

Ce jour-là, 100 kilogrammes pesés sont 100 kilogrammes à payer.
Le 29 mai, 98 — — — —
Le 28 mai, 96 — — — —
et ainsi de suite.

De la 4me mue à la montée à la bruyère, l'élevage des vers exige une quantité de feuille quatre fois supérieure à celle qui leur est servie de l'éclosion au cinquième âge.

106. Composition des feuilles de mûrier. — Les feuilles de mûrier cueillies au printemps renferment d'après *Wolff* :

Eau.	67,00	pour 100
Acide phosphorique.	0,24	—
Potasse.	0,73	—
Chaux.	0,96	—
Magnésie.	0.36	—

et, d'après Péligot, 0,17 pour 100 d'acide sulfurique.

La quantité d'*azote* contenue dans ces organes est très élevée : 1,55 pour 100 d'après *Muntz* et *Girard*; 1,63 pour 100 d'après *Payen*.

Quels sont ceux de ces éléments que le ver à soie s'approprie plus particulièrement pendant la digestion de la feuille?

Il résulte des recherches de *Péligot* que les tissus de notre insecte sont très riches en *azote* (9,60 pour 100) et contiennent surtout l'*acide phosphorique*, l'acide sulfurique, la potasse et la magnésie que renfermaient les feuilles, tandis que la silice, le sulfate et le carbonate de chaux abondent dans ses déjections.

Les analyses de ce savant lui ont montré aussi que ce sont *les feuilles qui se trouvent aux extrémités des branches qui sont surtout riches en éléments recherchés par les tissus des vers* pendant que celles de la base de ces mêmes rameaux renferment principalement la silice et les sels de chaux.

Et dire que l'on rencontre des magnaniers qui se gardent bien de donner à leurs vers, après le deuxième âge, les feuilles des extrémités des rameaux sous le ridicule prétexte qu'elles leur occasionnent la grasserie,

Boissier de Sauvages a fait une expérience concluante à ce sujet : « J'avais, dit-il, un clayon de vers à soie au troisième âge ; j'en mis une moitié dans un autre clayon que je nourris depuis ce moment jusqu'à la montée, uniquement de cette jeune pousse de la cime des jets et de tout ce que je pus trouver de plus tendre ou de plus succulent, c'est-à-dire plein de sucs. Je n'eus presque pas de gras dans cette partie, tandis que tout en fourmilla dans l'autre nourrie avec de la feuille mûre, ou de consistance ordinaire. Les deux clayons avaient été, à cela près, gouvernés de la même façon à côté l'un de l'autre. »

La feuille de mûrier, riche en éléments nutritifs pendant qu'elle est en voie de croissance, s'appauvrit de plus en plus à mesure que sa maturité approche. Elle devient dure, coriace, s'incruste de silice et de chaux. Le ver la digère alors difficilement, ses fonctions nutritives s'affaiblissent et la maladie des *gras* (172) s'empare de lui.

C'est ce qui explique que le ver en élevage *doit marcher avec la feuille.* Le bon magnanier dirige l'incubation de telle sorte que ses vers naissent juste à point pour consommer la feuille de mûrier jeune et très tendre, provenant des bourgeons nouvellement épanouis. Les précieux insectes doivent se développer en même temps que cette dernière et arriver à la montée au moment où elle vient d'atteindre sa maturité.

Les éducations ainsi dirigées sont dites *précoces*. Ce sont celles qui donnent les meilleurs résultats.

La valeur alimentaire de la feuille de mûrier dépend de la nature du sol, du climat, de l'exposition, de la variété qui l'a fournie, des engrais donnés à l'arbre et, ainsi que nous venons de le voir, de la situation de cette feuille sur les rameaux et de son âge. La feuille des mûriers situés sur les côteaux secs, bien exposés, est bien supérieure à celle de ces mêmes arbres plantés dans les bas-fonds ou dans les vallées.

L'exposition joue un grand rôle. Un mûrier éclairé par le soleil pendant la plus grande partie du jour contient plus de matières solides qu'un autre tenu à l'ombre. *De Gasparin* a trouvé que le premier donne 45 pour 100 de résidus solides, tandis que, pour le second, ce chiffre se réduit à 27 pour 100.

Cependant des vers de *Bagdad*, nourris exclusivement avec des feuilles de mûrier poussées à l'ombre, n'ayant jamais reçu un rayon de soleil, ont donné en 1906 et en 1907 à *X. Dybowski*, en Asie Mineure, des cocons superbes, lourds et riches en soie. L'expérience a porté sur un élevage de 30 grammes de graines.

107. Mûriers sauvages et mûriers greffés. — Des expériences précises ont démontré que la feuille des mûriers francs de pied, qualifiés de *sauvages*, est meilleure, pour nourrir les vers à soie, que celle des mûriers greffés.

Une de ces variétés sauvages a des feuilles petites, fines, plus ou moins découpées; elles garnissent de nombreux rameaux grêles et enchevêtrés qui lui donnent l'aspect buissonneux. C'est le mûrier *sauvageon*, que nos agriculteurs cévenols connaissent sous le nom de *bouscasse*. Il est excellent pour alimenter les jeunes vers.

Dans un Mémoire adressé en 1829 à la Société Royale de Londres, *Matthieu Bonafous*, après avoir exposé ses recherches sur ce sujet, concluait ainsi :

1° La feuille de mûrier sauvage offre une économie d'à peu près 15 livres par quintal sur celle du mûrier greffé ;

2° Les débris de la feuille du mûrier sauvage et ses fruits d'un volume inférieur à ceux du mûrier greffé, forment une litière moins épaisse.

3° Il s'est trouvé moins de malades parmi les vers alimentés avec des feuilles sauvages, parce qu'il est vraisemblable que la feuille greffée, plus aqueuse, fournit aux vers à poids égal, une nourriture moins substantielle que la feuille sauvage ; ce dont je me suis assuré par l'observation que j'ai faite que 100 onces de feuilles greffées n'ont pesé que 31 onces après leur parfaite dessiccation, tandis que la même quantité de feuilles sauvages a été réduite par ce moyen à 37 onces ;

4° Le produit en cocons de vers nourris de feuilles sauvages a été de deux livres et demie par once de graine de plus que celui des autres vers ;

5° La soie produite par les vers alimentés avec la feuille sauvage a présenté un degré de finesse supérieure à celle des vers nourris de feuilles de mûrier greffé. »

Huit expériences sur le même sujet, effectuées par *E. Quajat* et *C. Jordanoff* leur permirent de conclure que :

« Les vers nourris avec la feuille sauvage furent les plus beaux et les plus agiles. Leurs cocons étaient les meilleurs et les plus lourds au point qu'il en fallut 100 et même 150 de moins par kilogramme qu'avec les vers nourris avec de la feuille greffée. Ils donnèrent constamment au dévidage une plus grande longueur de bave, dépassant de 100 mètres au moins celles des autres qualités. »

Le greffage a été utilisé pour fixer des variétés à feuilles entières, dentées en scie, très développées. Or, par une sélection attentive et suivie, pratiquée dans les pépinières de semis, on arrive à obtenir des mûriers francs qui possèdent d'aussi belles feuilles, mais avec des qualités nutritives bien supérieures. Il faut noter aussi que ces derniers sont plus robustes, plus résistants aux accidents météorologiques et aux maladies cryptogamiques que les variétés greffées.

108. Cueillette de la feuille. — Au cours de leurs premiers âges, les jeunes vers doivent recevoir des feuilles jeunes et tendres. La magnanière cueille celles-ci, une à une, du bout des doigts, le long des rameaux du mûrier et les dépose dans une corbeille, ou dans un petit sac, sans la tasser. Comme cette feuille se flétrit vite, elle n'en prend que pour deux ou trois repas au plus et revient ensuite faire une nouvelle cueillette.

La quantité de feuille à ramasser s'élève beaucoup après la 3e mue et devient considérable au cours du 5e âge des vers à soie.. L'économie de l'éducation exige que le ramassage en soit facile. Les sériciculteurs des Cévennes obtiennent ce résultat en taillant leurs mûriers tous les deux ans ou même tous les ans, au niveau des branches charpentières, aussitôt après la récolte de la feuille, en juin et juillet. Ils favorisent ainsi, pour l'année suivante, la production de nouveaux jets, bien droits, pourvus de belles feuilles que l'on enlève d'un seul trait en ramenant vivement la main à demi fermée de la base vers l'extrémité de ces derniers.

Les mûriers qui n'ont pas été taillés depuis trois, quatre ans et plus, produisent de la feuille moins développée, moins aqueuse, plus favorable à la santé des vers à soie que les arbres soumis annuellement à cette opération. Le ramassage de leur feuille est difficile, pénible; il exige des frais qui ne compensent pas la plus-value que lui fait acquérir sa qualité. Ne voit-on pas, en effet, tous les ans, dans nos régions d'élevage, de très nombreuses chambrées qui, ayant été alimentées avec de la feuille de mûrier taillé l'année précédente, produisent le maximum de rendement en cocons? En serait-il ainsi si cette feuille était aussi nuisible que certains le prétendent?

Sur un mûrier qui n'est pas taillé depuis trois ou quatre ans un homme peut cueillir, dans la journée, tout au plus un quintal et demi (75 kg.) de feuille; sur des mûriers bien taillés, plantés dans le même terrain, il en cueillera jusqu'à cinq quintaux (250 kg.)

Le ramassage de la feuille étant payé, par exemple 2 fr. 50 le quintal (50 kilogr.); cela fait 12 fr. 50 qu'un homme peut gagner par jour sur des arbres soumis à la taille; si l'on a affaire à des mûriers non taillés il faut, pour qu'il trouve le prix de sa journée, lui payer 8 fr. 35 pour le ramassage de ce même quintal de feuille, puisqu'il ne peut cueillir que 75 kilogrammes. Il en résulte que le magnanier qui nourrit une chambrée importante avec des feuilles détachées des rameaux, nécessitant beaucoup de main-d'œuvre, a tout intérêt à tailler ses mûriers. *Et ceux-ci ne s'en porteront pas plus mal s'il prend la précaution de les cultiver et de les fumer rationnellement.* La présence, dans nos Cévennes, de vieux mûriers plus que centenaires qui, malgré la taille et l'effeuillage annuels, sont encore, quoique médiocrement soignés, d'excellents producteurs de feuilles en est le vivant témoignage.

Il faut toujours attendre que *la rosée du matin, extrêmement dangereuse, soit passée,* pour procéder à la cueillette de la feuille qui doit se faire avec précaution en évitant autant que possible de la froisser.

Au fur et à mesure qu'elle est détachée des rameaux, on la dépose dans un petit sac, suspendu à la ceinture, sans la tasser. Celui-ci une fois plein est vidé sur un drap étendu à l'ombre, et la feuille doit demeurer ainsi exposée à l'air jusqu'au moment du départ. On lie alors simplement les quatre coins du drap ou bien on ensache cette feuille en prenant la précaution de ne pas la comprimer à outrance pour en faire tenir le plus possible ainsi que le font, malheureusement, la plupart des ouvriers séricicoles. Les draps et les sacs sont ensuite placés les uns à côté des autres sur la charrette et le magnanier doit recommander à ses quintaliers[1] de ne pas se coucher ou même s'asseoir dessus.

Ainsi entassée dans les sacs, la feuille devient chaude. Aussi, dès l'arrivée à la ferme, il faut vider ces derniers, étendre et agiter vivement cette feuille jusqu'à ce qu'elle soit tout à fait refroidie.

Il est utile d'avoir de la feuille cueillie un jour pour l'autre, surtout quand le temps menace de vouloir se mettre à la pluie ; d'ailleurs cueillie de la veille, elle évapore en partie l'eau qu'elle peut contenir et sa digestion est plus facile.

S'il pleut, on coupe les rameaux entiers avec leurs feuilles adhérentes et, après les avoir agités vivement pour faire tomber l'excès d'eau qui les couvre, on les suspend dans un endroit sec, très aéré, où ils se dessèchent assez vite.

D'ailleurs, la feuille mouillée *qui vient d'être cueillie* n'est pas nuisible aux vers à soie, pourvu que le magnanier ait pris la précaution de la secouer pour ne pas introduire trop d'humidité sur les claies et, par suite, dans la magnanerie.

Des expériences, plusieurs fois renouvelées, ont montré que la feuille mouillée donnée en nourriture aux vers à soie leur fait produire des cocons plus lourds.

Il faut bien se garder de tenir enfermée dans des sacs ou accumulée en tas de la feuille mouillée. Ainsi traitée, elle s'échauffe, subit un commencement de fermentation et provoque inévitablement l'échec de l'élevage (159).

109. Conservation de la feuille. — Nous avons vu (91) que la cave est un très bon local de conservation pour la feuille de mûrier. Il faut cependant qu'elle soit assez vaste pour pouvoir y étendre cette dernière en une couche dont l'épaisseur ne doit pas dépasser 30 à 35 centimètres. A défaut de cave ou de cellier, on utilise une pièce au rez-de-chaussée, que l'on doit tenir dans l'obscurité, tout en y maintenant l'aération.

Il faut remuer souvent la feuille en la soulevant par brassées et en la laissant retomber pour l'aérer et l'empêcher de s'échauffer. Quelques repas de feuille légèrement fermentée peuvent faire périr une éducation.

---

1. C'est ainsi que l'on désigne, dans les Cévennes, les ouvriers salariés chargés de cueillir la feuille qui sont payés à tant par quintal de 50 kilogrammes ramassé.

Si la feuille a été cueillie mouillée, on doit l'étendre en couche de très faible épaisseur sur un parterre en brique ou sur un plancher dans un passage très aéré où elle se sèche en partie. Puis on la dispose sur la moitié d'un drap étendu sur le sol et, après avoir replié l'autre moitié par-dessus, deux personnes saisissent le tout et la secouent de façon que l'étoffe absorbe le restant de l'eau demeurée entre ses plis.

110. Distribution de la feuille aux vers à soie. — La feuille de mûrier est distribuée aux vers plusieurs fois par jour. Ces distributions dépendent de la température du local. Nous savons, en effet (71) que l'appétit des vers augmente en raison de cette dernière et réciproquement. Au-dessous de 10 degrés, ils touchent à peine à la feuille. Cependant la pratique a permis de fixer approximativement le nombre de repas qu'il faut donner aux vers à des heures régulières, suivant leur âge, aux températures de 20° à 25° centigrades, qui sont celles de toutes les éducations rationnellement conduites.

C'est un très mauvais procédé de nourrir les vers jeunes avec parcimonie ; ils restent ou deviennent chétifs et finissent, s'ils échappent aux maladies, par faire de médiocres cocons. On doit leur donner à manger *peu à la fois, mais souvent.* Toutes les quatre heures, si possible, pendant le premier âge. Quatre fois par jour de la 1re à la 4e mue. Pendant le cinquième âge, on peut se contenter de trois repas, mais *très abondants*.

Si la feuille vient, pour une cause quelconque, à manquer ou à être avariée, *il n'y a qu'à diminuer la température*, et, en attendant mieux, les vers se maintiendront avec de légers repas. Il en est de même si on ne veut pas leur donner à manger pendant la nuit.

De l'éclosion à la 1re mue les jeunes vers doivent recevoir *de la feuille coupée en fines lanières avec un couteau bien propre qui ne sert qu'à cet usage.* De la 1re à la 3e mue, il est bon de la leur donner coupée en morceaux de moins en moins menus. Enfin, pendant les 4e et 5e âges on doit la leur servir entière. Je pratique cette méthode depuis trente ans et je m'en suis toujours très bien trouvé.

La feuille ainsi traitée présente des avantages multiples surtout pour les tout jeunes vers. Elle permet d'égaliser parfaitement la distribution de la nourriture qui est répandue uniformément sur ces insectes à l'aide d'un tamis. Ceux-ci se mettent aussitôt à manger sans perdre leur temps à cheminer pour trouver un endroit à leur convenance et *ils consomment davantage*. Les fines lanières ne s'enroulent pas, en se flétrissant, comme les feuilles entières; elles ne risquent point, par conséquent, d'enfermer dans leurs plis des petits vers qui, passant inaperçus, *sont ensuite jetés avec ces dernières, lors du délitage.* Enfin, détail des plus importants : les feuilles coupées favorisent l'extension de la surface occupée par les vers à soie et, par suite, *leur espacement.*

Voici d'ailleurs les résultats obtenus par le professeur *Tamaro*, cité par *E. Verson*, sur deux élevages de 30 grammes de graine dont l'un a reçu de la feuille coupée jusqu'à la 3e mue, et l'autre la feuille entière pendant toute la durée de l'éducation.

	FEUILLE COUPÉE		FEUILLE ENTIÈRE	
	SURFACE occupée en mq.	FEUILLE consommée en kilogr.	SURFACE occupée en mq.	FEUILLE consommée en kilogr.
A la 1re mue. . . .	3,20	4,10	2,60	3,05
A la 2e mue. . . .	8	12,50	6,60	10
A la 3e mue. . . .	18	45,00	17	32
TOTAUX	29,20	61,60	26,20	45,05

La feuille la meilleure pour les jeunes vers est celle des mûriers sauvageons. A partir de la seconde ou mieux de la troisième mue on donne à ces insectes de la feuille de mûrier greffé, à moins que l'on ait, à sa disposition, des mûriers francs, sélectionnés, à larges feuilles entières qui sont, je le répète, bien préférables.

Les repas étant servis *à des heures régulières*, le ver en bonne santé se jette avec avidité sur la feuille fraîche, la mange parfaitement et profite beaucoup mieux. Celle-ci doit être répandue très uniformément sur les claies, à tous les âges, afin que les précieux insectes puissent manger à leur aise sans s'entasser les uns sur les autres. Dès qu'on s'aperçoit qu'ils sont rapprochés, on jette de la feuille hors de la place qu'ils occupent afin de les y attirer.

Au 5e âge, pendant la grande frèze, les vers à soie sont insatiables. Pour servir à cette époque les vers d'une once de graine il faut 100 kilogrammes de feuille par jour.

Dès que celle-ci leur est jetée ils doivent la saisir et se mettre à manger quelle que soit leur position. S'ils hésitent, se promènent de-ci, de-là, attaquent leur aliment sans trop d'ardeur il faudra se méfier, la flacherie s'annonce (157).

Nous avons vu que la feuille aura dû être souvent remuée pour l'aérer, la faire revenir, et j'ajoute que, quelque temps avant de la distribuer, on doit la sortir du local où elle est conservée à une température bien inférieure à celle de la magnanerie.

Pendant le cours de l'éducation il faut balayer le moins possible afin de ne pas soulever de poussières qui saliraient les feuilles et occasionneraient des maladies aux vers. On doit balayer à peu près une heure avant de donner à manger en faisant le moins de mouvement possible afin que les poussières soulevées aient le temps de retomber avant le moment où on donne la nourriture. Il serait préférable de ne pas balayer du tout et de se contenter d'éponger le parquet.

Les feuilles des mûriers plantés sur les bords des routes, généralement couvertes de poussière, peuvent être nuisibles aux vers à soie. Aussi est-il bon d'attendre pour les cueillir qu'elles aient été lavées par une bonne pluie.

111. Désinfection partielle de la feuille de mûrier. — Les feuilles de mûrier, aussi bien conservées qu'elles soient, sont toujours plus ou moins salies par des poussières contenant des germes pathogènes. Ceux-ci se développent, secrètent des diastases, qui entravent l'action des ferments solubles chargés de transformer la feuille de mûrier, au point que le développement du ver peut s'en ressentir.

« Je suis convaincu, a écrit *Pasteur*, qu'on trouverait des substances qui répandues sur les feuilles ajouteraient à la vigueur des vers. Au lieu de courir au hasard à la recherche de remèdes pour des maladies déclarées, on devrait plutôt essayer de préserver les vers sains contre les maladies accidentelles. »

Des expériences se rapportant à cette question ont été faites en 1902 et 1903 par le Dr *Lo Monaco*, à Rome, qui s'est servi, comme désinfectant d'une solution de fluorure d'argent : en 1906 par *E. Guarnieri* à Milan et en 1907 par *moi-même* en employant un mélange de *formol* et de savon, désigné dans le commerce sous le nom de *lusoforme*, en solution à 1 pour 1000 au 1er âge ; 2 pour 1000 au 2e âge ; 3 pour 1000 au 3e âge ; 4 pour 1000 au 4e âge et 5 pour 1000 au 5e âge.

Ces expériences ont montré que *les vers recevant de la feuille désinfectée se développent bien plus rapidement, montent à la bruyère plus tôt et produisent des cocons plus gros et plus lourds que ceux du lot témoin.*

Pour désinfecter la feuille on la fait tremper pendant 30 minutes au moins et pas plus de 3 à 4 heures dans un récipient qui contient la solution de lusoforme. Au moment de l'administrer on la retire, on l'égoutte et on la distribue encore légèrement humide aux vers de façon à prolonger l'action de l'antiseptique sur les microorganismes introduits dans le tube digestif. Ceux-ci sont détruits et cela explique les bons effets du désinfectant sur le ver à soie.

112. Température de la magnanerie. — La magnanerie doit être constituée de telle sorte que l'on puisse y maintenir une température à peu près régulière. Nous avons vu que cela est impossible dans les locaux dépourvus de plafond (93). Une température trop élevée active les fonctions du ver à soie et le rend plus accessible aux maladies. Voici celles qu'il convient d'adopter :

De l'éclosion à la 1re mue,	23° centigrades	ou 19°	Réaumur[1].
De la 1re mue à la 4e mue,	22° —	18°	—
De la 4e mue à la montée,	21° —	17°	—
Pendant la montée,	23° —	19°	—

Il faut éviter à tout prix les variations brusques de température, car elles sont très nuisibles aux vers à soie.

Si, par suite de la végétation plus avancée de la feuille, le magnanier se voit obligé de pousser les vers, il doit le faire graduellement afin que ces derniers s'aperçoivent à peine du changement de température.

113. Mues. — ***Précautions à prendre.*** — Notre ver à soie domestique subit au cours de son existence larvaire, quatre changements de peau ou *mues* dont nous avons étudié le fonctionnement (86).

Nous savons que l'intervalle compris entre chacune d'elles constitue *un âge*. Aux températures de 21° à 23° centigrades régulièrement maintenues, il s'écoule de l'une à l'autre le nombre de jours suivant :

De l'éclosion à la sortie de 1re mue. .	6 jours.
De la 1re mue à la sortie de 2e — . .	4 —
De la 2e — — de 3e — . .	6 —
De la 3e — — de 4e — . .	7 —
De la 4e mue à la montée	10 —
Total. . . .	33 jours.

Les considérations que nous avons exposées (86) font parfaitement comprendre les soins que réclament les vers à soie pendant qu'ils traversent cette période critique de leur vie.

Il faut, tout d'abord, bien se garder de les déranger, soit en les touchant, soit en remuant les litières. Puisqu'ils ne prennent aucun aliment pendant leur mue on laisse baisser la température du local de un à deux degrés, *en prenant soin d'éviter les variations brusques qu'elle pourrait subir*. Les repas doivent être d'abord réduits, puis suspendus et la magnanière ne doit point distribuer mal à propos, sur les vers, des feuilles qui les recouvriraient et entraveraient leurs fonctions.

1. Les magnaniers des Cévennes emploient généralement le thermomètre Réaumur.

Que de fois j'ai vu dans nos magnaneries cévenoles des vers en 4° mue recouverts d'une couche de feuille de 2 à 3 centimètres! Certaines magnanières, sous prétexte de donner ce qu'elles appellent une *petite feuille* pour activer les retardataires, jettent inconsidérément celle-ci sur les *tables* sans se rendre compte du tort considérable qu'elles portent aux insectes déjà alités. Un ver ainsi enfoui se trouve dans un milieu chaud et humide, souvent en fermentation; l'air ne lui arrive pas, il étouffe littéralement, sa transpiration est arrêtée. Il faut qu'il soit singulièrement vigoureux pour résister à un pareil traitement et cette vigueur il la doit à la constitution de son appareil respiratoire qui lui permet d'emmagasiner une grande quantité d'air et de résister, par conséquent, pendant un temps plus ou moins long à l'asphyxie. Il en résulte pas moins qu'un ver ainsi traité ne peut être que très prédisposé à contracter la flacherie lorsque les circonstances favorables au développement de ce terrible mal se produisent.

A l'approche et au sortir de la mue l'appétit du ver est faible. Pendant la mue, il ne mange plus du tout, demeure immobile, la tête levée; il ne faut donc point lui donner de nourriture.

Quand les vers entrent en mue, on continue à leur distribuer légèrement de la feuille jusqu'à ce qu'on en voie quelques-uns qui en sortent; alors, on cesse complètement les repas jusqu'à ce que les vers, sur une même claie, soient tous ou à peu près tous sortis de mue. A ce moment on *délite* pour les transporter sur une nouvelle claie. C'est en procédant de cette façon que l'on maintient l'égalisation des vers. L'atmosphère du local ne doit pas être trop sèche.

Lorsque les précautions qui viennent d'être indiquées sont prises, il est extrêmement rare qu'un ver en bonne santé et robuste s'endorme tel et se réveille malade. S'il possède, par contre, une tare héréditaire ou accidentelle, celle-ci s'accentue pendant la période critique de la mue et le ver, dès la sortie de cette dernière, manifeste nettement les symptômes du mal dont il est atteint. C'est pour cela que les magnaniers disent que les maladies se déclarent presque toujours à la sortie des mues.

On reconnaît que les vers sont bien portants au sortir de la mue aux caractères suivants :

1° Ils s'agitent avec ensemble lorsqu'on souffle légèrement sur eux;

2° Ils occupent une surface de claies plus grande qu'auparavant;

3° Ils sont parfaitement égaux en longueur et en grosseur;

4° Ils ne quittent pas la litière pour errer sur le bord des tables;

5° On ne trouve ni traînards, ni morts sur la vieille litière.

114. Aération. — Nous avons vu (65-66) que les vers à soie respirent très activement et qu'ils émettent par toute la surface de leur peau (87) des quantités considérables d'eau provenant de la feuille de mûrier qu'ils ont absorbée. Les feuilles de cet arbre contiennent, en effet, 65 pour 100 d'eau en moyenne. Les litières en se desséchant produisent autant de vapeur d'eau que les vers. Si la respiration de ces insectes s'effectue mal, si, par suite du manque d'air, l'atmosphère de la magnanerie demeure chargée d'humidité, l'estomac ne fonctionne plus aussi bien, la feuille qu'il contient *entre en fermentation* et la flacherie se déclare (157).

L'air de la magnanerie doit être complètement renouvelé tous les quarts d'heure (87).

Il est donc indispensable de maintenir dans le local *une aération régulière et constante* que l'on obtient par les portes, les fenêtres, les cheminées ou bien par des trappes au niveau du plancher et au plafond (91, 93).

Lorsque le temps est beau, on doit ouvrir les fenêtres, mais avoir soin de garnir chacune d'elles d'un cadre sur lequel est fixée une pièce de toile qui arrête les rayons du soleil et laisse passer l'air pur du dehors, très favorable à la bonne santé des vers à soie.

Il ne faut jamais employer du papier huilé pour boucher les ouvertures qui peuvent donner de l'air.

Lorsque le temps est lourd, orageux, que l'air reste stagnant dans la magnanerie, il s'y développe des exhalaisons malsaines, une chaleur suffocante, ce que les éducateurs appellent *une touffe*. Il faut se hâter d'activer la circulation de l'air en faisant des flambées dans les cheminées. Si, malgré ces feux de flamme, obtenus en brûlant des copeaux, des broussailles, etc., la touffe persiste, il ne faut pas hésiter, *ouvrir toutes les portes et fenêtres* et l'air se renouvelant alors largement sauvera la chambrée de l'échec certain qui la menace.

Il ne faut jamais fermer la magnanerie sous prétexte d'abaisser sa température qui s'élève parfois beaucoup en juin.

Ainsi que l'écrivait, il y a cinquante ans *de Chavannes de la Giraudière* : « *Laissez plutôt votre thermomètre monter à trente degrés avec de l'air à flots que de le maintenir à vingt degrés en fermant tout.* La chaleur en elle-même n'a rien de mauvais pour les magnans ; ils s'en accommodent si bien qu'elle redouble leur appétit ; ce *qu'ils redoutent c'est cette fraîcheur que vous n'obtenez qu'en interceptant toute communication avec l'air extérieur*..... Préoccupez-vous beaucoup moins de la température de votre atelier que de **son aération**. Si de trop fortes variations de température tuent tous les ans quelques vers, le défaut d'aération détruit des milliers de chambrées ».

115. Délitages. — Le délitage est l'opération qui consiste à enlever les vers de dessus la litière où ils se trouvent pour les porter sur une autre claie propre. Nous avons vu que le renouvellement de l'air enlève l'excès d'humidité d'une chambrée; le délitage complète son action.

En principe, on doit déliter toutes les fois que la litière devient assez épaisse pour moisir ou répandre de l'humidité. Les délitages doivent se faire avant et après chaque mue; ils permettent de maintenir l'*égalisation* des vers (102).

La méthode la plus généralement pratiquée consiste à répandre de la feuille fraîche sur les vers à jeun. Lorsqu'ils sont montés sur cette dernière on l'enlève.

Pour faciliter l'opération, il faut toujours conserver une claie libre à l'extrémité de chaque rang.

On commence alors le délitage par la claie voisine de celle qui est libre et l'on pose les vers de la première sur la seconde, puis on roule le papier de celle qui vient d'être débarrassée de façon à y enfermer la litière; on étend ensuite un nouveau papier sur cette claie qui se trouve prête pour recevoir les vers de la suivante. On opère ainsi jusqu'au bout de la rangée et la claie vide qui se trouvait à son extrémité gauche se trouvera, pour le délitage suivant, à son extrémité droite.

Les litières doivent être enlevées avec précaution; *il faut bien se garder à l'encontre de ce qui a lieu trop souvent, de les jeter du haut en bas des claies afin de ne pas disséminer les poussières qui contiennent souvent des germes de maladies* (151, 157, 167, 172).

L'opération peut être activée en se servant de filets ou de papiers percés. Ces derniers étant placés sur les vers, on répand à leur surface de la feuille de mûrier fraîche. Quand les vers les ont traversés en quantité suffisante pour gagner la feuille on enlève ces papiers ainsi garnis pour les transporter sur une claie libre. Cette méthode est assez employée dans les Pyrénées-Orientales. Les éducateurs des Cévennes délitent en enlevant à la main les feuilles chargés de vers, ce qui rend le travail lent et pénible.

L'accumulation de la feuille sur les tables augmente l'épaisseur des litières qui conservent leur humidité, fermentent, moisissent plus ou moins et constituent un foyer d'infection surtout à la fin du 5e âge, au moment de la montée à la bruyère, *alors que les déjections des vers deviennent liquides.* Il est évident qu'il faudrait déliter de temps à autre pour éviter ces graves inconvénients. On trouve dans certains traités de sériciculture qu'il faut déliter de la 4e mue à la montée *au moins tous les deux jours.* C'est facile à dire, mais il est non moins facile de constater que ceux qui donnent ce conseil ne paraissent pas se douter de ce qu'est une chambrée de vers à soie dans nos fermes cévenoles et du travail considérable que l'on y fait pendant la période de la grande frèze. Le ramassage de la feuille et le temps de la distribuer sur les tables aux heures des repas prennent presque toute la journée, au point que je connais certaines magnaneries où l'on a été obligé de restreindre le service en ne donnant que deux repas par jour *extrêmement abondants*. Je me hâte d'ajouter, à l'encontre des theories généralement exposées, que ces vers ont produit d'aussi beaux cocons et une aussi belle récolte que s'ils avaient mangé trois repas.

Le délitage tous les deux jours serait d'autant plus merveilleux que dans la plupart de nos chambrées cévenoles on ne délite pas de la 4e mue à la montée. Je trouve pour ma part, qu'un réel progrès serait accompli si on pouvait décider nos magnaniers à déliter au moins une fois pendant la grande frèze. Cela se fait, cependant, dans quelques petits ou moyens élevages.

Un bon moyen pour remédier à l'insuffisance des délitages consiste à mettre de la *chaux vive* dans des caisses disposées par-ci, par-là, dans le local et dans de vieux paniers à salade que l'on suspend à diverses hauteurs. La chaux absorbe l'excès d'humidité, se délite et, dès qu'elle est tombée en poussière, on la remplace.

116. Lumière. — La plupart de nos magnaniers tiennent leurs vers à l'obscurité. C'est une grande erreur basée sur de sots préjugés. Ils ne devraient pas oublier que les vers à soie, avant leur domestication, vivaient sur les mûriers en plein air, au grand soleil. La lumière est un agent nécessaire à l'hygiène de la magnanerie et à la robustesse de nos précieux insectes. Elle ralentit le développement des germes de maladie et finit par les détruire. Il faut donc tenir la magnanerie éclairée, tout en préservant les insectes de l'action directe du soleil. On y arrive en munissant les fenêtres de rideaux.

117. Maturité des vers et encabanage. — Huit à neuf jours après la sortie de la 4me mue les vers ont atteint leur plus grande taille. Ils mûrissent; *leur appétit diminue* et ils deviennent transparents. Ils lèvent la tête en la dirigeant à droite et à gauche comme s'ils cherchaient quelque chose et émettent par leur trompe, située sous la bouche, un fil de soie. Ils cherchent, en effet, le bois que le magnanier doit disposer en forme de cabanes sur les claies pour leur permettre de confectionner leurs cocons. Ces cabanes, qui ont o m. 35 de largeur, sont disposées en travers des tables. Les magnaniers les construisent généralement avec des branches de bruyères; ils utilisent aussi d'autres végétaux : ciste, genêt, tiges de colza, rameaux de chêne vert, d'olivier, etc.

Les rameaux de bruyère sont préparés à l'avance en leur donnant un peu plus de hauteur que l'intervalle compris entre deux claies superposées. Pour faire les cabanes, le magnanier place ces rameaux debout, par rangées disposées en ligne, en faisant reposer leurs pieds sur la claie où sont les vers tandis que leurs sommets bien branchus sont recourbés sous la claie située au-dessus et se rencontrent avec les sommets des bruyères formant, par leur ensemble, l'autre côté de la cabane (fig. 31).

On compte communément qu'il faut cent kilos de bruyère pour faire monter la quantité de vers nécessaire à la production de 50 kilos de cocons.

La pose des bruyères, leur disposition sur les claies sont affaires de pratique. Tous les bons éducateurs sont au courant de ce travail qui ne s'apprend que dans une magnanerie. Il est désigné sous le nom d'*encabanage* ou *enramage*.

L'enramage est rendu plus facile par l'emploi de cadres très simples que l'on dispose, après les avoir assemblés deux à deux en forme de V, à 0 m. 35 les uns des autres sur les claies auxquelles on les fixe à l'aide de ficelles. Ces cadres sont ensuite remplis de broussailles où les vers vont se loger.

On connaît un autre système encore plus rapide qui a été imaginé par *Avril* vers 1840. Il consiste à placer en travers des tables, à la place de chaque ligne de bruyère, des échelles formées d'un cadre garni, sur ses deux côtés, de tringles en bois blanc espacées entre elles de 28 millimètres et fixées sur des tasseaux. Ces tringles, vues de champ, ont une hauteur de 15 millimètres et 6 millimètres d'épaisseur; sur les deux faces du cadre, elles sont interposées les unes à l'égard des autres. Ces cadres, connus sous le nom d'*échelles d'Avril*, sont fixés aux tables supérieure et inférieure à l'aide de ficelles ou de crochets. J'en fais usage depuis de nombreuses années et je puis dire qu'ils sont très pratiques. Mais leur fabrication est devenue fort coûteuse; aussi, la situation économique actuelle ne se prête point à leur adoption.

118. Montée des vers à la bruyère. Confection du cocon. — Les vers mûrs quittent la feuille, se vident tout à fait en expulsant le contenu de leur appareil digestif et se hâtent, s'ils sont bien portants, de grimper dans les branchages, à la recherche de l'endroit qu'ils jugent favorable pour tisser leur soie. *Une odeur particulière de maturité se répand dans la chambrée.* C'est un moment d'allégresse pour la famille. Les cocons d'or vont bientôt dédommager de ses peines le magnanier habile et apporter l'aisance à la maison.

Il faut bien se garder de toucher aux bruyères définitivement posées; on dérangerait les vers déjà installés qui, ne pouvant plus retrouver assez tôt un endroit propice, tapissent de la soie qu'ils perdent tout ce qu'ils rencontrent sur leur passage, deviennent *courts* et se transforment en chrysalides sans faire de cocon fermé. Ces vers sont désignés sous le nom de *tapissiers*.

Si on a mis peu de bruyère à la disposition des vers, ils se réunissent parfois deux ou plusieurs pour faire leur cocon et

Fig. 31. — Encabanage avec bruyères (A) et claies d'Avril (B).
(Station séricicole d'Alais.)

il en résulte la production des *cocons doubles* qui ne peuvent se dévider. Fait très curieux, les cocons doubles contiennent généralement un mâle et une femelle.

La température, pendant la montée, ne doit pas être inférieure à 23° centigrades.

Lorsque le ver a trouvé un endroit à sa convenance sur la bruyère, il comprime ses anneaux les uns contre les autres et la bave (45-75) sort par la trompe soyeuse. Il commence par fixer le bout à un endroit. puis à un autre, et ainsi de suite. Il s'entoure ainsi d'un réseau de premiers fils, qui constituent *la blaze* ou *bourre*, au sein duquel il va confectionner son cocon.

Le ver, en train d'effectuer ce dernier travail opère par balancements réguliers de sa tête dans divers sens et dépose sa bave en petits paquets qui ont la forme de ∞ fortement collés les uns contre les autres. L'ensemble de ces derniers constitue une mince couche de soie appelée *veste*. Lorsque celle-ci est terminée, l'insecte change de place et en commence une autre. Le cocon est donc composé de plusieurs vestes qui se distinguent les unes des autres.

Paul Francezon ayant eu la curiosité de compter le nombre de ∞ dont est formée la coque d'un cocon jaune des Cévennes, en a trouvé 60 000 environ ; il y en a donc près de cent millions dans un kilogramme de cocons, qui donnent 0 kg. 250 grammes de soie. « Il a remarqué que les ∞ étaient beaucoup plus petits dans les couches supérieures que dans les dernières où ils sont à grandes boucles ; « on dirait, dit-il, que le ver à voulu tapisser l'intérieur de sa prison d'une soie plus fine, moins serrée, afin d'être plus à l'aise pour opérer ses transformations en chrysalide et en papillon. »

La blaze et le cocon qu'elle englobe sont constitués par le même fil, sans discontinuité. Le diamètre de cette bave est un peu plus grand dans les couches moyennes du cocon que dans les couches extérieures et intérieures.

Haberlandt a trouvé les diamètres suivants, en millimètres :

RACES	COUCHES EXTÉRIEURES du cocon	COUCHES MOYENNES	COUCHES INTÉRIEURES
Jaunes milanais.	0,030	0,040	0,025
Jaunes de France.	0,025	0,035	0,025
Verts du Japon	0,030	0,040	0,020
Blancs du Japon	0,020	0,030	0,017
Bivoltins verts	0,025	0,035	0,020

La longueur d'une bave est d'à peu près 1500 mètres ; il en faut, en moyenne, 3750 mètres de longueur pour peser 1 gramme.

Pendant que les vers tissent leurs cocons, il est absolument indispensable de veiller au renouvellement de l'air du local.

Certaines magnanières, imbues du funeste préjugé que

l'*humidité des litières augmente le poids des cocons*, ferment à outrance la magnanerie.

L'air, dont la circulation est déjà entravée par les cabanes, arrive d'autant plus difficilement jusqu'aux vers que ces derniers, en confectionnant leur cocon, s'entourent d'une enveloppe de plus en plus épaisse. Si tout est fermé, leur respiration se ralentit et ils sont bientôt asphyxiés, avant de se transformer en chrysalides. Leurs cadavres se putréfient et tachent les cocons qui deviennent *fondus*.

Il est bon d'enlever les litières dès que la montée est terminée. Laissées sur les claies, elles moisissent, et leurs émanations gênent les vers en train de filer.

Nous avons vu que le ver vide complètement son appareil digestif avant de se mettre à confectionner son cocon. Pendant le tissage de celui-ci, il transpire beaucoup. Au fur et à mesure que sa soie arrive au contact de l'air, elle évapore une certaine quantité de son eau. Il résulte de l'ensemble de ces pertes que le cocon une fois terminé pèse moins que le ver qui l'a fabriqué. Cette diminution de poids varie suivant les races; elle est d'environ 50 pour 100 en moyenne.

Les cocons obtenus par nos sériciculteurs sont généralement cylindriques, plus ou moins allongés, légèrement cintrés au milieu, avec leurs deux bouts arrondis. Leur forme varie avec les races. Parfois ils sont ovoïdes, presque sphériques : tels sont les *Biones*.

Il en est de même pour leur grosseur. Je suis d'avis cependant que le *magnanier doit préférer les petites races donnant des cocons moyens à celles qui en produisent de gros*. Leurs vers sont plus robustes, évoluent plus rapidement et échappent mieux aux maladies. Ils fournissent une aussi bonne récolte que les grosses races et leurs cocons sont plus recherchés par les filateurs, car ils donnent un bien meilleur rendement à la bassine.

La finesse d'un cocon se déduit de l'aspect des rugosités de sa coque. Leur ensemble constitue *le grain* du cocon. Si elles sont très apparentes, soulevées, on dit que le grain est grossier; il est fin, au contraire, si ces rugosités sont serrées, à peine sensibles.

D'après *Robinet*, les cocons frais, bien constitués, sont composés de :

Soie.	14,3	pour 100
Bourre et dépouille.	0,7	—
Chrysalide.	16,8	—
Eau.	68,2	—

119. Décoconnage. — Afin d'être assuré que les vers ont eu le temps de se transformer en chrysalides, condition essentielle pour ne pas s'exposer à se voir refuser la marchandise par l'acheteur, le magnanier ne doit procéder au décoconnage que le dixième jour après la montée à la bruyère.

En admettant, en effet, que cette montée ait duré trois jours à la température de 23°C, le ver a mis ensuite trois à quatre jours pour confectionner son cocon ; puis, il lui a fallu trois jours pour se transformer en chrysalide. Nous arrivons ainsi au total de dix jours écoulés depuis le moment où les vers les plus avancés ont commencé à grimper dans les cabanes.

L'opération consiste à enlever les bruyères des tables, et à en extraire les cocons. Ceux-ci sont triés, au fur et à mesure, en mettant d'un côté, dans une grande corbeille, ceux qui sont sains, bien finis, normaux, résistants à la pression des doigts, et de l'autre, les défectueux.

Les plus communs, parmi ces derniers, sont : les *fondus*, les *doubles*, les *safranés*, les *faibles*, les *satinés*, les *vitrés* et les *muscardinés*.

On appelle *fondus*, des cocons qui présentent, par transparence, une tache plus ou moins étendue formée par le cadavre, en putréfaction, du ver ou de la chrysalide. Cette tache est parfois peu apparente; mais, le cocon secoué près de l'oreille ne fait entendre aucun bruit. Les fondus sont occasionnés par la flacherie (157), par la grasserie (172), ou par le manque d'aération pendant la montée des vers à la bruyère (114-118). Les cocons *doubles* sont ceux qui contiennent deux chrysalides au moins, ils sont grossiers, de forme irrégulière, plus gros que les cocons normaux. La bruyère trop serrée lors de la confection des cabanes favorise le rapprochement des vers et par suite la production de cette défectuosité. Les *safranés* sont des cocons généralement faibles et difformes dont la couleur est jaune safran ou jaune doré; ils sont dus à l'atavisme ou à la dégénérescence de la graine. On qualifie de *faibles*, les cocons dont la coque fléchit à la moindre pression des doigts ; la partie enfoncée produit parfois en se relevant brusquement un bruit sec qui les fait appeler en patois languedocien, *cantaïres*. Si les extrémités seulement du cocon sont peu résistantes, on le dit *faible de pointe*. Un cocon faible et transparent est *vitré*. La faiblesse des cocons doit être attribuée à la perte de soie faite par le ver, dérangé de son travail, ou à l'alimentation insuffisante.

Les *satinés* sont des cocons souples, à tissu lâche et soulevé qui donnent au toucher l'impression du velours ou du satin; ils sont dus soit à l'hérédité, soit à une température trop élevée au moment de la montée. Les *muscardinés* sont des cocons très légers qui, agités près de l'oreille, font entendre une série de chocs analogues à ceux que produirait un petit caillou. Les chrysalides qu'ils contiennent sont desséchées et presque toujours recouvertes d'une poussière blanche qui les fait ressembler à une *dragée*; aussi, les éducateurs désignent généralement ainsi ces cocons qui sont dus à un cryptogame parasite, le *Botrytis Bassiana* (169). Sous cet état, ils se dévident très bien à la bassine et leur légèreté les rend avantageux pour le filateur. Mais il arrive parfois que le mycélium du botrytis, sortant du corps de la chrysalide, gagne la coque, se multiplie dans son épaisseur, la traverse et décèle sa présence par la production d'efflorescences blanches à la surface du cocon. Le mélange de filaments mycéliens et de fils de soie rend alors ce cocon indévidable et sa valeur devient égale à celle d'un fondu.

Tous les cocons défectueux que nous venons d'examiner, *sauf les dragées*, appartiennent à la catégorie des déchets. Leur prix est inférieur, de près des trois quarts, à celui des cocons normaux.

Les vers à soie provenant d'une once de 30 grammes de graine, élevés en tenant compte des observations qui précèdent, produisent facilement 70 kilogrammes de cocons sur lesquels il y aura à prélever 5 à 6 pour 100 de doubles et 3 pour 100 de faibles, de fondus, etc.

Dès le moment où ils sont terminés, les cocons commencent à diminuer de poids; 100 kilogrammes ne pèsent plus, au bout de dix jours, que 92 kilogrammes. D'après *F. Nenci*, cette perte de poids serait, à 18° R, de 5 à 10 pour 100, du 8e jour de la formation du cocon à la veille de la sortie du papillon, et de 25 pour 100 pendant les deux derniers jours.

D'autre part, environ dix-huit jours après la montée, à la température de 20° à 22° C, les papillons sont formés dans les cocons; ils en sortent, et ces derniers, devenus percés, entrent dans la catégorie des déchets. Pour ces raisons, l'éducateur doit vendre sa récolte dès qu'elle vient d'être enlevée de la bruyère.

120. Méthode économique d'élevage des vers à soie. — Nous avons vu (3-4) que la rareté et la cherté croissantes de la main-d'œuvre sont une des principales causes de la décadence de la sériciculture française.

Le travail que nécessitent les vers à soie, surtout pendant

les douze ou quinze derniers jours de leur élevage, ***pratiqué suivant la méthode habituelle***, est extrêmement pénible.

L'espacement des vers, les délitages faits à propos, la nécessité de remuer la feuille entassée, non seulement pendant le jour, mais aussi pendant la nuit, la cueillette sur les arbres de la feuille que l'on tasse dans un sac suspendu à la ceinture, après l'avoir détachée des rameaux en s'écorchant les mains, sont des travaux absorbants, fatigants, parfois dangereux, qui ne sont plus en rapport avec le prix des cocons et avec la cherté de la main-d'œuvre salariée qui, d'ailleurs, ne se prête plus aux exigences de l'éducation des vers à soie et devient de plus en plus rare.

Fig. 32. — Élevage aux rameaux des vers a soie. (Disposition d'ensemble.)

Il en résulte que nos magnaniers, possesseurs de mûriers et leurs familles, abandonnent progressivement la sériciculture. On le conçoit sans peine.

Notre vieille méthode d'élevage n'est donc plus en rapport avec la situation économique.

Mais nous en connaissons heureusement une autre qui, tout en étant plus hygiénique pour les vers à soie, permet : 1° de réduire des deux tiers le temps employé à la distribution des repas, à la cueillette de la feuille et aux délitages; 2° de faciliter les données; 3° d'économiser un tiers de la feuille; 4° d'éviter l'échauffement de cette dernière sans qu'il soit nécessaire de la remuer; 5° de diminuer de moitié le nombre des tables.

Cette méthode est pratiquée en Italie, dans la Vénétie et le Frioul, dans le Levant, qui produit 12 à 14 millions de kilogrammes de cocons.

Elle consiste simplement à distribuer aux vers à soie à partir de la 4° mue, ou même dès la sortie de la 3° mue, non plus des feuilles détachées, mais des rameaux munis de ces dernières. Pendant leurs trois premiers âges, on les élève suivant la méthode ordinaire.

Disposition des claies dans la magnanerie. — Le seul changement nécessaire pour pratiquer ce système d'élevage consiste à donner un plus grand intervalle entre les claies ou tables superposées : 0 m. 80 au lieu de 0 m. 40, afin de pouvoir loger

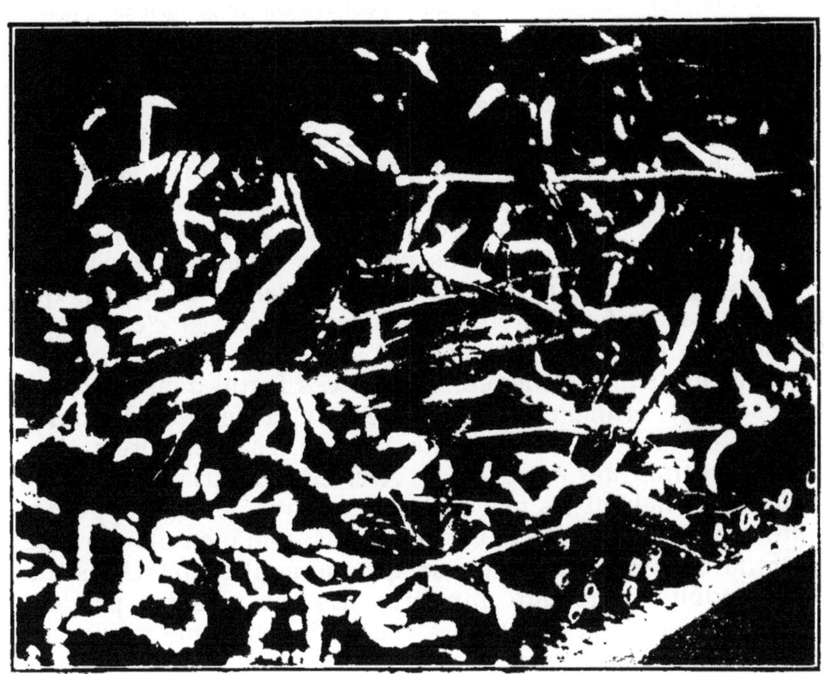

Fig. 33. — Élevage aux rameaux de vers a soie (Détail).

facilement les branches entassées et la bruyère destinée à la montée des vers à soie. On y arrive facilement en enlevant une table sur deux. La surface qui reste permet d'élever autant de vers qu'autrefois, car il est bien démontré qu'une table supporte deux fois plus de vers conduits à la méthode aux rameaux qu'à la méthode ordinaire.

Pour faciliter l'aération des vers, on dispose dans le sens transversal, sur les tables, à 1 m. 50 l'un de l'autre, des supports en bois équarri, de 7 à 8 centimètres de côté, et ayant une longueur égale à la largeur de la table; sur ces derniers, on fait reposer des roseaux ou des liteaux disposés longitudinalement et séparés les uns des autres de 10 à 15 centimètres.

Ces roseaux sont destinés à supporter les rameaux feuillus qui serviront à nourrir les vers à soie. Ils permettent de réserver entre les canisses et les rameaux en question un intervalle de 7 à 8 centimètres dans lequel tomberont les crottins des vers.

On a imaginé plusieurs systèmes de montants et de claies pour l'élevage aux rameaux. Ils sont décrits dans divers traités de sériciculture. Nous ne nous y arrêterons pas, car le magnanier peut réussir aussi bien en utilisant ses tables ordinaires. Les dépenses superflues ne sont point de circonstance.

Taille des rameaux. — La récolte des rameaux se fait, comme pour la feuille détachée, le matin, après la rosée, et le soir, avant le coucher du soleil. Leur taille est absolument analogue à celle que l'on pratique d'habitude après la récolte des cocons.

Au fur et à mesure que ces rameaux sont taillés, on les jette sur un ou plusieurs draps que l'on a étendus sous l'arbre. Puis, après les avoir retaillés pour enlever le gros bois qui ne porte pas de feuilles et pour les régulariser, si c'est nécessaire, on en fait des fagots de 6 à 7 kilogrammes en les réunissant par un lien quelconque. On plie ces fagots dans les draps qui servent ordinairement à enfermer la feuille et on les dispose en long sur la charrette qui doit les transporter.

Conservation des rameaux. — Arrivés à la ferme, les fagots sont placés debout les uns contre les autres, en les appuyant contre le mur du *ramier*. On loge ainsi une bien plus grande quantité de feuilles en rameaux que de feuilles détachées. La feuille adulte adhérente aux branches se conserve pendant 24 heures, si le local est frais, aussi bien et même mieux que la feuille détachée, *sans qu'il soit nécessaire de la secouer de temps à autre comme cette dernière.* Elle n'est pas froissée par les mains des ouvriers et ne présente, par conséquent, aucune altération.

Si les rameaux ont été taillés par un temps pluvieux, on les secoue et on les suspend dans un courant d'air pour activer l'évaporation de l'eau qui les couvre. La feuille qu'ils supportent est vite sèche.

La quantité de rameaux nécessaires pour servir les vers provenant d'une once de 30 grammes de graine est, pour le quatrième âge, de 300 kilogrammes (supportant environ 116 kilogrammes de feuille) et, pour le cinquième âge, de 1100 kilogrammes (qui portent 660 kilogrammes de feuille).

Distribution des repas. — Pour faire l'éducation aux rameaux, on opère le délitage des vers à la sortie de la 4e mue, ou même dès le milieu du quatrième âge, avec des rameaux feuillus détachés de grandes branches et ceux-ci, une fois chargés de vers, sont transportés tels quels et couchés sur des tables libres disposées ainsi que nous l'avons indiqué plus haut.

A partir de ce moment, les repas sont donnés à l'aide de rameaux entiers qu'il faut disposer chaque fois dans un sens différent : au premier repas, dans le sens de la largeur de la table; au second repas, parallèlement à sa longueur; au troisième repas, obliquement dans un sens; au quatrième repas, obliquement dans l'autre sens et on recommence ainsi de suite. On a ainsi une litière à claire-voie, au travers de laquelle l'air circule facilement.

Ces rameaux ne doivent pas avoir de bourgeons faisant saillie au-dessus d'eux, car les vers y montent et restent ainsi au-dessus des litières sans manger; pour la même raison, il ne faut pas que leurs extrémités dépassent les bords des tables, et il est utile de disposer des rameaux sur ces mêmes bords, dans le sens de la longueur de ces dernières, afin que les vers qui arrivent aux extrémités des rameaux placés transversalement puissent avoir un appui pour se retourner ou pour gagner les branchages voisins.

La feuille est complètement dévorée, de sorte que les précieux insectes, en attendant le repas d'après, ne sont jamais sur une litière humide, en fermentation, favorable aux échecs, puisqu'ils reposent sur des branchages.

Il est bon de donner trois repas par jour : le premier, de très grand matin, le second au milieu de la journée, et le troisième, le soir, tard. On reconnaît que l'appétit des vers est satisfait lorsque, au moment où l'on va distribuer un repas, les rameaux de la donnée précédente présentent encore quelques feuilles qui ont été délaissées.

La distribution des rameaux, placés sur un bras en plus ou moins grande quantité, est bien moins pénible et plus rapidement faite que celle de la feuille détachée qu'il faut sortir du sac suspendu devant soi et bien égaliser partout sur la claie.

De la 4ᵉ mue à la montée, les rameaux atteignent une hauteur de 25 à 28 centimètres. Les vers sont étagés, dispersés dans les branches. Il en résulte qu'une table de nos Cévennes, par exemple, ayant une surface de 4 mètres carrés, contient plus de vers bien espacés les uns des autres, qu'avec l'emploi des feuilles détachées.

Divers essais ont montré, au cours de ces dernières années, que l'on peut obtenir 8 à 10 kilogrammes de cocons avec la méthode aux rameaux sur une de ces tables, tandis que le système ordinaire n'en produit que 5 kilogrammes environ.

Délitages. — Il est inutile de déliter les vers de la 4e mue à la montée; il en résulte une diminution de travail et de main-d'œuvre.

Si on trouve que les vers sont trop serrés, il est facile de les éclaircir en portant quelques branches chargées de ces derniers sur d'autres tables.

Les délitages s'opèrent d'ailleurs facilement. Une fois que les vers sont montés sur les rameaux feuillus qui ont été disposés à cet effet, un ouvrier prenant ceux-ci à poignées les tient soulevés, tandis qu'un aide fait tomber rapidement sur le sol tout le bois qui se trouve au-dessous. Cela fait, les rameaux chargés de vers sont déposés sur la table ainsi nettoyée.

Si l'on a commencé l'élevage aux rameaux entre la 3e et la 4e mue, on donnera aux vers à l'approche de cette dernière des rameaux de plus en plus petits et même des feuilles détachées disséminées de-ci, de-là, pour ne pas couvrir et déranger les vers déjà endormis. Lorsque les trois quarts des vers seront sortis de mue on les lèvera de la façon qui a été déjà indiquée.

Encabanage. — Lorsque le moment de la montée arrive on enfonce dans le lit formé par des branches entre-croisées des rameaux de bruyère, genêt, chêne, olivier, etc., après avoir épointé la tige de ces rameaux afin qu'elle puisse s'enfoncer dans les branchages. On les dispose en lignes parallèles, distantes les unes des autres de 40 à 45 centimètres. Les vers se hâtent d'y grimper; les traînards seuls font leurs cocons dans les branchages. — Pour hâter la maturité des retardataires on continue à donner, sous les cabanes, de légers repas en distribuant de petits rameaux feuillus ou des feuilles détachées que l'on dissémine de-ci, de-là, de façon à ne pas empêcher l'aération au travers des branchages.

121. Avantages de l'élevage aux rameaux. — 1° *Économie des deux tiers de la main-d'œuvre.* — A. Pour la cueillette de la feuille, un homme récolte, en moyenne, 100 kilos de feuilles détachées dans la journée. Une éducation de 3 onces exigeant, au moment de la *grande frèze* qui précède la montée, 300 kilos de feuilles par jour, trois hommes sont nécessaires pour les ramasser, *tandis qu'un homme seul peut, dans une demi-journée, tailler, mettre en fagots et transporter les rameaux qui portent cette feuille.*

B. Pour la distribution des repas, l'espacement des vers, les délitages, cette même éducation exige 4 femmes à la méthode ordinaire; *une seule suffit avec le système aux rameaux.*

Par conséquent, deux personnes qui élèvent péniblement une once de graine à la méthode ordinaire peuvent très bien conduire, sans se donner de mal, une chambrée de 3 onces, soit 90 *grammes de graine, si elles adoptent l'élevage aux rameaux.*

2° *Économie d'un tiers de la feuille de mûrier.* — Avec la méthode ordinaire il y a une litière plus ou moins épaisse formée d'au moins 35 pour 100 de la feuille qui est gaspillée. Nous savons que, pour servir les vers d'une once de 30 grammes de graines, il faut 1200 kilos de feuilles détachées; il y a donc environ 400 à 450 kilos de litière. — Les vers élevés sur les rameaux dévorent complètement la feuille qui leur est adhérente. Il en résulte une économie de cette dernière et il est reconnu que cette économie est d'un tiers. — 800 kilos de feuille adhérente aux rameaux suffisent donc pour un élevage de 30 grammes de graines.

3° *Économie de la moitié de la surface de tables nécessaires à l'élevage.* — Avec cette méthode les vers sont étagés sur les rameaux et ils ne se touchent point. Ils sont donc parfaitement à l'aise. Il résulte des expériences d'un excellent éducateur d'Alais, Jean-Pierre Sauvagnargues, que la récolte d'une table de nos Cévennes, ayant une superficie de 4 mètres carrés s'élève à 10 ou 11 kilogrammes de cocons avec le système aux rameaux tandis qu'elle n'est que de 5 kilogrammes avec la méthode aux feuilles détachées. On peut donc réduire de moitié la surface des tables nécessaires à l'élevage. Pour une once de graines, 28 à 30 mètres carrés suffisent au lieu de 50 à 60 reconnus indispensables pour la méthode ordinaire, soit 7 à 8 tables de nos Cévennes au lieu de 14 à 15.

4° *Meilleure hygiène pour les vers à soie.* — Les vers ne reposent jamais sur une litière humide; ils circulent sur le bois sec et mangent de la feuille de mûrier qui, n'ayant pas été froissée et souillée par les mains plus ou moins propres des ramasseurs, est intacte et saine. L'aération se fait très bien au travers des branches entre-croisées. Il en résulte que la *flacherie*, la *grasserie* et la *muscardine* ont moins de prise sur les précieux insectes. Ceux-ci respirent et transpirent à leur aise, leurs fonctions s'accomplissent parfaitement et ils confectionnent des cocons à tissu plus serré et, par conséquent, plus lourds.

Les crottins des vers tombent au travers des interstices et vont s'accumuler, ainsi que nous l'avons dit, sous les branchages maintenus surélevés par des roseaux. Ils ne restent donc pas en contact avec la feuille de mûrier.

Si une maladie a sévi sur quelques vers, leurs cadavres demeurent dans les couches inférieures des branchages, de sorte que les vers sains, qui cheminent sur les rameaux feuillus placés au-dessus, s'en tiennent éloignés. La contagion est donc moins rapide que dans l'élevage aux feuilles détachées.

5° *Meilleure hygiène pour les mûriers.* — Avec ce système d'élevage, les mûriers taillés plus tôt s'en trouvent bien mieux. On leur évite, en effet, deux crises successives : 1° l'effeuillage qui occasionne une première perte de sève ; 2° la taille effectuée plusieurs semaines après, alors que les bourgeons se sont plus ou moins développés. Il en résulte une seconde perte de sève. Le mûrier perd de sa vigueur ; les jets qu'il produit sont chétifs et souvent les premiers froids se font sentir avant qu'ils aient eu le temps de s'aoûter.

Les mûriers soumis à la taille annuelle sont évidemment ceux qui se prêtent le mieux à l'élevage aux rameaux. Mais la taille bisannuelle ne s'oppose pas à l'emploi de cette méthode, car, ainsi que l'ont fait remarquer *E. Maillot* en 1881 et *F. Lafont*, en 1909, lorsqu'un premier lit de rameaux bien régulier est établi avec des tiges d'un an, on peut continuer l'alimentation avec des tiges de deux ou trois ans.

D'ailleurs il y a un moyen facile de conserver la taille bisannuelle tout en n'utilisant pour l'élevage aux rameaux que des jets d'un an. Il consiste à diviser les mûriers du domaine en deux parties. Celle qui ne devra pas être taillée servira à nourrir les vers suivant la méthode ordinaire de l'éclosion à la 4° mue, tandis que la partie taillée sera utilisée pour l'élevage de ces mêmes vers aux rameaux, de la 4° mue à la montée.

M. C. Guy, à Avèze (Gard), qui élève ses vers à soie aux rameaux depuis 1913, résume ainsi les avantages de cette méthode au nom du syndicat agricole de l'arrondissement du Vigan dont il est le très actif président :

« Économie de ramassage, mûriers taillés plus tôt, feuille plus propre, feuille plus complètement mangée, donc *économie de feuille* ; aération meilleure des vers sur les tables, les vers peuvent être tenus plus épais, donc *économie d'espace* ; moins de données aux vers, donc *économie de fatigue pour les magnaniers* ; enfin toute probabilité pour une réussite meilleure.... Avec le même personnel, avec la même feuille, avec le même matériel on peut élever plus de vers à soie. *Tout le surplus sera un nouveau bénéfice.* » Et il conclut hardiment par cet appel : « Sériciculteurs, élevez vos vers aux rameaux, c'est votre intérêt le plus clair. »

122. Litières. — Une éducation de 30 grammes de graine, conduite à la méthode aux feuilles détachées, laisse environ 430 kilos de litière, dont 120 kilos seulement, correspondant aux premiers âges des vers, sont utilisés par l'éducateur pour alimenter le bétail de la ferme.

Formée par le mélange des feuilles de mûriers et des crottins, elle contient 3 à 4 p. cent d'azote. Le reste doit être enfoui pour servir d'engrais aux mûriers et aux autres cultures. Certains éducateurs conservent ces litières à proximité des magnaneries ; il faut, bien souvent, leur attribuer la cause des maladies qui sévissent l'année suivante sur les chambrées.

Muntz et Girard ont trouvé, par l'analyse, que les déjections des vers à soie renferment :

Eau	12,96	pour 100
Azote	1,63	—
Acide phosphorique	0,55	—
Potasse	3,28	—
Carbonate de chaux	4,21	—

Les déjections pures sont donc moins riches en azote que les litières.

Les cent kilos de litière utilisés pour la nourriture du bétail ont une valeur dont on doit tenir compte dans l'estimation du bilan de l'élevage des vers à soie.

123. Vente des cocons. — Pour les raisons qui ont été indiquées (119) l'éducateur de vers à soie doit vendre ses cocons aussitôt qu'il les a enlevés de la bruyère.

Dans les Basses-Cévennes cette vente est l'objet d'un accaparement.

Autrefois les sériciculteurs de cette région, dès la récolte enlevée, apportaient leurs cocons sur les marchés d'Alais, d'Anduze, de Saint-Jean-du-Gard, de Saint-Ambroix, etc., où ils les vendaient directement aux filateurs de soie *qui les payaient suivant qualité*.

Les magnaniers étaient donc encouragés à bien faire. Aujourd'hui, il n'en est plus de même. En présence de la diminution constante de la récolte qui, depuis bien longtemps, ne suffit plus pour alimenter l'ensemble de nos filatures, une concurrence effrénée s'est établie entre les acheteurs. Dès la montée des vers à la bruyère, de nombreux courtiers s'abattent dans la campagne, retiennent la récolte en promettant de la payer au plus haut prix de saison, quelle qu'en soit la qualité, et la font prendre quelques jours plus tard chez l'éducateur même qui, de la sorte, n'a point à se déranger. Mais celui-ci ne se rend point compte que ces intermédiaires, groupant les diverses récoltes qu'ils enlèvent dans plusieurs communes, réunissent les bonnes avec les mauvaises. Ils apportent ainsi aux filateurs un mélange de cocons de diverses qualités et de toutes sortes qui, cette façon de procéder étant générale chez nous, oblige ces derniers à fixer un prix uniforme forcément inférieur à celui que le producteur d'excellents cocons recevrait s'il présentait sa marchandise à part.

En outre de cela, depuis quelques années, les filateurs pour s'assurer la livraison des cocons ont décidé de distribuer gratuitement aux éducateurs la graine destinée à les produire. Ils les tiennent ainsi davantage à leur merci.

Ces errements sont maintenant entrés dans les usages. Il ne faut pas espérer un retour aux marchés d'autrefois. Les magnaniers n'ont donc qu'à s'en prendre à eux-mêmes s'ils reçoivent de leurs cocons un prix uniforme qui ne les satisfait point.

Dans l'Ardèche, la Drôme et Vaucluse les éducateurs soumettent individuellement leur marchandise aux acheteurs qui la paient au cours, mais suivant qualité.

124. Mutualité séricicole. Étouffoirs coopératifs. — Les sériciculteurs sont, cependant, armés pour lutter contre ce défectueux état de choses. Les lois de 1884 sur les *Syndicats professionnels*, de 1894, de 1899 et de 1906 et du 5 août 1920 sur le *Crédit agricole* leur en donnent les moyens.

Un grand pas est déjà fait dans cette voie. Nous avons, en effet, dans nos régions séricicoles, des Syndicats professionnels et des Caisses de Crédit agricole largement ouvertes aux petits agriculteurs.

Pour obtenir de leurs cocons le prix le plus élevé possible les sériciculteurs syndiqués n'ont qu'à grouper leurs récoltes et à les offrir en bloc directement à l'acheteur *sans passer par le courtier*. Ces cocons provenant d'une même région, sont généralement assez homogènes et fournissent aux filateurs une rentrée convenable. Celui-ci, pour cette raison et à cause de l'importance du lot qui lui est offert, les paie au plus haut prix *auquel il ajoute la part qui revenait à l'intermédiaire puisque celui-ci est supprimé*. Les membres du Syndicat reçoivent ainsi de leur récolte quinze ou vingt centimes de plus par kilo que les sériciculteurs isolés.

En prévision des années de mévente les Syndicats, secondés par la loi du 29 décembre 1906 sur les avances faites aux *Coopératives agricoles* peuvent organiser des **étouffoirs** qui permettent à leurs membres *de conserver leurs cocons pour les vendre secs*, d'après leur rendement en soie, *lorsque le prix en deviendra rémunérateur*.

Nous avons dit, en effet, que quinze à dix-huit jours après la montée à la bruyère les papillons percent les cocons et en sortent. Il faut, pour éviter cet accident, étouffer les chrysalides qu'ils renferment.

On emploie, dans ce but, soit la vapeur d'eau, soit l'air sec et chaud constamment renouvelé.

On a essayé d'utiliser les vapeurs de divers *agents chimiques* tels que le sulfure de carbone; mais on a dû y renoncer, car ils nuisent à la qualité de la soie qui casse facilement au cours du dévidage.

L'*étouffage par le froid* demande trop de temps. Il faut, en effet, d'après *de Loverdo* tenir les cocons entre — 6° et — 9° pendant dix jours ou à — 4° pendant un mois.

Les quantités considérables de cocons qu'il faut étouffer en peu de jours au moment de la récolte ne permettent pas de l'utiliser économiquement. Il est vrai que l'étouffage par le froid évite les manipulations que nécessite, pendant trois mois, l'étouffage à la vapeur.

125. L'étouffoir à vapeur est le plus couramment employé. Les cocons sont disposés dans des paniers plats, ou dans des tiroirs dont le fond est en grillage métallique, sur une épaisseur de 10 centimètres au plus. Ceux ci étant placés les uns au-dessus des autres sur des supports distancés de 20 centimètres, dans une armoire absolument close, reçoivent de la vapeur d'eau à 80° centigrades. Cette vapeur est obtenue soit en utilisant de l'eau en ébullition provenant d'une chaudière placée immédiatement sous l'armoire dont le fond est alors à claire-voie, soit au moyen d'une machine située à proximité.

Un thermomètre placé à l'intérieur de l'armoire indique la température qui doit être de 75° à 80°. Dix minutes suffisent pour effectuer l'étouffage.

Aux dimensions de 1 m. 25 de hauteur, 0 m. 60 de largeur et 0 m. 60 de profondeur, cette armoire permet de traiter, à chaque opération, demandant vingt minutes, 17^{kg},500 de cocons (3^{kg},500 par panier). Il faut, en effet, tenir compte, en dehors des dix minutes nécessaires pour tuer les chrysalides, du temps employé à la manipulation des cocons.

On reconnait que les chrysalides sont étouffées aux caractères suivants : Les cocons ont perdu leur couleur vive et sont devenus d'un jaune pâle uniforme : après avoir prélevé quelques cocons doubles, on les ouvre et on presse sur les chrysalides avec les ciseaux ou avec un petit morceau de bois. Si elles ne font aucun mouvement et si la partie enfoncée ne se relève pas ou très lentement, cela indique qu'elles sont bien mortes. Les cocons doubles ayant une enveloppe très épaisse, si leurs chrysalides sont étouffées, on peut être certain que l'opération a parfaitement réussi pour l'ensemble du lot traité.

Au sortir de l'étouffoir, les cocons sont placés à l'ombre et à l'air pour leur permettre d'évaporer l'eau qu'ils contiennent en excès. Lorsqu'ils sont secs au toucher on les trie pour en écarter les fondus et les tachés ; puis on les transporte dans la magnanerie bien nettoyée et on les étend sur les claies, en une couche de 10 centimètres d'épaisseur. Le renouvellement de l'air doit y être constant, mais il faut empêcher les rayons du soleil de venir directement sur les cocons.

Trois mois de cet étendage sont nécessaires pour leur faire perdre leur humidité et assurer leur conservation. Le premier mois, il faut les remuer une fois par jour ; les ouvriers effectuent ce travail à l'aide d'un sabre en bois. Le second mois, une fois tous les deux jours. Le troisième mois deux fois par semaine. Au bout de ce temps ils sont complètement secs. Leurs chrysalides s'effritent sous la pression des doigts et tombent en poussière.

Cent kilos de cocons frais sont alors réduits à 35 kilos de cocons secs. Ils ont donc perdu 65 pour 100 de leur poids. Mais leur valeur a augmenté en proportion. Leur prix qui était, par exemple, de 3 fr. 50 le kilo à l'état frais est devenu 10 fr. 50 pour le kilo de ces mêmes cocons à l'état sec.

Malheureusement, au cours du séchage, des déchets se produisent, occasionnés par les fondus qui ont pu échapper au triage, par les cocons écrasés pendant les opérations, par les rats et par les *dermestes*, insectes carnassiers vulgairement appelés *hartes*.

On se préserve assez facilement des rats en entretenant des chats dans la *coconnière* ou en y disséminant des appâts empoisonnés. Il n'en est point de même pour les dermestes.

126. Le Dermeste que l'on rencontre le plus fréquemment dans les locaux de conservation des cocons ou dans les ateliers de grainage est le dermeste du lard (*Dermestes lardarius*). C'est un insecte coléoptère de couleur noire, long d'environ 7 à 8 millimètres ; la partie antérieure de chacune de ses élytres est cendrée et porte trois points noirs bien marqués. Il apparaît vers la fin du printemps, s'accouple et la femelle une fois fécondée va pondre sur les cocons des œufs oblongs, longs d'environ 2 millimètres et larges de 3 à 4 dix-millimètres. Ces œufs éclosent après 3 ou 4 jours et donnent chacun naissance à une petite larve couverte de poils brunâtres, peu serrés, formant une touffe à l'extrémité postérieure du corps, qui possède trois paires de pattes cornées et est munie de mandibules fortes et tranchantes.

C'est pendant ce passage à l'état de larve, qui dure 40 à 50 jours que le dermeste est surtout terrible. Il perce les cocons, s'y introduit et dévore les chrysalides. Ces larves sont tellement voraces qu'elles se mangent entre elles si elles n'ont rien autre chose à se mettre sous la dent. Vers le milieu du mois d'août la larve, qui a atteint une longueur de 11 à 12 millimètres, fait des galeries tortueuses dans les claies ou les châssis qui sont dans la magnanerie et s'y transforme en chrysalide.

Celle-ci, qui est d'un jaune clair, a la forme d'un fuseau ; chacun des anneaux de son abdomen est limité, sur le dos, par une raie blanche. A mesure qu'elle approche du moment de sa transformation en insecte parfait, sa peau prend un aspect noirâtre à la partie correspondante aux élytres ; les raies blanches s'allongent et enfin le dermeste en sort, à la fin du mois d'août, c'est-à-dire environ 15 jours après la formation de la chrysalide. D'un jaune clair d'abord, sa couleur s'obscurcit peu à peu au contact de l'air atmosphérique et, dans l'espace de 24 heures, il devient noir.

Parfois l'insecte passe tout l'hiver à l'état de chrysalide et ne devient insecte parfait qu'au printemps suivant. Si la transformation en insecte parfait a eu lieu à la fin d'août c'est celui-ci qui peu de temps après s'endort jusqu'au printemps. Il apparaît vers mai ou juin et s'accouple pour la reproduction de l'espèce.

Dans ces conditions, le temps que passe le dermeste pour accomplir ses métamorphoses et exécuter les opérations nécessaires à la conservation de son espèce est le suivant :

L'œuf éclôt après.	3 ou 4 jours
La larve qui en sort vit	40 à 50 —
La forme de chrysalide dure	15 à 20 —
L'insecte parfait vit, en léthargie, de fin août à juin de l'année suivante, soit.	273 —
Total.	331 à 405 jours

Soit 11 à 13 mois d'existence ; mais c'est surtout pendant les 40 à 50 jours que l'insecte passe à l'état de larve qu'il est réellement nuisible.

La lutte contre les dermestes est très difficile. Dans une note communiquée en 1871 au Congrès séricicole d'Udine, le Dr Levi conseille d'employer la farine de maïs dont ces insectes sont, paraît-il, très gourmands. On dispose le soir çà et là, dans le local, plusieurs plats n'ayant presque pas de bords contenant de la farine de maïs. Le lendemain matin de très bonne heure on trouve ces derniers remplis de ces petits insectes (larves ou insectes parfaits) et on les détruit. Au lieu de farine de maïs on peut se servir de chrysalides mortes.

127. Etouffoirs-séchoirs. — Pour éviter les difficultés inhérentes au séchage et les déchets qui en résultent on emploie aujourd'hui, lorsqu'il s'agit de traiter d'importantes quantités de cocons, des appareils qui permettent d'étouffer et de sécher ces derniers en moins de 24 heures. Ils sont, aussitôt après, mis en sacs et la marchandise peut être entreposée et conservée à l'abri des dermestes et des rats.

Ce sont les Italiens qui, les premiers, ont construit ces appareils dans lesquels les cocons sont simplement exposés à un courant d'air chaud. Plusieurs filatures françaises en sont déjà munies. Ceux que l'on y emploie sont :

L'étouffoir-séchoir Carlo Chiesa.
— Pellegrino

L'étouffoir-séchoir Chiesa est construit par la maison Fougeirol et Cie, aux Ollières (Ardèche), qui a le monopole de sa fabrication en France. Son installation est facile; il ne nécessite aucune maçonnerie. On peut le transporter, l'installer dans n'importe quel local ou hangar et le changer de place.

Les cocons sont placés dans un tambour horizontal décagonal. à surface grillagée, qui tourne très lentement (un tour toutes les trois minutes). Au centre de ce tambour, dans un compartiment bien délimité qui en occupe toute la longueur arrive, par un gros conduit, un violent courant d'air chaud envoyé par un ventilateur qui repose sur le sol. Cet air chaud se répand dans la masse des cocons. L'air s'échauffe en traversant un poêle à chicanes en fonte, cylindrique, chauffé au coke. Le feu doit être bien surveillé pour que la température ne s'élève pas au-dessus de 90° C. — Pratiquement on peut traiter par jour 1600 kilogrammes de cocons.

Au sortir de l'étouffoir-séchoir on laisse reposer ces derniers à l'air pendant quelques heures pour qu'ils reprennent l'état hygrométrique normal et on les met en sacs. — D'après le constructeur cet appareil, absorbe une force motrice de 2 chevaux 1/2.

L'étouffoir-séchoir Pellegrino est fixe; il comporte de la maçonnerie; il est chauffé soit au moyen d'un poêle à coke comme le précédent, soit à la vapeur. Il se compose d'une série de bassins en maçonnerie recouverts de bennes en fer remplies de cocons et dont le fond est à claire-voie. Les cocons sont mis d'abord dans la première benne et, sous l'influence d'un courant d'air chaud arrivant sur le bassin correspondant, subissent un commencement de dessiccation; dix minutes ou un quart d'heure après on les fait passer dans la seconde benne, puis dans la troisième et ainsi de suite. Quand ils sont arrivés a la dernière, ils sortent de l'appareil et sont tout à fait secs. — Cet appareil, qui fait un bon travail, a l'inconvénient d'être volumineux, encombrant et non transportable. Mais il présente l'avantage de pouvoir traiter séparément des lots de 100 kilogrammes au moins et, par conséquent d'éviter le mélange des récoltes obtenues par les éducateurs.

Le prix de ces étouffoirs-séchoirs et leurs frais d'installation sont assez élevés. Mais les sériciculteurs peuvent très facilement profiter de leurs avantages en se groupant en *Coopératives*.

Le Crédit agricole et les pouvoirs publics viennent, en effet, en aide à ces groupements pour l'acquisition du matériel. C'est ainsi que des sériciculteurs remplissant ces conditions, désireux d'installer un étouffoir séchoir n'ont à réunir au début que le tiers de la somme prévue au devis. Par exemple, 3000 francs si la première mise de fonds s'élève à 9000. Une caisse régionale de crédit intervenant alors leur prête le double de la somme réunie soit 6000 francs à 2 p. cent d'intérêt, remboursable par annuités en 10, 15 ou 20 ans (loi du 29 décembre 1906).

Grâce à la loi du 18 juillet 1898, modifiée par celle du 30 avril 1906, sur les warrants agricoles, l'éducateur de vers à soie peut utiliser ses cocons secs à la réalisation d'un emprunt.

Enfin si ce même sériciculteur a besoin d'argent dès la fin de son élevage pour payer certains arriérés il peut, au lieu de céder ses cocons frais au prix offert, les faire étouffer dans les conditions précédemment exposées, pour les conserver secs afin de les vendre plus tard sur rendement. En attendant, il lui sera loisible d'emprunter directement à une caisse locale de Crédit mutuel agricole la somme qui lui est nécessaire, à la condition cependant qu'il fasse partie du Syndicat qui est affilié à cette caisse.

128. Assurances séricicoles. — Grâce aux lois du 21 mars 1884 et du 4 juillet 1900 les sériciculteurs ont le moyen de ne pas perdre complètement le fruit de leur travail lorsqu'ils ont été victimes d'un échec.

En général, quand cela se produit, ils s'empressent de demander, par la voie législative, un secours à l'État.

Ce secours, destiné à indemniser un certain nombre de solliciteurs, représente une somme parfois considérable prélevée sur le budget national. Sa répartition attribue à chacun d'eux un chiffre d'argent très insuffisant, dérisoire même, qui parfois n'arrive pas à couvrir le dixième de la perte. Mais comme il faut rembourser aux caisses de l'État la somme globale qui a été momentanément mise à leur disposition, les magnaniers ne voient pas qu'ils contribuent eux-mêmes à cette restitution en versant à la Caisse du percepteur des impositions un peu plus élevées que l'année précédente.

Il serait donc sage de ne plus recourir à cette sorte de mendicité vis-à-vis du Trésor public et de montrer plus de dignité en utilisant le moyen que voici :

Les éducateurs d'une même commune peuvent se grouper et former entre eux une *Caisse d'assurance mutuelle* contre les risques que courent leurs chambrées de vers à soie. Cette caisse sera alimentée par la cotisation de chacun des membres adhérents qui peut consister, par exemple, en un droit d'entrée de 1 franc ou de 2 francs et un versement de 0 fr. 10 ou de 0 fr. 20 par gramme de graine déclarée à la Mairie en vue de l'élevage.

Une fois les éducations terminées, le Bureau de cette association, qui n'est autre qu'un Syndicat, fixera le poids moyen des cocons récoltés dans la commune par gramme de graine et le prix moyen du kilo de cocon dans la région, sans tenir compte de la prime de 0 fr. 60 payée par l'État. Les éleveurs syndiqués devront déclarer pendant le cours des éducations les échecs qu'ils éprouvent. Des commissaires-experts seront chargés de les constater en même temps que les causes qui auront pu les déterminer et d'estimer les pertes en se conformant aux règles établies dans les Statuts de l'association.

Suivant les pertes subies, les éducateurs pourraient être classés dans une des catégories ci-après :

1° Éducateurs dont les vers ont été perdus de l'éclosion à la 1re mue (gelée du mûrier, accidents, etc.);

2° Éducateurs dont les vers sont morts de la première à la deuxième mue ;

3° Éducateurs dont les vers sont morts de la troisième mue à la grande frèze ;

4° Éducateurs dont les vers sont morts après la grande frèze sans produire de cocons.

Et, si les fonds en caisse le permettent, le paiement des indemnités pourra être fait sur les bases suivantes :

1° 15 pour 100 des pertes aux éducateurs de la 1re catégorie ;
2° 30 — — — 2e —
3° 50 — — — 3e —
4° 75 — — — 4e —

Considérons, par exemple, le cas d'un magnanier élevant deux onces de graine qui peut obtenir facilement 120 kilos de cocons lesquels à 3 francs le kilo lui rapporteraient 360 francs.

Cet éleveur, ayant perdu ses vers à la veille de la montée à la bruyère appartiendrait à la quatrième catégorie. L'assurance mutuelle lui apporterait donc les 75 pour 100 de la perte subie, soit 2 0 francs, c'est-à-dire de quoi payer largement ses frais. Et pour retirer un pareil avantage il aura dû payer à la Caisse mutuelle une modeste cotisation de 7 francs !

Pour assurer la vitalité de ces caisses d'assurances locales il serait bon de créer une caisse régionale ou départementale, analogue aux caisses régionales de crédit agricole, qui centraliserait les cotisations des caisses locales et recevrait les subventions de l'État.

129. Obligations des éducateurs qui veulent bénéficier de la prime accordée par l'État. — L'éducateur qui désire toucher la prime de 0 fr. 60 par kilogramme de cocons accordée par la loi du 11 juin 1909 sur les encouragements à la sériciculture doit se conformer aux prescriptions suivantes :

1° Déclarer verbalement à la mairie de sa résidence, du 1er janvier au 15 mai, le poids des graines de vers à soie qu'il a l'intention de mettre en incubation;

2° Produire en même temps, effectivement et intégralement, les emballages immédiats (boîtes en carton, sachets, télaïnes) contenant lesdites graines, ces emballages étant munis de la banderole de fermeture objet des articles 1 et 2 du décret du 28 janvier 1911. — Aux termes de l'article 2 de la loi du 11 juin 1909 ces banderoles de fermeture doivent porter le nom et l'adresse soit du producteur, soit du vendeur ainsi que l'indication exprimée en grammes du poids net des graines de vers à soie que contiennent les emballages. — Les maires doivent se borner à constater l'état de ces banderoles, décrire très sommairement cet état sur un bulletin qui doit être remis au sériciculteur ou y mentionner, s'il y a lieu, l'absence de cette banderole;

3° Faire peser les cocons récoltés par les agents désignés à cet effet par le maire, en présence de ce dernier assisté d'un ou de plusieurs conseillers municipaux. — Présenter en même temps au peseur soit les emballages ayant contenu la totalité des graines mises en incubation; soit, dans le cas où l'éducateur aurait détaché lui-même ses graines, les banderoles des cellules ou sachets qui les contenaient. — Ces emballages vides, banderoles, cellules, sachets, sont immédiatement détruits.

L'éducateur remet au peseur le bulletin qui lui a été délivré par la mairie lors de la déclaration de la graine. Celui-ci y mentionne le poids des cocons et la présentation des emballages ayant contenu les œufs; puis il le rend à l'éducateur qui, grâce à cette pièce, pourra toucher, chez le percepteur, la prime correspondant à sa récolte.

130. Le dévidage des cocons. — Nous avons vu (118) que le cocon est constitué par une bave continue que le ver a disposée autour de lui en formant de nombreux replis que le grès fait adhérer entre eux. Il forme une sorte de peloton qui peut se dévider très facilement en le plongeant dans l'eau bouillante.

La bave est beaucoup trop fine pour pouvoir être utilisée directement à la confection des tissus. Les fils que l'on emploie dans ce but sont formés de plusieurs baves provenant de plusieurs cocons que l'on dévide ensemble. Ces baves s'accolent entre elles grâce au grès qui se sèche à l'air et constituent un fil très résistant qui a reçu le nom de *grège*.

Autrefois, jusque vers le milieu du XIXe siècle, les magnanières cévenoles dévidaient elles-mêmes leurs cocons avec un outillage tout à fait rudimentaire.

Après avoir été étouffés dans un four de boulanger, les cocons étaient mis dans l'eau bouillante contenue dans un chaudron placé sur un foyer. La fileuse, réunissant les baves de plusieurs cocons les pressait entre ses doigts pour en faire un fil. Un tour en bois mû par un enfant favorisait le dévidage. Lorsque le fil de grège cassait, l'enfant arrêtait le dévidoir et l'ouvrière le rattachait.

La vente des soies avait surtout lieu pendant la foire du 24 août à Alais. Les fabricants d'étoffes de soie de toute la France venaient y faire des achats considérables, car les grèges des Cévennes jouissaient d'une renommée universelle.

Sous l'influence de la prospérité croissante du tissage lyonnais le dévidage des cocons entra dans le domaine de l'industrie. Les premières filatures firent leur apparition vers 1830. La journée de travail commençait à 4 heures du matin et se terminait à 8 heures du soir. Une heure et demie était accordée aux fileuses pour les repas. Elles gagnaient vingt-cinq sous par jour. — Depuis 1892 les ouvrières travaillent dix heures. Leur salaire qui était de trente-deux sous en 1914, s'est élevé à 2 fr. 50 en 1917. En juillet 1919, il est passé à 4 francs et 4 fr. 50 tandis que la journée de travail a été réduite à 8 heures.

Les principes du dévidage des cocons et les opérations industrielles qui s'y rapportent ont été résumés d'une façon parfaite par mon regretté maître *Eugène Maillot* dans le remarquable ouvrage qu'il publia en 1885 — quatre ans avant sa mort — sous le titre de *Leçons sur le ver à soie du mûrier*. Je ne saurais mieux faire que de reproduire ici le passage qui s'y rapporte.

« Le *dévidage* ou *tirage* des cocons, dit-il, est en principe une chose très facile. On trempe une poignée de cocons dans une bassine d'eau presque bouillante ; cette eau ramollit le grès et permet, par conséquent, aux replis du fil de se décoller ; on bat alors doucement ces cocons avec une vergette ou une brosse ; on enlève ainsi sans peine les couches superficielles (*frisons*) et on dégage le fil net qu'il n'y a plus qu'à dévider sur un tour. Mais, quand il s'agit d'effectuer cette opération industriellement c'est-à-dire avec assez de perfection et d'économie, le problème est plus compliqué.

« Car, d'abord, on ne peut pas tirer le fil d'un seul cocon à la fois ; un tel fil est trop délicat à manier et, de plus, son diamètre moyen devient très fin quand on arrive aux couches les plus intérieures ; il faut donc associer plusieurs fils ou *baves*, par exemple 4, 5, 6 ou davantage et avoir soin d'en mettre des neufs avec d'autres à demi épuisés afin que le faisceau ou *bout* ainsi formé, qu'on appelle *fil grège*, conserve toujours le même *titre*, c'est-à-dire le même poids pour une longueur donnée.

« En outre, il faut que ce faisceau garde une forme cylindrique. Enfin, il faut que la chaleur de l'eau de la bassine et la vitesse de rotation du dévidoir soient combinées de sorte que les baves développent bien leurs sinuosités et qu'aucune ne garde de boucle ou repli qui ferait sur le fil grège un défaut ; ce défaut se présente assez souvent ; on l'appelle *duvet* si la boucle est simple et *bouchon* ou *coste* s'il forme un paquet plus apparent.

« Pour résoudre ces difficultés et obtenir un fil grège net, on emploie un appareil appelé *tour*. Celui qui est le plus usité en France est disposé pour fournir deux grèges à la fois. Il se compose d'une bassine en terre ou en métal remplie d'eau chaude et munie d'un robinet d'eau froide et d'un robinet de vapeur ; puis de deux *filières* en agate situées peu au-dessus de l'eau ; de deux *barbins* ou *porte-bouts*, espèces de crochets de verre placés à 80 centimètres environ plus haut ; enfin d'un dévidoir appelé *volet* ou *asple* sur lequel un va-et-vient, placé en avant, répartit les deux fils de grège. L'axe de ce volet est horizontal et porte un disque qui, en s'appuyant sur un tambour tournant, lui emprunte son mouvement ; il suffit de soulever ce disque à l'aide d'un levier pour arrêter net le volet.

« Les cocons étant battus et les baves assemblées en nombre convenable pour faire deux fils de grège, on passe l'un de ces bouts dans la filière de droite, l'autre dans celle de gauche, puis on les entortille l'un autour de l'autre de sorte qu'ils fassent jusqu'à 150 ou 200 tours de spire avant d'arriver aux *barbins*; c'est par cette croisure que la forme cylindrique est obtenue et elle persiste parce que le grès se fige sur chaque faisceau.

« Des barbins les fils vont à l'asple en pressant les guides du va-et vient. Mais dans ce passage on les croise encore une fois afin que, si l'un d'eux casse, le second est rejeté sur l'axe du volet; en effet, l'écartement des barbins est un peu plus large que le volet; sans cet artifice, le bout non cassé continuerait à s'enrouler en entraînant l'autre; cet accident, appelé mariage, entraînerait une perte de temps pour la recherche du bout cassé.

« En général, on maintient l'eau de 70° à 80° centigr. pendant le dévidage et l'asple, qui a un périmètre de 2 mètres environ, tourne avec une vitesse de 80 à 120 tours à la minute.

« Il faut qu'en arrivant sur l'asple les bouts soient assez secs, sans quoi il y aurait des adhérences ou *gommures*; aussi met-on les asples assez loin des bassines; d'autres fois on les enferme dans une caisse où circule l'air chaud.

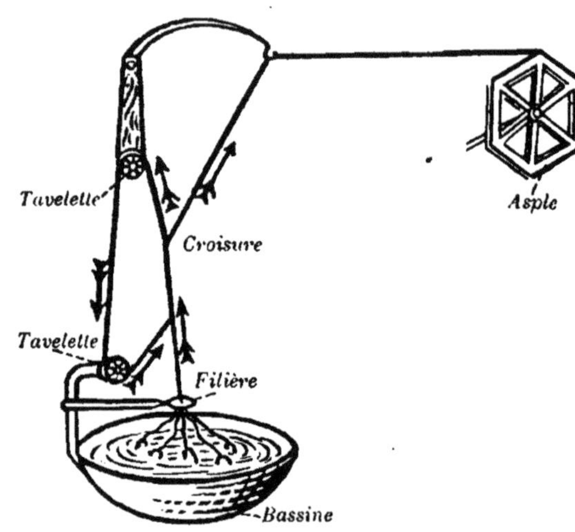

FIG. 34. — FILATURE A LA TAVELLE.

« Quand le cocon est épuisé il coule à fond et on le rejette, à l'aide d'une écumoire, parmi les rebuts qu'on appelle *bassinés*. La soie qui reste dans les bassines s'appelle *télette* ou *estras*; elle est utilisée, ainsi que les frisons, pour le cardage. La chrysalide est séchée, pulvérisée et employée comme engrais.

« Ce système de filature à deux bouts se croisant l'un sur l'autre porte le nom de *système Chambon*.

« Il y en a un autre très répandu en Italie et, actuellement, en France et qu'on appelle *filature à la tavelle*. Chaque bassine est pourvue de quatre, cinq et même six filières, devant fournir autant de bouts et chacun de ces bouts prendra sa croisure sur lui-même.

« Pour cela devant chaque filière est une petite potence munie de trois poulies légères ou *tavelettes*; de la filière le bout monte à une des poulies supérieures, redescend à la seconde qui est située plus bas, et ensuite en se rendant à la troisième, se croise sur la partie ascendante du fil.

Une seule ouvrière surveille le tout, mais il faut, pour qu'elle puisse y suffire, qu'on lui fournisse les cocons tout battus, et que, de plus, les asples tournent beaucoup moins vite que dans le système Chambon; en revanche, le battage se faisant à part, il y a moins de frisons; l'eau chaude est économisée et le tirage peut s'effectuer à 50 ou 60 degrés seulement ce qui laisse la soie plus chargée de grès et, par conséquent, plus pesante.

« Le système des tavelettes donne à une fileuse 25 à 28 grammes de soie par heure tandis que le système Chambon n'en donne que 18 à 20, mais ce dernier fil est beaucoup plus cylindrique que l'autre. »

131. Propriétés physiques de la soie. — La soie est remarquable par sa finesse, par sa ténacité, son élasticité et son brillant. Aussi est-elle considérée comme le plus beau de tous les textiles.

La finesse de la bave varie avec les races et les espèces de vers. Celle des vers à soie élevés dans les Cevennes (cocons jaunes) est représentée par un diamère de 23 à 24 millièmes de millimètre.

La ténacité de la soie est plus grande que celle du lin, du chanvre, de la laine et du coton. Pour rompre un fil de ce précieux textile, ayant un millimètre carré, il faut lui faire supporter un poids de 43 kilogrammes !

L'élasticité de la soie est aussi très grande; elle est de 14 à 22 pour 100.

Si on cesse la traction exercée sur la soie lorsqu'elle s'est allongée au maximum, elle conserve la moitié de cet allongement. Elle est donc *ductile* en même temps qu'élastique.

Suivant les cocons d'où elle provient elle peut être jaune, blanche ou verdâtre. D'après *Persoz*, sa densité serait de 1,357.

La soie est un mauvais conducteur de l'électricité ; aussi est-elle rangée parmi les corps isolants. On l'emploie à recouvrir les fils de cuivre utilisés comme conducteurs électriques. Par contre, elle s'électrise très facilement, surtout quand elle est sèche.

Elle a un pouvoir absorbant considérable pour les gaz, les vapeurs, les matières colorantes et pour l'eau. Elle peut contenir jusqu'à 30 pour 100 de son poids de cette dernière sans qu'on s'en aperçoive au toucher.

132. Conditions des soies. — La loyauté des transactions commerciales a amené la création d'établissements appelés Conditions des soies, dans lesquels on détermine officiellement la proportion d'eau dans les limites légales en même temps que le *titre*, c'est-à-dire le poids d'une longueur déterminée de fil grège.

Pendant longtemps la longueur de convention adoptée a été de 400 aunes qui égalent environ 476 mètres et on a exprimé leur poids en *deniers* valant chacun 0 gr. 053.

Aujourd'hui on est convenu de prendre le poids de 500 mètres de fil et de l'exprimer en grammes. Un fil de grège dont 500 mètres pèsent de 53 à 63 centigrammes est au titre 10/12, c'est-à-dire au titre de 10 à 12 deniers.

A la Condition des soies, on agit sur deux ou trois échantillons qui sont puisés dans la balle de soie que l'on veut éprouver. Chacun de ces échantillons est exactement pesé; puis on les soumet à la dessiccation dans un courant d'air chaud à 120 degrés centigrades jusqu'à ce qu'ils ne perdent plus de poids. On les pèse alors et, après avoir établi le poids absolu de soie sèche de la balle, on augmente ce dernier de 11 pour 100 pour arriver à son poids commercial. La ténacité et l'élasticité de la soie se mesurent à l'aide d'un appareil appelé *Sérimètre.*

133. Crise de la filature de soie en France. — La filature subit comme la sériciculture une crise économique énorme due à la concurrence des soies de l'Extrême-Orient et du fil de cellulose improprement appelé *soie* artificielle (6—9). Cette crise s'accentue d'année en année. Aussi le nombre de ses établissements diminue-t-il d'une façon très sensible.

Nous avons vu que, dans le but d'encourager l'éducation des vers à soie, l'État lui alloue une prime de soixante centimes par kilo de cocons frais. Le filateur jouit aussi d'une faveur analogue; la prime lui est attribuée par bassine fileuse et pour certaines bassines accessoires.

L'attribution de ces primes à la filature est réglée, comme pour la sériciculture, pour une période de vingt ans par la loi du 11 juin 1909. Des décrets spéciaux déterminent les conditions d'application de cette loi.

CHAPITRE V

LA CHRYSALIDE

134. Métamorphose du ver à soie. — Après trois jours de travail sur la bruyère, le ver à soie a terminé son cocon. Le moment est venu où il va se transformer en *chrysalide*, forme intermédiaire sous laquelle ses organes vont subir de profondes modifications.

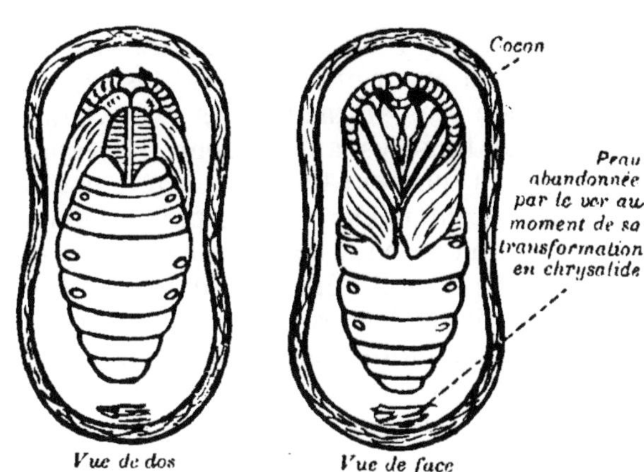

FIG. 35. — CHRYSALIDE DANS LE COCON.

Pour effectuer cette transformation il commence par rapprocher ses anneaux que des plis profonds délimitent peu à peu d'une façon très nette. Sa peau blanchit et prend un aspect cireux; la moindre petite tache y devient parfaitement visible. Les stigmates sont alors très apparents. Les pattes membraneuses, l'éperon, puis les pattes écailleuses se flétrissent successivement. Le ver fléchit sa tête en avant et s'incurve. Sa peau se ride peu à peu en commençant par la partie abdominale. Elle devient transparente; on distingue, au travers, les anneaux de la chrysalide et le vaisseau dorsal avec le mouvement péristaltique du sang qu'il contient. Son plissement s'accentue et elle se détache peu à peu des tissus sous-jacents.

L'insecte subit alors une nouvelle mue. Il contracte et dilate successivement les anneaux de son abdomen afin de bien les isoler de l'ancienne pellicule qu'il refoule peu à peu vers l'extrémité postérieure de son corps; puis, grâce à une déchirure qui, sous l'influence d'une pression exercée par le premier anneau du thorax, se produit longitudinalement sur le sommet de ce dernier, elle finit par être rejetée en arrière sous la forme d'une membrane plissée.

135. Extérieur de la chrysalide. — La chrysalide apparaît alors complètement dépouillée. Elle est d'abord molle, humide et de couleur jaune clair; mais le liquide qui la recouvre se dessèche insensiblement et forme une sorte de vernis jaune foncé ou brun, à reflet brillant, qui fixe toutes ses parties extérieures.

Ainsi constituée, la chrysalide a l'aspect d'une petite masse ovoïde vulgairement appelée *fève* par les magnaniers.

Elle présente déjà très nettement à la partie antérieure de sa face ventrale les vestiges des organes extérieurs du futur papillon : les yeux, les antennes, les pattes, les deux ailes repliées en avant et recouvrant les trois premiers anneaux de l'abdomen. Les stigmates des 1er et 4e anneaux sont cachés sous les ailes; tous les autres sont très apparents, sauf ceux du 11e anneau qui sont fermés. La tête est représentée, à la naissance des antennes, par une plaque blanchâtre au-dessous de laquelle on distingue l'indice des palpes maxillaires. Les pattes membraneuses et l'éperon n'existent plus.

La partie antérieure du corps qui correspond aux ailes est tout à fait immobilisée; les six derniers anneaux de l'abdomen exécutent, au contraire, dès qu'on touche l'insecte, des mouvements de torsion.

136. Distinction du sexe des chrysalides. — Des caractères externes découverts par *D. Levrat et H. Conte* permettent de distinguer, avec précision, le sexe des chrysalides.

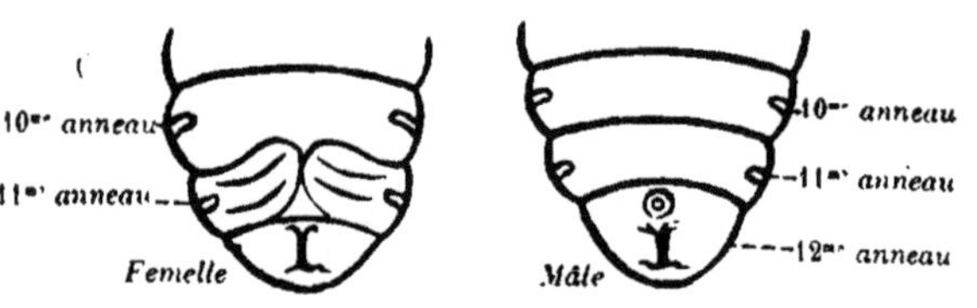

Fig. 36. — Caractère du sexe.

« Si l'on examine disent-ils, la partie ventrale d'une chrysalide femelle on constate que l'intersection du dixième et du onzième anneau s'incurve et se raccorde à une fente longitudinale séparant en deux parties le onzième anneau. Cette ligne, nettement tracée, est visible à l'œil nu, elle correspond à la double plaque qui, chez le papillon, protège l'ouverture de l'oviducte et celle du conduit copulateur. La chrysalide mâle ne présente rien de semblable sur le onzième anneau, tandis que le douzième segment est marqué sur le bord antérieur d'un point brun foncé qui est la trace du pénis. »

137. Organes internes et leurs fonctions. — Aussitôt après la transformation du ver à soie en chrysalide, de profondes modifications commencent à se produire dans son intérieur. Ses tissus et ses organes se désagrègent peu à peu et finissent par se réduire en une bouillie qui, examinée au microscope, se présente sous l'aspect d'une infinité de cellules. Il se produit ainsi une destruction complète que les zoologistes connaissent sous le nom de *histolyse*.

Puis, partant de nombreux centres de formation appelés *disques imaginaux*, dont *Aug. Weismann* a signalé le rôle, ces tissus et ces organes se reconstituent. Mais, une fois terminés, ils diffèrent notablement de ce qu'ils étaient chez le ver.

138. ***L'appareil digestif*** s'est profondément modifié. — *L'œsophage* consiste en un petit tube allant de la bouche au premier anneau de l'abdomen. Il présente à cet endroit une sorte de renflement appelé *jabot*, qui a pour fonction de sécréter un liquide limpide, alcalin, que le papillon vomira pour ramollir la soie de son cocon au moment d'en sortir. *L'estomac* est devenu une petite poche ridée à sa surface, tapissée à l'intérieur d'un épithélium glandulaire. Il contient, chez les chrysalides jeunes, une substance très liquide et rougeâtre qui devient résinoïde vers le 7e ou le 8e jour qui suit la montée. *L'intestin* s'est transformé en un tube allongé aboutissant a une énorme poche pyriforme, appelée *poche cæcale* qui renferme une matière excrémentielle d'un blanc laiteux ou brune. Elle est probablement un produit d'excrétion des *tubes de Malpighi*. Ceux-ci prennent naissance à la partie antérieure de l'intestin, puis de l'estomac, par deux troncs uniques qui se subdivisent bientôt chacun en trois tubes qui, contrairement à ce qui avait lieu chez le ver, ne sont plus accolés contre l'estomac et l'intestin ; ils flottent librement dans la cavité abdominale. Les glandes salivaires sont atrophiées.

139. ***Les trachées*** sont extrêmement ramifiées autour de tous les viscères. L'air pénètre dans leur intérieur par les stigmates de la partie antérieure du corps ; ceux qui correspondent aux anneaux postérieurs sont fermés. Réaumur l'a montré par une simple expérience facile à répéter. Si on plonge pendant une heure la partie antérieure de l'insecte dans l'huile il périt presque aussitôt ; si, au contraire, on opère de la même façon sur l'abdomen seulement il n'est pas incommodé.

La respiration de la chrysalide, au travers de la coque du cocon est très active. Elle produit de la vapeur d'eau et de l'acide carbonique ; il en résulte que l'insecte diminue peu à peu de poids. Nous avons vu (65) que, chez le ver à soie l'expiration a lieu par toute la surface de la peau. Chez la chrysalide elle se produit uniquement par les stigmates. Réaumur a constaté, après avoir plongé une chrysalide dans l'eau, que l'air vicié sort par ces organes avec d'autant plus d'activité qu'on le raréfie davantage. Placée sur le plateau de la machine pneumatique elle ne se gonfle pas; au contraire, elle s'allonge, les anneaux se déboîtant les uns des autres. Ce sont surtout les stigmates des premiers segments de l'abdomen qui participent à l'expiration.

140. ***Les pulsations du vaisseau dorsal*** dans la chrysalide qui a terminé son développement, sont régulières et font cheminer le sang d'avant en arrière. Chez la chrysalide jeune, elles sont plus espacées et irrégulières; elles se perçoivent au niveau du huitième segment du corps d'où elles se dirigent à la fois vers le thorax et vers l'extrémité de l'abdomen.

141. ***Le tissu adipeux*** remplit toutes les cavités du corps. L'insecte, qui ne mange plus, s'entretient aux dépens de la graisse, du glycogène que contiennent les cellules de ce tissu et des matières albuminoïdes solubles dont nous avons parlé (70).

142. ***La température*** a une énorme influence sur la nutrition de la chrysalide. Plus il fait chaud, plus celle-ci est active. Soumise à une chaleur de 20 à 25 degrés centigrades, elle apparaît, à l'état de papillon, dix-huit à vingt jours après la montée à la bruyère. A 30 ou 35 degrés, elle sort du cocon après douze à treize jours. Maintenue à 10 ou 12 degrés, elle passe l'hiver et le papillon ne se montre qu'au printemps. D'après Raulin, une température prolongée de zéro degré tue les chrysalides au bout de quatre mois. D'autre part, Loverdo a remarqué qu'il suffit pour obtenir ce résultat de les maintenir pendant quinze jours à — 8°.

Il résulte de ces observations que l'emploi du froid pourrait être utilisé pour l'étouffage des cocons destinés à la filature, si l'on trouvait le moyen d'agir aussi rapidement qu'avec les étouffoirs dont nous avons parlé (127).

Maillot rapporte « qu'en 1879, le *Dr Colasanti* a mis des cocons âgés de dix à douze jours dans des verres entourés de glace et de sel et les a laissés quarante-huit heures à ce froid de — 10°; les ayant ensuite réchauffés peu à peu à 20°, ils ont papillonné après vingt ou vingt-cinq jours. Les papillons obtenus ont été remis pendant dix minutes à — 10°, ce qui les a durcis totalement; ensuite, exposés au soleil, ils ont repris leurs mouvements. Trois fois de suite ces alternatives ont été répétées et ces papillons se sont accouplés néanmoins. »

Cela montre bien que les chrysalides et les papillons peuvent subir un froid momentané des plus intenses sans en être incommodés.

Nous avons vu (125) qu'une température de 75° à 80° produite dans les étouffoirs à vapeur couramment employés tue rapidement les chrysalides; malheureusement l'air humide ramollit les cocons et favorise la production des tachés, s'il y a des fondus. Dans l'air sec (étouffoir Chiesa et Pellegrino) elles ne meurent pas aussi vite.

143. ***Le système nerveux*** s'est raccourci. Les deux ganglions de la tête, réunis par le collier œsophagien, se sont rapprochés. Dans le thorax, il y a deux ganglions seulement : l'un dans le premier anneau ; l'autre, plus volumineux, situé dans le deuxième anneau, résultant de la fusion des ganglions des deuxième et troisième segments du ver à soie. Dans l'abdomen on ne trouve plus que quatre ganglions au lieu de huit ; ceux des 4e, 7e et 9e anneaux du corps se sont atrophiés et les deux ganglions du 10e anneau sont fusionnés.

Les *glandes soyeuses* sont réduites à deux petits tubes enroulés contenant, d'après de Filippi, des globules d'un rouge-orange. Elles sont accolées de chaque côté de l'estomac.

144. ***Les organes de la reproduction*** sont complètement développés dans la chrysalide prête à se transformer en papillon.

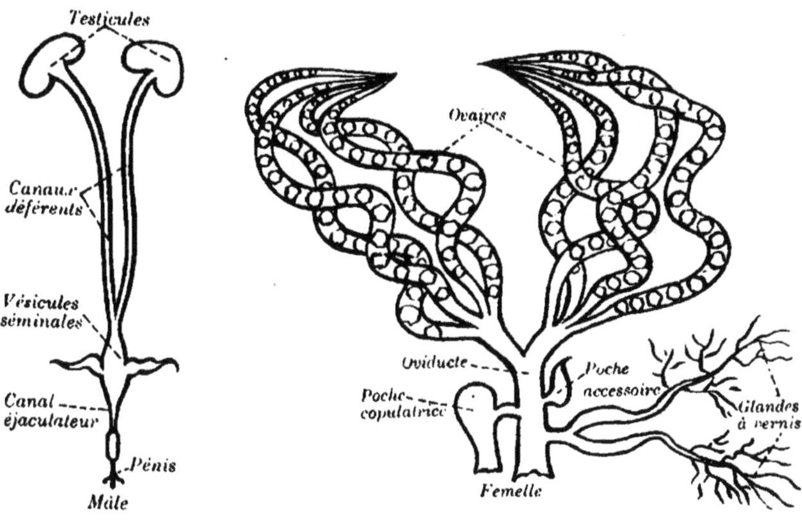

Fig. 37. — Schéma des organes générateurs.

Chez le mâle, les capsules génitales sont devenues les testicules; elles ont chacune donné naissance à un long tube, appelé *canal déférent*, qui suit la direction du ligament long et vient se rattacher, avec son congénère à l'organe de Hérold (89). A leur point de réunion cet organe a formé deux poches appelées *vésicules séminales* qui sont accompagnées de deux glandes dites *accessoires*. Ces vésicules se prolongent par un conduit unique, le *canal éjaculateur*, à l'extrémité duquel se trouve l'organe copulateur ou *penis*.

Chez la femelle, les huit tubes contenus dans les capsules génitales en sont sortis et se sont déroulés en suivant les ligaments longs jusqu'à l'organe de Hérold. Au niveau de cet organe ils se sont réunis par groupes de quatre en deux troncs appelés *trompes*, aboutissant à un conduit rectiligne, l'*oviducte* qui débouchera chez le papillon à l'extrémité de l'abdomen.

Sur son trajet l'oviducte donne issue : 1° à la *poche copulatrice* qui possède une autre ouverture spéciale destinée à l'accouplement ; 2° à une poche accessoire située en face de la précédente et dont le rôle n'est pas encore connu ; 2° au conduit excréteur des *glandes à vernis*.

Nous avons examiné (89) le rôle de ces tubes ovariques. Ils sécrètent les œufs. Chez la chrysalide mûre, ceux-ci, en grande partie formés, ont pris leur consistance et distendent la région abdominale de l'insecte.

La présence des œufs dans la chrysalide femelle a suggéré l'idée à MM. *J. Testenoire et D. Levrat*, en 1896, d'utiliser les rayons X pour déterminer le sexe des cocons qui doivent être distingués avec précision au moment du grainage. Leurs recherches ont été couronnées de succès. Les radiographies ont dévoilé, au travers des coques femelles, la masse des œufs sous l'aspect d'une ombre pointillée très nette, tandis que les chrysalides mâles demeuraient presque transparentes.

Les organes de la reproduction peuvent s'atrophier ou se déformer sous l'influence de la position occupée par la chrysalide dans le cocon lorsque ce dernier est placé verticalement dans l'encabanage. L'insecte repose alors de tout son poids sur son 9° anneau abdominal qui s'aplatit pendant l'histolyse (137). Les organes copulateurs se reconstituent mal et, plus tard, une fois devenu papillon, l'accouplement et la ponte sont parfois rendus difficiles sinon impossibles.

Vers la fin de la période chrysalidaire une nouvelle pellicule chitineuse, couverte de poils écailleux, est sécrétée par les cellules hypodermiques. C'est la peau du papillon qui va bientôt sortir de sa prison soyeuse.

LE PAPILLON

145. Dernière mue du Bombyx du mûrier. — La transformation prochaine de la chrysalide en insecte parfait s'annonce par les symptômes suivants : Les yeux sont devenus tout à fait noirs et saillants ; la plaque blanche de la partie supérieure de la tête est très apparente ; la pellicule qui enveloppe la région abdominale, légèrement plissée, est détachée en partie des anneaux sous-jacents. Pour accomplir sa dernière mue, l'insecte dilate et contracte les anneaux de son abdomen pour les séparer complètement de la pellicule dont il va se débarrasser. Puis il gonfle son thorax ; sous l'influence de la pression exercée, cette pellicule se fend sur la partie dorsale de cette région et le long des bords des étuis qui contiennent les ailes. Le papillon dégage alors ses pattes et ses antennes; sa dépouille finit par être rejetée dans le cocon.

Devenu libre, il vomit le liquide alcalin sécrété par son *jabot* (138) et en mouille l'extrémité du cocon qui lui fait face. Sous l'action de cette humeur, la coque soyeuse se ramollit; le papillon écarte les baves avec ses pattes et pratique ainsi une ouverture qu'il agrandit ensuite en y insérant sa tête, puis sa première paire de pattes, jusqu'au moment où cette issue est assez grande pour lui permettre de sortir de sa prison.

Les baves, simplement éloignées les unes des autres, ne sont pas coupées. On peut donc, en prenant des précautions, les dévider dans une solution alcaline ou dans l'eau bouillante et en obtenir un fil continu.

Parfois l'abdomen de l'insecte passe difficilement par cette ouverture; étant resserré, il rejette la matière excrémentitielle plus ou moins rougeâtre contenue dans sa poche cæcale et il tache le cocon.

Au sortir de sa prison soyeuse le papillon est humide; ses ailes sont plissées, repliées sur elles-mêmes. Mais il se dessèche en peu de temps, très probablement sous l'influence de l'air qui circule abondamment dans ses trachées et dans les nervures de ses ailes. Celles-ci se déploient peu à peu, s'étendent et l'insecte les tient relevées perpendiculairement au corps jusqu'au moment où elles sont tout à fait sèches. Il les rabat alors sur son dos pour les mettre dans leur position normale.

Le papillon mâle agite ses ailes avec rapidité et court en quelque sorte à la recherche des femelles; il ne vole pas. Celles-ci très calmes, ont l'abdomen gonflé par les œufs; elles se déplacent lentement.

146. Extérieur du papillon. — Le corps du papillon présente trois parties : la tête, le thorax, l'abdomen.

La tête a une forme ovoïde. On y distingue sur ses faces latérales deux gros yeux noirs; à son sommet, au-dessus des yeux, les antennes; à sa base les palpes maxillaires et les palpes labiaux.

Les yeux sont composés d'une quantité considérable de cornéules hexagonales qui correspondent chacune à un cristallin allongé et transparent qui a une forme conique. Tous ces cristallins communiquent par un filet nerveux avec la rétine placée au fond de l'œil. Chacun de ces yeux présente à sa surface, d'après *Muller*, environ 6236 facettes cornéennes.

Les antennes sont unipectinées, bien plus fournies chez le mâle que chez la femelle. Chacune d'elles est formée d'une tige squameuse légèrement recourbée en arc, composée de 30 à 40 articles ajustés les uns aux autres, qui vont en diminuant de la base au sommet; ils forment ainsi un canal qui contient un nerf spécial, des muscles et des trachées. Chacun de ces articles possède une paire de prolongements creux garnis de poils.

Les antennes sont le siège de l'odorat. C'est grâce à elles que les mâles perçoivent, à distance, la présence des femelles.

E. Jourdan nous fait connaître, à ce sujet, une expérience fort intéressante de *Balbiani*. « Prenant des mâles du *Bombyx mori* qui venaient d'éclore et ayant la précaution de les isoler et de les éloigner pour qu'ils n'aient aucun contact avec les femelles, ce dernier les divise en deux lots qu'il met dans des boîtes distinctes. L'un des lots est conservé intact, ceux de l'autre lot ont les antennes sectionnées à leur base. En approchant la boîte renfermant les papillons mâles intacts de la table sur laquelle se trouve la boîte des femelles on voit ces papillons mâles s'agiter vivement et battre des ailes même à plusieurs mètres de distance; au contraire, si on approche des femelles les papillons dépourvus d'antennes, on voit qu'ils restent tranquilles et ne sont nullement émus par le voisinage des femelles ».

Le thorax comprend trois segments : le *prothorax* qui fait suite à la tête, le *mésothorax* et le *métathorax*.

Le prothorax possède une paire de stigmates et deux pattes dont les hanches, nettement séparées du tronc, rendent les mouvements indépendants. Chacune d'elles comprend cinq parties : la *hanche*, le *trochanter*, le *fémur*, le *tibia* et le *tarse* qui est divisé lui-même en six petits articles dont le dernier est muni de deux griffes séparées par une petite ampoule. Le tibia est accompagné latéralement d'un appendice allongé qui paraît être, d'après Maillot, une brosse pour les yeux.

Le mésothorax et le métathorax sont soudés ensemble; ils portent chacun une paire d'ailes et une paire de pattes. Celles-ci n'ont pas de hanche distincte; leurs tibias sont munis, à la base, de deux petits ergots.

Les ailes du mésothorax sont reliées à cet anneau par un appendice chitineux appelé *Paraptère*; elles sont plus grandes, plus allongées que celles de la seconde paire, placées au-dessous. Celles-ci les débordent en arrière; à leur point de jonction avec le métathorax, on remarque un petit prolongement en forme de *crin* chez les mâles et de petit tubercule arrondi chez les femelles. Ces ailes possèdent des nervures très apparentes, pourvues de ramifications, qui partant de la base de l'organe se dirigent, une partie vers son bord antérieur, l'autre partie vers son bord extérieur.

L'abdomen comprend neuf anneaux réunis les uns aux autres

par une membrane très délicate. Les sept premiers sont munis chacun d'une paire de stigmates; les deux derniers en sont dépourvus. Chez les femelles ces anneaux sont boursouflés par la masse des œufs qu'ils contiennent, aussi reconnaît-on ces dernières à première vue. Les mâles ont l'abdomen réduit; ses segments sont emboîtés les uns dans les autres et il est terminé par une petite houppe tout à fait caractéristique.

Tout le corps du papillon est recouvert de poils écailleux qui sont des prolongements des cellules épidermiques. Ces

Fig. 38. — Papillons ♂ et ♀.

poils aplatis, plus ou moins denticulés, ayant, pour la plupart, l'aspect de petites plaquettes en éventail, sont imbriqués, sur tout sur les ailes.

147. Distinction du sexe des papillons. — La constitution du neuvième anneau de l'abdomen diffère avec le sexe du papillon.

Chez les mâles il est constitué par une sorte de ceinture chitineuse, très dure, qui présente, en arrière, deux pointes mobiles recourbées en forme de crochets. Au milieu de cette ceinture vient saillir l'orifice anal, au-dessous duquel on distingue une petite ouverture qui donne issue au pénis lors de l'accouplement.

Chez les femelles, le 9me anneau se boursoufle, suivant la volonté de l'insecte, en trois lobes volumineux qui sont très apparents. Celui du milieu, qui est conique, est fendu verticalement. C'est l'orifice de l'oviducte par laquelle les œufs sont expulsés au moment de la ponte. Au-dessus de cette fente se trouve l'anus. Au-dessous, près du bord antérieur du 8e anneau, il y a une troisième ouverture en forme de demi-lune; c'est celle de la poche copulatrice (144-149).

148. Organes internes et leurs fonctions. — Les organes internes sont à peu près tels que nous les avons décrits à propos de la chrysalide qui a terminé son développement (137).

La tête est occupée surtout par deux gros nerfs optiques qui, partant du ganglion sus-œsophagien, se rendent à chacun des yeux composés pour constituer, par leur expansion, la rétine où viennent aboutir les yeux simples. Cette masse nerveuse donne aussi naissance aux nerfs des antennes.

Le thorax est traversé par le système nerveux, qui présente deux ganglions, l'œsophage et le vaisseau dorsal Celui-ci, dont la direction est d'abord horizontale, se relève brusquement dans le mésothorax jusque sous la pellicule dorsale, où il forme une poche qui remplit l'office de cœur. On distingue ses pulsations au travers de la peau du dos dénudée de ses écailles. Puis le vaisseau dorsal redescend pour penétrer dans l'abdomen. Le thorax contient, en outre, les muscles qui font mouvoir les pattes et les ailes et ceux qui rattachent les segments thoraciques à l'abdomen et à la tête.

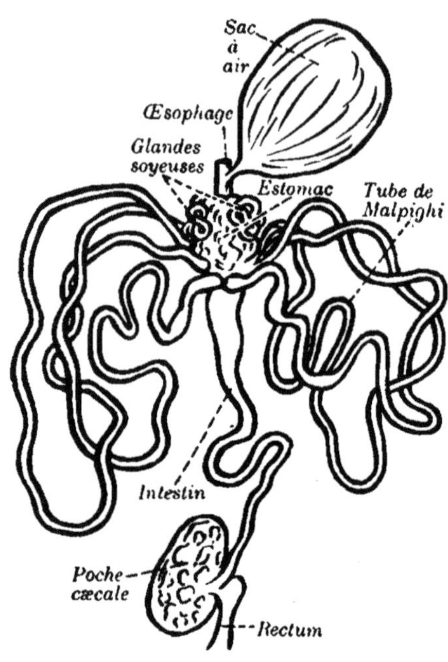

Fig. 39.
Appareil digestif du papillon.

La cavité abdominale renferme les parties postérieures du vaisseau dorsal, du tube digestif, du système nerveux ainsi que les organes de la reproduction.

Le vaisseau dorsal occupe la partie supérieure de l'abdomen; il est soutenu par les ailes du cœur (98).

Le tube digestif présente tout d'abord une grosse poche formée par le *jabot* qui, une fois vidé (145) s'est énormément distendu. Il occupe toute la partie antérieure de la cavité abdominale; c'est le *sac à air* (fig. 39). Les parois sont musculeuses. D'après *E. Maillot* il facilite l'expulsion des matières qui remplissent les organes de la reproduction et la poche cæcale.

Au sac à air font suite : l'estomac accompagné des petites masses rougeâtres vestiges des glandes soyeuses, l'intestin et la poche cæcale, très volumineuse, qui aboutit à l'anus (138). Les tubes de Malpighi partent de la naissance de l'intestin, ils sont contournés entre eux et s'étendent jusqu'à l'extrémité du corps. La chaîne nerveuse située au-dessous du tube digestif présente 5 ganglions logés dans les 2ᵉ, 3ᵉ, 4ᵉ, 5ᵉ et 6ᵉ anneaux de l'abdomen.

Les organes de la reproduction, déjà décrits (144), sont prêts à fonctionner. Chez le mâle les testicules engendrent la liqueur fécondante, contenant les *zoospermes*, qui, au fur et à mesure qu'elle est sécrétée, est mise en réserve dans les vésicules séminales. Chez la femelle, les œufs sont complètement formés jusqu'à une très petite distance de l'origine des tubes ovariques qui en contiennent chacun 90 à 100, à moins que les papillonnes qui les produisent proviennent de vers insuffisamment nourris.

Tous les organes de la cavité générale sont entourés et maintenus en place par les très nombreuses ramifications des trachées qui émanent des seize paires de stigmates thoraciques et abdominaux. Leurs interstices sont occupés par le tissu adipeux aux dépens duquel s'effectue la nutrition de l'insecte (70-141).

Celui-ci respire très activement, absorbe de l'oxygène, exhale de l'acide carbonique et de la vapeur d'eau. Plus il fait chaud et sec, plus ses fonctions sont actives ; ses matériaux de réserve sont alors vite épuisés. Maintenu à 35° ou 36° C., il meurt après quatre ou cinq jours. A la température de 25° C. les papillons *en bonne santé* vivent au moins une douzaine de jours ; certains vivent plus d'un mois. Les producteurs de graines de vers à soie attribuent, avec juste raison, de l'importance à cette longévité (194).

Par contre, le froid et l'humidité ralentissent la nutrition des papillons, mais augmentent la durée de leur vie. Une température hivernale prolonge leur existence pendant au moins quarante jours. Au sujet du froid que ces insectes peuvent supporter, nous avons vu (142) que le Dr Colasanti, ayant placé des papillons à une température de — 10° C. a vu leur corps se durcir ; en les réchauffant ensuite lentement, ils ont repris l'état normal et se sont accouplés.

149. Fonctions de reproduction. — Nous avons décrit les organes reproducteurs (144-148). Etudions succinctement comment ils fonctionnent et comment s'opère la fécondation.

Peu de temps après leur sortie des cocons, les papillons rejettent la matière excrémentitielle plus ou moins rougeâtre contenue dans la poche cæcale ; puis ils songent à s'accoupler pour reproduire l'espèce. Le mâle agite rapidement ses ailes, se meut avec vivacité jusqu'à ce qu'il rencontre une femelle. Il tourne autour de celle-ci en contournant à droite et à gauche son abdomen jusqu'à ce qu'il ait pu lui saisir, avec ses crochets copulateurs le 9e anneau abdominal. Il introduit alors son pénis dans l'orifice de la poche copulatrice et déverse dans celle-ci la liqueur fécondante contenant les zoospermes.

L'accouplement abandonné à lui-même dure longtemps ; parfois 24 heures. Mais, il est reconnu que, à la temperature de 25° C, une heure suffit pour assurer la fécondation de tous les œufs. Au-dessous de 15° C. l'accouplement n'a pas lieu. Les mâles ne recherchent plus les femelles.

Un mâle peut féconder plusieurs papillonnes à la condition qu'un intervalle de repos d'au moins une heure sépare chaque accouplement (190).

D'après *Cornalia*, la poche copulatrice a un volume de 20 millimètres cubes; elle contient au moins vingt millions de spermatozoïdes, quantité plus que suffisante pour la fécondation de tous les œufs expulsés des ovaires.

Lorsque l'accouplement est terminé, les papillonnes expulsent, si elles ne l'ont déjà fait, le contenu de la poche cæcale, puis *elles se tiennent en repos.*

Jules Gal a, en effet, observé en 1904 que les graines fécondées sont :

1° Retenues pendant une heure environ;

2° Émises ensuite très régulièrement pendant dix heures consécutives à raison de 50 graines à l'heure donnant les 5/6 de la ponte totale;

3° Les dernières graines (environ le 1/6 de la ponte totale) sont émises ensuite avec des vitesses très faibles et décroissantes.

Pendant la ponte, les œufs descendent des trompes dans l'oviducte (144) où ils passent *devant l'orifice du conduit excréteur de la poche copulatrice*; leur extrémité micropylienne est tournée vers les trompes. A cet endroit le liquide séminal les enveloppe et les zoospermes pénètrent à l'intérieur par le micropyle (20). Puis, continuant à descendre, ils sont entourés à leur passage devant le canal excréteur des glandes à vernis par l'humeur gommeuse que sécrètent ces dernières.

Cette matière ferme l'ouverture micropylienne et, grâce à elle, les œufs, une fois pondus, restent adhérents à la substance sur laquelle ils sont déposés (20).

La fécondation de la graine s'opère donc pendant que celle-ci parcourt la partie de l'oviducte comprise entre la poche copulatrice et l'orifice de ce conduit, ou peu de temps après la ponte (21).

Quant à la poche accessoire dont l'ouverture est située en face de celle de la poche copulatrice, il n'est pas douteux qu'elle remplit un rôle; mais ce dernier n'a pas encore été précisé.

150. Parthénogénèse. — On désigne sous ce nom le phénomène en vertu duquel un œuf non fécondé peut donner naissance à un nouvel être. Il y a lieu de distinguer la parthénogénèse naturelle et la parthénogénèse expérimentale.

Dans la pathénogénèse naturelle l'œuf vierge, pondu par la femelle, évolue, comme s'il avait subi l'intervention du mâle et produit une larve.

Constant du Castelet, en 1795; Barthélemy, en 1859; Jourdan, en 1861; le Dr Golfin et de Siebold, en 1874[1], affirment avoir constaté le fait sur le Bombyx du mûrier.

Cependant le prof. E. Verson a fait connaître qu'ayant observé des millions d'œufs vierges pondus par cet insecte, il n'a jamais vu d'éclosion.

Les avis sont donc partagés. De nouvelles observations sont nécessaires.

La parthénogénèse expérimentale est celle qui est obtenue en traitant les œufs vierges par des excitants physiques et chimiques. On s'est demandé, en effet, si une excitation d'origine vitale, substituée au spermatozoïde pouvait provoquer comme celui-ci le développement de l'embryon.

1. Communication au Congrès Séricicole de Montpellier, en 1874.

En traitant des œufs vierges d'oursins, soit par des solutions salines, soit par de l'acide carbonique, Delage a obtenu des larves normales bien constituées.

En ce qui concerne les œufs vierges du Bombyx du mûrier, des expériences ont été faites : en 1886, par Tikhomiroff en utilisant des acides; par E. Verson en employant une pluie d'étincelles électriques; en 1905, par Quajat, qui s'est servi de l'oxygène, de la chaleur, de l'acide sulfurique, de l'acide carbonique, de l'electricité ; à la même époque, par A. Conte et D. Levrat qui ont essayé l'acide carbonique en solution sous la forme d'eau de Seltz.

Ces expérimentateurs ont tous constaté un commencement de développement de l'embryon; mais, aucun d'eux n'a obtenu des éclosions.

En présence des résultats constatés sur d'autres groupes d'animaux il y a lieu de se demander, ainsi que le font observer Conte et Levrat, si l'on ne finira pas par découvrir pour le ver à soie un excitant approprié qui permettra d'arriver jusqu'à son éclosion.

CHAPITRE VI

LES MALADIES DU VER A SOIE

LA PÉBRINE

151. ***La pébrine*** est une maladie terrible qui fut signalée pour la première fois chez nous en 1688. Elle exerça pendant plusieurs années des ravages en rapport avec le peu d'étendue qu'occupait l'éducation des vers à soie à cette époque. L'année 1693 fut particulièrement désastreuse. Les magnaniers, découragés, se mirent à détruire les mûriers. Les États du Languedoc, émus par cet état de choses, s'empressèrent de voter, en 1700, une somme de 20 000 livres pour acheter des graines saines en Espagne afin que l'éleveur pût se procurer des semences à un prix raisonnable et régénérer l'espèce. Cette sorte d'encouragement ne produisit aucun effet; les propriétaires continuèrent à abattre leurs mûriers, si bien que, en 1702, l'Intendant Baville ordonna aux conseils des paroisses d'infliger une amende de 25 livres par arbre arraché.

En 1710, le fleau diminua d'intensité dans les Cévennes. En 1720, il fit son apparition dans le Dauphiné. En 1749, devenu aussi terrible que par le passé, il envahit à la fois cette dernière province, le Languedoc et la Provence. On eut encore recours à l'importation de graines espagnoles et italiennes pour suppléer les semences de pays, qui devenaient rares et très chères. L'épidémie dura sept ans; puis, les récoltes de cocons reprirent leur cours normal jusqu'à la Révolution, qui mit un sérieux obstacle au développement de la sériciculture. Mais, à partir de 1820, celle-ci reprit son essor. Les élevages devinrent de plus en plus considérables; des quantités énormes de vers furent entassées sur des claies dans des locaux insuffisants. Il n'en fallut pas davantage pour réveiller le fléau qui réapparut en 1849 avec une effrayante intensité. Nous avons examiné (2) l'importance de ses nouveaux ravages et la façon dont l'illustre Pasteur parvint, après nous en avoir débarrassé, à mettre définitivement nos précieux producteurs de soie à l'abri de ses attaques.

152. Symptômes de la maladie. — Lorsque la pébrine est transmise par les œufs, on constate soit une éclosion très irrégulière, soit une forte mortalité des jeunes vers dès les premiers jours de leur naissance. Leurs cadavres se dessèchent, se confondent avec les litières, où on les voit difficilement. Parfois, l'éclosion a lieu normalement et les petits insectes arrivent jusqu'à la 1re mue. Mais celle-ci se fait mal : les uns y entrent; les autres mangent moins, deviennent languissants, restent plus petits, prennent un aspect luisant, une teinte noirâtre et ne s'alitent pas. Il en résulte une inégalité qui s'accuse de plus en plus à chacun des âges suivants. Ces vers meurent successivement avant d'arriver à leur maturité. Ils ont l'air de se fondre sur les tables de sorte que, à l'encontre de ce qui se passe dans une éducation saine, celles-ci se recouvrent avec une lenteur désespérante.

Si l'invasion du mal a lieu pendant le cours des premiers âges, c'est seulement à la sortie de la 4e mue que ses symptômes se manifestent. Les vers, au lieu de perdre la teinte rouillée qu'ils possèdent à ce moment, la conservent; ils délaissent la feuille et bientôt une irrégularité marquée se manifeste parmi eux. On voit, en effet, sur les tables, des vers de toutes tailles. On distingue, disséminées sur leur corps et particulièrement sur la tête, les fausses pattes, les jointures, les anneaux, l'éperon, de petites taches brunes *entourées d'une auréole jaunâtre.* On dirait que le corps de l'insecte a été saupoudré avec du poivre. De là le nom de *pébrine* donné, en 1860, à la maladie par le savant de Quatrefages. Ces taches ne peuvent être confondues avec celles à bords tranchants et nets qui résultent de blessures.

FIG. 40. — VER A SOIE MORT DE LA PÉBRINE.

153. Cause de la maladie. La pébrine est causée par un parasite microscopique découvert en 1849 dans le corps des vers à soie par *Guérin Méneville*, qui le prit pour un globule du sang. Il fut ensuite signalé en 1850 par de *Filippi* et en 1856 par *E. Cornalia*, qui le distingua sous le nom de corpuscule; aussi fut-il généralement appelé *Corpuscule de Cornalia.* Ces deux observateurs le considéraient comme un élément morbide. Ce furent *Frey* et *Lebert*, de Zurich, qui, en 1857, avancèrent, sans hésitation, que ce corpuscule est un parasite causant une maladie; ils le classèrent parmi les algues sous le nom de *Panistophiton ovatum*. Cette même année, *Osimo* et *Vlacovich* le découvrirent dans les œufs du ver à soie et, en 1859, *Vittadini* et *Cornalia* préconisèrent une méthode de sélection consistant à faire éclore la graine et à examiner les jeunes vers pour ne conserver que les œufs qui ne contenaient pas de corpuscules.

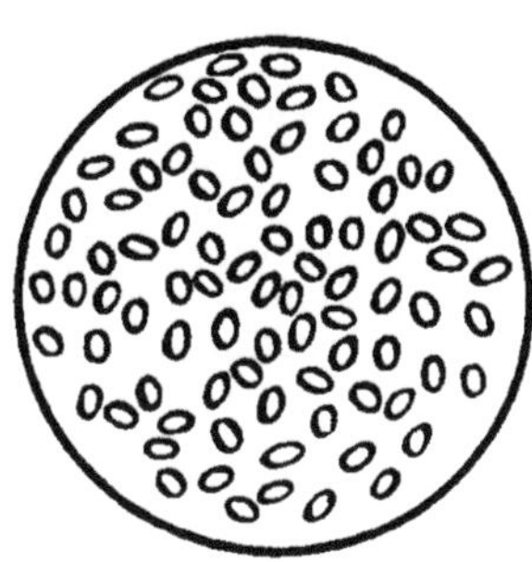

FIG. 41. — CORPUSCULES.

Quoi qu'il en soit, il est établi aujourd'hui que ce corpuscule est un sporozoaire appartenant au genre des *Psorospermies*, section des *Microsporidies*. Son nom scientifique est *Nosema Bombycis*. C'est un petit corps ovoïde, brillant, très réfringent, à contour noir nettement accusé, ayant 0mm,004 de longueur et 0mm,002 de largeur, qui s'introduit avec la feuille de mûrier dans le tube digestif du ver à soie dont il envahit, en se multipliant, tous les tissus.

154. Comment se multiplient les corpuscules? — Les savants qui se sont surtout occupés du mode de reproduction de ces organismes sont Baibiani, Pasteur et Duclaux, Stempel.

D'après *Balbiani*, le corpuscule ovoïde, brillant, laisse échapper par une ouverture produite à l'un de ses pôles une petite masse sarcodique douée de mouvements amiboïdes qui s'insinue dans les tissus du ver en grossissant au fur et à mesure. Pendant ce temps de petits corps ovalaires et pyriformes se différencient peu à peu dans cette masse. Ce sont de nouveaux corpuscules qui, par suite de la destruction du parasite qui les a engendrés, sont mis en liberté. Chacun d'eux se multiplie de la même façon et c'est ainsi que le mal se propage.

Pasteur et *Duclaux* ont remarqué que dans les tissus du Bombyx du mûrier atteint par la pébrine, le parasite se présente sous divers aspects. On y distingue des corpuscules brillants, des corpuscules très pâles, à peine visibles, ovoïdes ou pyriformes, contenant un ou deux granulins; des cellules arrondies, pâles, contenant un nombre variable de ces granulins et même, lorsqu'elles sont grosses et vieilles, des formes à peine accusées de corpuscules avec leurs dimensions ordinaires.

D'après ces savants, ce sont les corpuscules pâles, ovoïdes et pyriformes, qu'ils considèrent comme jeunes, et les cellules arrondies, contenant des granulins, qui assurent la multiplication du parasite. Ceux-ci, une fois expulsés, engendreraient de nouveaux corpuscules. Il y a là un rapprochement avec le mode de reproduction indiqué par Balbiani. Les corpuscules pâles sont susceptibles de se multiplier directement par scissiparité. Quant aux corpuscules brillants, ils seraient à l'état adulte et incapables de se reproduire.

D'après *Stempel*, qui s'est spécialisé dans l'étude des Microsporidies, le corpuscule brillant est une spore à paroi très épaisse qui contient un filament dévaginable enroulé sur lui-même en spirale. Sa masse protoplasmique très réduite renferme deux noyaux ayant chacun la forme d'un V très grêle dont chaque branche se termine par un renflement. Sous l'action des sucs digestifs le corpuscule dévagine son long filament, qui a probablement pour rôle d'assurer la fixation du parasite dans les tissus où il est entraîné. Puis, ce filament sort par un pôle en y laissant un orifice par où s'échappe une petite masse protoplasmique, d'aspect amiboïde, qui s'insinue entre les cellules des différents tissus en se nourrissant à leurs dépens. Cette amibe se multiplie d'abord par division; puis, pénétrant dans une cellule, elle continue à s'y multiplier soit par scissiparité en se divisant chaque fois en deux, soit par segmentation en se constituant en quatre petites masses sphériques qui, se détachant chacune de l'ensemble, devient une nouvelle amibe parasite de cellule. Lorsque le protoplasma des cellules est épuisé ou que le milieu n'est plus favorable à la multiplication, les amibes redeviennent des corpuscules prêts à recommencer leur cycle évolutif.

155. Marche de la maladie. Contagion. Hérédité. — C'est à Pasteur que nous devons les connaissances relatives au développement de la maladie dans les tissus du ver à soie et les mesures qui en découlent pour mettre nos éducations à l'abri du fléau.

Nous avons dit que le parasite s'introduit par le tube digestif en même temps que la feuille de mûrier qui lui sert de véhicule. Sa multiplication se fait d'abord avec une extrême lenteur; les taches caractéristiques de la maladie ne commencent à s'apercevoir sur les premiers anneaux du corps que vers le douzième jour qui suit l'invasion. Si celle-ci a lieu au cours des deux premiers âges, les vers peuvent vivre jusqu'après la 4e mue, en présentant une inégalité marquée, mais ils meurent avant la montée à la bruyère; *à fortiori* s'ils sont corpusculeux au sortir de la graine.

Tous les tissus de l'insecte sont alors envahis par les corpuscules, sauf la matière soyeuse contenue dans la glande séricigène. Mais les cellules de celle-ci en contiennent tellement qu'elles deviennent boursouflées, blanches et paraissent parsemées de taches crayeuses.

Si la contagion a lieu pendant les 3e et 4e âges, quelques symptômes peuvent se manifester, mais les vers arrivent à faire leurs cocons. Si elle se produit au cours du 5e âge, l'éducation se termine sans que les vers présentent de l'irrégularité ou des taches; ils montent très bien à la bruyère et tissent d'excellent cocons. Si on examine leur sang au microscope, on n'y découvre point de corpuscules, car ceux-ci n'ont pas encore eu le temps d'envahir tout le corps.

Pour tous ces vers qui sont parvenus à faire leurs cocons la reproduction des corpuscules continue à se faire dans la chrysalide et ensuite dans le papillon. La plus ou moins grande abondance de ces parasites dépend de la date plus ou moins éloignée de l'invasion. Si le ver a ingéré des corpuscules dès la sortie de la 4e mue et, *à fortiori* pendant les 3e et 4e âges, sa chrysalide, examinée au microscope aussitôt après sa formation, présentera des corpuscules en quantité; ceux-ci se retrouveront dans le papillon *et plus tard dans les œufs*.

Par contre, si l'invasion a eu lieu à la veille de la montée à la bruyère les corpuscules ne se verront nettement que dans la chrysalide âgée et dans le papillon. Mais, par suite de la lenteur de leur multiplication, ils n'ont pas eu, dans ce cas, le temps de pénétrer dans les ovaires avant la formation de la coque des œufs, de sorte que ces derniers se trouvent, de ce fait, tous ou à peu près tous exempts de corpuscules. Des papillonnes très corpusculeuses peuvent par conséquent pondre des œufs indemnes du parasite.

Il existe donc deux sortes de graines non corpusculeuses. Les unes, pondues par des papillons non corpusculeux. Les autres provenant de papillons envahis par le parasite; celles-ci ne transmettent pas la pébrine, mais comme elles sont issues de papillons affaiblis, elles donnent naissance à des vers chétifs, sujets aux maladies accidentelles.

Il résulte des remarquables observations de Pasteur que la pébrine est *contagieuse* et *héréditaire.*

La contagion est évidente. Les cadavres et les crottins des vers pébrinés se dessèchent sur les tables et se réduisent en une poussière qui contient des corpuscules en abondance. Celle-ci se dissémine dans les litières, sur les murs, sur les ustensiles, sur les vêtements des ouvriers qui peuvent ainsi la transporter à distance. Mise en contact avec la feuille de mûrier, elle est absorbée par les vers sains. C'est ainsi que le fléau se propage.

Le caractère héréditaire se déduit de ce fait que les corpuscules passent des papillons dans les œufs qui, à leur tour, donnent naissance à des vers malades de la pébrine.

Quelques expériences tendent à démontrer que les corpuscules maintenus dans un milieu humide conservent leur vitalité pendant plus d'une année. Par contre, la stérilité des corpuscules *qui se sont desséchés* au contact de l'air a été prouvée d'une façon indiscutable par Pasteur qui a résumé ses observations sur ce sujet en disant « *qu'il n'y a de corpuscules pouvant se reproduire et se multiplier en passant, d'une année à l'autre, que ceux qui se trouvent dans l'intérieur même des œufs.* Ni les poussières de magnaneries quelque chargées qu'elles soient de corpuscules, ni les déjections de papillons corpusculeux pouvant souiller les graines, ne peuvent communiquer la pébrine aux vers des nouvelles éducations. »

156. Moyens de lutte contre la pébrine. — A. ***Traitement préventif.*** — 1° N'élever que des graines absolument exemptes de corpuscules *provenant de papillons non corpusculeux.* Ces graines sont obtenues par la sélection microscopique des papillons que nous examinerons plus loin (195) avec détails;

2° Elever les vers dans des locaux désinfectés. Les mettre à l'abri de toute contamination en isolant la chambrée et en évitant que les étrangers, surtout en temps d'épidemie, pénètrent dans la magnanerie où ils pourraient introduire des corpuscules provenant d'un autre élevage. Ces derniers peuvent aussi, parfois, être apportés par la feuille de mûrier au cours des derniers âges. Quoi qu'il en soit, il résulte des observations de Pasteur que « *les éducations issues d'une graine saine ne peuvent dans aucun cas être détruites par la pébrine avant la montée à la bruyère* ». La contagion qui se produit au cours de l'élevage ne compromet donc point la récolte des cocons destinés à la filature. Mais elle porterait préjudice aux reproducteurs dans le cas où l'éducation serait faite en vue du grainage (180).

B. ***Traitement curatif.*** — Il n'y en a aucun qui puisse agir directement sur les vers malades. — Dès que l'on constate l'apparition de la pébrine il faut deliter pour ne conserver que les vers qui montent hâtivement sur la feuille de mûrier fraîche. Tenir ces vers *très espacés*. Chauffer un peu plus et nourrir en conséquence. On hâtera ainsi la marche de l'éducation; une partie de la récolte sera sauvée. Quant à la litière provenant du délitage, on doit l'emporter au loin avec précaution et l'enfouir ou, mieux, la brûler.

LA FLACHERIE

157. ***La flacherie*** est une affection des plus graves connue depuis plus d'un siècle. En 1788. *Boissier de Sauvages* la décrit, avec ses véritables caractères, sous le nom de maladie des *morts-blancs* ou des *tripes*; mais il ne fait que des suppositions sur les causes qui peuvent la produire. De 1849 à 1870, ses ravages marchent de pair avec ceux de la pébrine; on la confond avec cette dernière. Ce fut *Pasteur* qui établit, en 1870, à la suite de ses patientes et difficiles recherches, la différence bien nette des symptômes et des caractères de ces deux maladies. Nous lui devons, en outre, la connaissance parfaite des causes de la flacherie et des moyens d'en préserver les magnans.

158. Symptômes de la flacherie. — La flacherie apparaît généralement pendant que les vers sont à la grande frèze ou au moment de la montée à la bruyère. Ses ravages sont tels qu'en deux jours une chambrée peut être anéantie.

On la reconnaît aux symptômes suivants : Les vers, qui n'avaient jusque-là rien présenté d'anormal et jouissaient d'un excellent appétit, délaissent la feuille de mûrier, deviennent languissants, se traînent jusque sur le bord des tables où ils s'allongent et demeurent immobiles au point que parfois ils sont morts alors qu'on les croit vivants. Au toucher ils sont mous, d'où le nom de *tripes* ou de *flats* sous lequel on les désigne; ils vomissent quelques gouttes d'un liquide brunâtre. Souvent l'anus est souillé par une substance visqueuse.

Les vers languissants qui montent à la bruyère ne tardent pas à s'allonger et à devenir immobiles sur les rameaux; peu après ils se laissent tomber en restant suspendus par les crochets de leurs fausses pattes.

Tous ces vers morts noircissent plus ou moins vite suivant la température du local et leur intérieur se transforme en une bouillie qui sortant par les déchirures de l'épiderme, souille les vers voisins, les litières et la bruyère.

Ils répandent une odeur aigre caractéristique que l'on perçoit dès que l'on pénètre dans une magnanerie décimée par la maladie. Cette odeur est occasionnée par les acides gras volatils résultant de la décomposition de la feuille dans le tube intestinal.

Quelques vers parviennent à s'enfermer dans leur cocon et y meurent; mais ce dernier, bientôt taché par le cadavre en putréfaction devient un cocon *fondu*; d'autres, un peu plus vigoureux sortent à l'état de papillons plus ou moins boursouflés, à l'abdomen trainant et présentant un aspect noirâtre entre les anneaux.

Il faut bien se garder de les utiliser pour la reproduction.

159. Causes de la flacherie. — D'après *Pasteur*, cette maladie est occasionnée par la présence dans l'estomac du ver à soie de deux sortes de microorganismes qu'un grossissement de 500 diamètres permet de distinguer nettement au microscope :

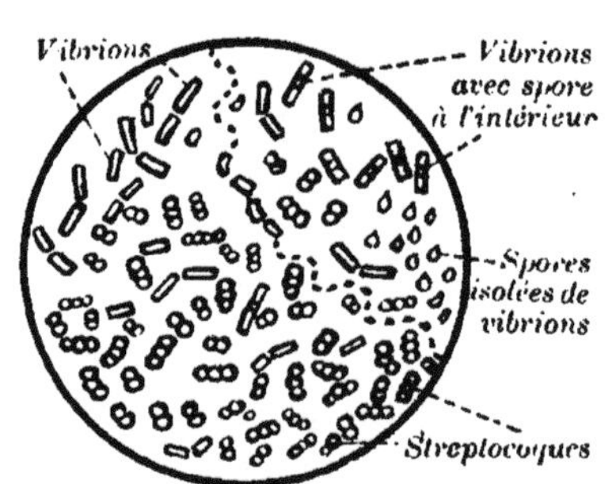

FIG. 42. — STREPTOCOQUES ET VIBRIONS DE LA FLACHERIE.

1° ***Un ferment en chapelets de grains*** dont chaque article a environ 1 millième de millimètre de diamètre. Il est aujourd'hui désigné sous le nom de *Streptococcus Pastorianus*. C'est lui qui, se multipliant dans l'estomac du ver, y produit la fermentation de la feuille de mûrier;

2° ***Des bacilles*** ayant la forme de petits bâtonnets, tantôt isolés, tantôt ajoutés bout à bout au nombre de deux ou trois qui se meuvent très rapidement dans le liquide que contient l'estomac. Certains d'entre eux présentent à leur intérieur une petite spore brillante qui, à l'état libre, est aussi très agile. Ce sont ces vibrions et leurs spores qui occasionnent la putréfaction des tissus du ver à soie.

Si, pour une cause quelconque, les fonctions digestives du ver sont entravées la feuille contenue dans l'estomac entre en fermentation sous l'influence du petit organisme en chapelet de grains et la flacherie se déclare.

Les causes qui peuvent gêner la digestion sont : le *défaut d'aération*, l'entassement des vers, la température élevée et l'humidité du local, *une trop forte chaleur au moment des mues*, la fermentation des litières, la feuille échauffée par l'entassement, la feuille malpropre recouverte de poussières contenant le streptocoque et les vibrions.

160. Caractère contagieux de la flacherie. — Les cadavres des vers flats transformés en bouillie, leurs déjections contiennent en abondance des ferments et des vibrions; ils souillent les litières et la feuille de mûrier qui est servie aux vers à soie. Si on mélange des vers mourants de flacherie à des vers sains, ceux-ci ne tardent pas à présenter les symptômes de cette maladie.

Les poussières qui proviennent de magnaneries infectées sont extrêmement dangereuses.

Les vers sains qui consomment de la feuille salie par ces poussières meurent en deux ou trois jours. Celles-ci sont remplies de spores de vibrions prêts à prendre vie dès qu'elles sont humectées.

Pasteur a observé que la mortalité résultant de la contagion par les vibrions de vers ou de feuille arrive au bout de onze jours, tandis qu'avec les poussières elle a lieu après 24 ou 48 heures.

Le Dr *de Ferry de la Bellone*, d'Apt, a injecté à plusieurs reprises par l'anus à des vers sains de la bouillie provenant de l'estomac des vers flats et toujours il leur a communiqué la maladie. D'autre part, il a injecté par l'anus à des vers sains de la bouillie provenant de l'estomac d'autres vers sains et il n'a pas réussi à leur donner la flacherie. Les micro-organismes qui se trouvent dans le canal intestinal des vers flats sont donc bien la cause du mal.

La vitalité de ces organismes est pour ainsi dire indéfinie. J'ai contagionné en 1915 des vers au 5e âge avec des feuilles de mûrier salies de poussière recueillie en 1898, c'est-à-dire depuis dix-sept ans, dans une magnanerie qui était infectée par la flacherie.

Tous ces vers sont morts en trois jours.

Ce sont les vibrions qui accélèrent la mort du ver. Lorsque celui-ci, languissant, parvient à faire son cocon, on ne découvre dans son estomac que le ferment en chapelet de grains qui se retrouve ensuite dans le même organe chez la chrysalide.

161. Flacherie héréditaire et flacherie accidentelle. — *Pasteur* nous a appris, à la suite d'expériences précises, répétées par diverses personnalités séricicoles d'Alais et de Saint-Hippolyte-du-Fort, que la *flacherie est héréditaire* non pas par transmission directe des germes des parents aux enfants, mais par la faculté qu'ont les ascendants de transmettre à leurs descendants *une très grande prédisposition à la contracter.*

Ce sont les œufs pondus par des papillons issus de vers à soie languissants, *dont la montée à la bruyère s'est effectuée avec lenteur*, qui transmettent ce caractère héréditaire. Pour avoir des reproducteurs robustes, dont les descendants ne seront point prédisposés à la flacherie, il faut, suivant les recommandations de Pasteur, « *examiner à maintes reprises les vers dans les derniers jours de leur vie afin de s'assurer qu'ils sont montés avec prestesse à la bruyère sans offrir de mortalité par la flacherie de la 4ᵉ mue à la montée.* »

Lorsque l'éducateur, parti d'une graine robuste obtenue dans ces conditions, voit apparaître la flacherie dans sa chambrée, c'est à un vice d'élevage qu'il doit en attribuer le développement. Il a alors affaire à la *Flacherie accidentelle.*

Quand les vers sont d'une bonne origine, robustes et *rationnellement conduits pendant leur jeune âge*, les ferments ne sont pas de force à lutter avec les sucs digestifs de l'estomac qui les détruisent. Il n'en saurait être de même si le *ver est débile* et, par suite de fâcheuses circonstances accidentelles, digère difficilement la feuille. Alors les ferments et les vibrions l'emportent, se multiplient avec une effrayante rapidité. La putréfaction qui s'empare des tuniques de l'estomac et de l'intestin envahit les tissus; le cadavre entier noircit et dégage, ainsi que nous l'avons dit, une odeur aigre que l'on commence à percevoir même chez les vers flats qui ne sont pas encore morts.

162. Moyens de lutte contre la flacherie. — A. ***Traitement préventif.*** — 1° N'élever que la graine provenant de chambrées dont les vers *sont montés avec prestesse à la bruyère* sans offrir de mortalité de la 4ᵉ mue à la montée. Cette graine aura dû être conservée dans les conditions voulues (98).

2° Préférer soit les races pures *dont les cocons sont petits et moyens*, soit les croisements chinois ou japonais. Toutes conditions égales, ces races et ces croisements sont plus robustes et parcourent leur existence larvaire dans un temps plus court. Il en résulte qu'ils échappent plus facilement à la flacherie et consomment moins de feuille tout en donnant une récolte égale.

3° Désinfecter avec soin la magnanerie avant l'élevage (179).

4° Espacer, aérer, déliter, alimenter les vers conformément aux principes que nous avons exposés (103 et suivants).

En cas de *touffe*, activer l'aération en brûlant dans les cheminées des matières telles que des sarments, des copeaux, etc., qui, *sans élever la température*, donnent beaucoup de flamme et produisent un appel d'air; ouvrir largement toutes les portes et fenêtres.

En appliquant ces principes, on fortifie la constitution du ver, qui digère alors facilement les microbes introduits dans son estomac en même temps que la feuille de mûrier.

B. ***Traitement curatif.*** — Dès que la flacherie fait son apparition dans la chambrée il faut :

1° Déliter pour ne conserver que les vers qui montent sans hésiter sur la feuille de mûrier qui vient de leur être servie; si on le peut, il vaut mieux les transporter dans un autre local.

La litière supportant les vers morts, mourants ou traînards doit être emportée au loin, brûlée ou, tout au moins, enfouie dans la terre.

2° Aérer largement en arrosant de temps à autre. Faire des flambées dans les cheminées.

3° Lorsque le délitage est terminé, on doit chauffer le local de manière à élever le thermomère à 22° et même 25° Réaumur, et mettre les vers à la diète pendant 24 heures.

Sous l'influence de ce traitement conseillé par le Dr de Ferry de la Bellone, ces insectes digèrent la feuille qui encombrait leur estomac et on observe que leurs crottins, presque liquides lorsqu'ils étaient sous le coup de la maladie, durcissent de plus en plus et finissent par prendre leur consistance normale. Alors on abaisse insensiblement la température à 19° et 18° R. et on leur donne un très léger repas avec de la feuille de sauvageon ou de mûrier non taillé de l'année. L'appétit finit par revenir tout à fait.

LA GATTINE

163. ***La gattine*** est une maladie aussi anciennement connue que la flacherie. Ses caractères ont été décrits par Boissier de Sauvages en 1788. A cette époque on l'appelait, comme aujourd'hui, maladie des *arpians*, des *passis* ou des *luzettes*. Elle fait généralement son apparition lorsque les vers à soie parcourent leurs 4e et 5e âges.

164. Caractères de la gattine. — Les vers atteints par cette maladie mangent peu, ne grossissent pas, ont le corps mou et demeurent ridés.

De là le nom de *passis*, qui signifie en langue d'oc, flétri ou desséché, sous lequel on les désigne communément.

Au lieu de blanchir peu de temps après leur sortie de mue, ainsi que le font les vers sains, ils conservent leur aspect rouillé. Ils s'éloignent de la feuille en se dirigeant vers le bord des tables. Ils ne grossissent pas; aussi appelle-t-on cette affection *maladie des petits*. Fortement cramponnés par les crochets de leurs fausses pattes aux objets sur lesquels ils reposent (d'où le nom *Arpian* qui dérive du languedocien *Arpo* ou griffe), ils tiennent fréquemment la tête relevée; leurs pattes écailleuses sont dirigées en avant dans la position, ainsi que l'exprime de Quatrefages, du petit chat qui cherche à griffer.

Parfois les vers gattinés ressemblent à des vers mûrs, prêts à filer. Leur transparence s'explique par le fait que leur ventricule ne contient que très peu ou même pas de feuille de mûrier; l'aniste (54), tapissée par une substance gélatineuse, contient une humeur plus ou moins limpide dans laquelle le microscope permet de distinguer des *micrococus* en abondance. On les appelle alors des *luzettes* ou *vers à tête claire*.

La diarrhée est constante chez le ver gattiné; aussi a-t-il l'anus fréquemment souillé d'une substance visqueuse ou desséchée en partie. Des crottins y adhèrent parfois. Ces matières fécales ont une réaction acide.

Tandis que les cadavres des vers flats se réduisent en une bouillie infecte, ceux des vers gattinés conservent leur cohésion. Si on les étire ils s'allongent sans se déchirer, car leur peau est très tenace; abandonnés à eux-mêmes ils reprennent peu à peu leur longueur primitive.

A l'autopsie, on constate que le tissu adipeux a disparu.

Ces cadavres finissent par se dessécher en conservant une couleur châtain plus ou moins foncé.

Il y a donc une différence très nette entre les caractères extérieurs de la flacherie et ceux de la gattine.

Par contre les lésions que présentent les organes internes sont, d'après *Verson* et *Vlacovich* à peu près identiques pour les deux maladies. Ils en déduisent que la gattine est probablement une forme chronique de la flacherie.

165. Causes de la gattine. — Il paraît résulter des observations qui ont été faites, depuis fort longtemps, par les sériciculteurs, que la gattine résulte généralement de la débilité des reproducteurs qui ont produit les vers qui en sont atteints; de la mauvaise conservation de la graine au printemps; du chauffage exagéré des vers à l'éclosion, surtout lorsque ceux-ci sont entassés et maintenus dans un milieu humide sans renouvellement d'air.

166. Moyens de lutte. — Quoique nous ne soyons point encore fixés à ce sujet, il est prudent de considérer la gattine comme ayant un caractère contagieux. Aussi faut-il toujours désinfecter la magnanerie avant l'éducation.

Pour les préserver de cette maladie le magnanier, parti d'une graine robuste, doit conduire ses vers à soie, depuis l'incubation jusqu'à la montée à la bruyère, conformément aux principes rationnels que nous avons exposés à propos de l'élevage de ces insectes (95 et suivants).

Si la maladie fait son apparition, il vaut mieux abandonner l'éducation que de continuer à faire des frais qui seront inutiles, car les vers mourront pour la plupart avant la maturité. Ceux qui parviendront à monter à la bruyère feront de mauvais cocons qui n'auront que la valeur des déchets.

LA MUSCARDINE

167. ***La muscardine*** paraît avoir été signalée pour la première fois par *Vallisneri*, médecin à Venise, en 1733. Il fit remarquer que l'apparition d'une teinte rougeâtre sur la peau du ver est un des premiers symptômes du mal; d'où le nom de *mal del segno* (mal du signe ou de la tache) qui lui a été donné en Italie. En 1788, *Boissier de Sauvages* en parle à son tour et l'attribue au défaut d'aération. La cause en fut nettement déterminée en 1835 par le Dr *Bassi*, de Lodi. Il l'attribua à l'envahissement des organes du ver à soie par un champignon parasite auquel les botanistes *Balsamo Crivelli*, en Italie, et *Montagne*, en France, donnèrent le nom de *Botrytis Bassiana*. — Le Dr Bassi en annonça le caractère contagieux; mais, c'est le naturaliste *Audouin* qui réalisa, en 1838, les expériences les plus démonstratives à ce sujet

168. Symptômes de la muscardine. — Le ver à soie victime de cette affection ne se différencie pas tout d'abord de ceux qui sont sains. Mais, quelques heures après l'invasion, il perd l'appétit, délaisse la feuille et ralentit ses mouvements tandis que les pulsations de son vaisseau dorsal deviennent plus précipitées.

Son corps se ramollit, devient pâteux et prend une coloration rosée qui serait due, d'après *Perroncito* et *Massa*, à la présence dans la peau de l'insecte, du *Micrococcus prodigiosus*; puis il perd peu à peu son élasticité, ses anneaux se contractent et il diminue de volume. Arrivé à cet état, le ver ne tarde point à mourir; son cadavre se dessèche, brunit, durcit et se casse si on cherche à le faire fléchir. Si ce dernier se trouve *dans un milieu humide*, on voit apparaître deux jours après, dans les espaces interannulaires et sur les stigmates, un duvet blanc qui s'étend peu à peu et finit par recouvrir toute la surface du corps. S'il est conservé dans une atmosphère sèche, le cadavre conserve sa couleur brunâtre; le duvet blanc ne se produit pas.

La muscardine attaque les vers à tous les âges. Plus ils sont jeunes, plus son action est rapide. Pour ceux qui ont atteint leur plus grande taille, la mort arrive dix à douze jours après le moment où le germe du mal s'est implanté sur eux.

Quand l'insecte contracte la maladie vers la fin du 5e âge, il parvient à faire son cocon; mais il meurt dans celui-ci soit avant, soit après sa transformation en chrysalide. Si l'atmosphère du local est humide, son cadavre se recouvre du duvet blanc dont nous venons de parler, forme une petite masse ovoïde, dure, ayant l'aspect plâtré, que les magnaniers désignent sous le nom de dragée (119).

Les chrysalides muscardinées ne se transforment jamais en papillons. La maladie qui nous occupe ***n'est donc point héréditaire.***

Lorsque des vers sont atteints par la muscadine dès leur éclosion c'est que la coque des œufs d'où ils sont issus était souillée par les germes très contagieux de cette affection. Il est donc prudent de désinfecter les graines de vers à soie avant de les mettre en incubation; il suffit pour cela de les tremper pendant quelques minutes dans une solution de lusoforme (mélange de formol et de savon) à 5 pour 100 ou de sublimé corrosif à 1 pour 1000. La coque, très résistante, s'oppose à la pénétration du liquide à l'intérieur.

Les chrysalides saines enfermées dans leur cocon sont à l'abri des germes de la muscardine; mais si on les contagionne artificiellement, ainsi que l'ont fait *Conte* et *Levrat* en 1907 et moi-même en 1913, leur transformation en papillons s'effectue; mais ces derniers envahis, par le mal, meurent bientôt, se momifient, deviennent durs et cassants comme le ver à soie muscardiné.

169. Cause de la muscardine. — La muscardine est causée par un champignon parasite appelé *Botrytis Bassiana* en mémoire du savant italien Bassi qui l'a découvert.

Ce champignon est une mucédinée simple. Son mycélium est constitué par des filaments blancs qui se multiplient dans le corps du ver à soie. Ils émettent des bourgeons ou *conidies* qui, devenues libres, sont entraînées par le sang et produisent à leur tour de nouveaux filaments. Ce mycélium envahit tous les organes, vit aux dépens des tissus, notamment du tissu adipeux. Le sang de l'insecte s'appauvrit et devient fortement acide. Après la mort de ce dernier, le Botrytis fructifie en produisant des filaments dressés qui, traversant la peau du ver à soie, viennent former à la surface du corps une foule d'arbuscules dont les rameaux terminés en pointe émettent les spores destinés à reproduire l'espèce. Ces spores sont blanches et sphériques.

L'ensemble des filaments fructifères et des spores forme le duvet blanc dont nous avons parlé.

Le Botrytis Bassiana secrète, d'après *A. Conte* et *D. Levrat*, une diastase qui a la propriété de dissoudre la chitine. C'est grâce à cette sécrétion que ses filaments traversent sans difficulté la peau de l'insecte.

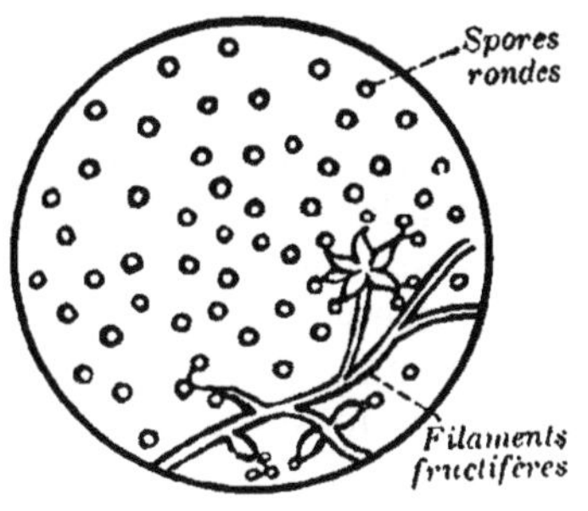

Fig. 43. — Filaments et spores du Botrytis.

Si, après avoir essuyé le duvet blanc qui recouvre la surface du ver muscardiné on abandonne celui-ci dans un milieu humide, on constate au bout de huit à dix jours qu'il est recouvert de cristaux réunis en forme de rosettes. Ces cristaux prismatiques à base rectangulaire sont constitués, d'après Verson, par un oxalate double de magnésie et d'ammoniaque.

170. Contagion de la muscardine. — La muscardine est extrêmement contagieuse. *La propagation du mal a lieu uniquement par les spores* qui forment le duvet blanc à la surface des cadavres des vers à soie. Ces spores ont environ 1 à 2 millièmes de millimètre de diamètre. Très légères, elles sont facilement emportées par l'air et se déposent sur les litières, les murs, les ustensiles, etc. Le magnanier imprudent qui touche ces cadavres en souille l'extrémité de ses doigts. Mises en contact avec la peau plus ou moins humide d'un ver sain, elles germent, émettent un filament qui pénètre au travers de la cuticule et va se multiplier dans le corps de l'insecte. L'humidité est une condition essentielle à la germination des spores.

Celles-ci, d'après *Maillot*, conservent leur vitalité pendant trois années au moins dans l'air sec, tandis qu'elles la perdraient en moins d'un an dans l'air humide.

171. Moyens de lutte contre la muscardine. — A. ***Traitement préventif.*** — Pour éviter la propagation de ce terrible fléau la science séricicole met à notre disposition deux moyens sûrs :

1° *La destruction, par l'incinération, des litières et des bruyères envahies par les spores du fatal champignon* ;

2° *La désinfection, aussitôt après l'enlèvement des cocons, des chambrées muscardinées, par l'emploi soit de la vapeur d'eau et de l'acide sulfureux, soit de la fumée de bois vert.*

Le premier de ces moyens est d'une application facile. Il n'y a qu'à transporter litières et bruyères avec beaucoup de soin, sans les secouer, jusqu'à l'endroit où elles doivent être brûlées de façon à ne pas disséminer les spores qu'elles contiennent.

La destruction, *après le décoconnage* des corps reproducteurs qui envahissent la magnanerie s'impose d'autant plus que pendant le courant de l'année on est exposé à les transporter partout, soit par les vêtements, soit par les objets que l'on entrepose dans le local.

Pour utiliser *la vapeur d'eau et l'acide sulfureux*, on procède de la façon suivante :

a) Il faut fermer hermétiquement toutes les ouvertures : fenêtres, soupiraux, cheminées, fissures, etc. Dans le cas où il n'y aurait pas de plafond, étendre par-dessus la toiture des toiles mouillées.

b) *Saturer le local d'humidité* en y installant, sur un foyer quelconque, une marmite remplie d'eau que l'on maintient en ébullition. Il est reconnu, en effet, que les spores de la muscardine sont plus facilement détruites lorsqu'elles sont imprégnées de vapeur d'eau.

c) Lorsque l'atmosphère de la magnanerie présente une humidité suffisante, *produire un dégagement d'acide sulfureux.*

Pour cela on dispose dans un ou plusieurs récipients en terre cuite du soufre cassé en morceaux, auquel on mélange un dixième environ de son poids de salpêtre (nitrate de potasse) ou que l'on arrose avec un peu d'alcool pour faciliter la combustion. On allume ensuite, en commençant par les récipients les plus éloignés de la porte d'entrée; le dégagement de l'acide sulfureux, que l'on perçoit facilement à son odeur suffocante commence à se produire et l'on se retire en fermant la porte avec soin. Il est bon de laisser agir ce gaz pendant au moins trois heures et la prudence conseille de surveiller l'opération de l'extérieur au moyen d'un regard vitré. — Pour un local de 100 mètres cubes de capacité, nécessaire à l'élevage d'une once de graines il faut employer au moins 3 kilogrammes de soufre additionné de 300 grammes de salpêtre.

Il résulte des recherches de deux savants italiens, *Luciani* et *Tarulli* que la *fumée de bois* produite abondamment dans la magnanerie hermétiquement close détruit les spores de la muscardine. Il faut employer de préférence les matières qui brûlent sans flamme et développent beaucoup de fumée sans qu'il soit nécessaire de les humecter : écorces d'arbres, feuilles sèches, débris de paille, de chanvre, de foin, copeaux de menuisiers, etc.) Afin d'éviter l'incendie, on utilise, pour faire brûler ces matières, les cheminées dont on a eu la précaution de boucher à l'avance le conduit, afin de forcer la fumée à se répandre dans le local. On tasse bien le combustible et on laisse la fumée agir pendant douze heures, quoiqu'il ait été reconnu qu'un temps aussi long n'est pas nécessaire pour tuer les spores du botrytis. A la veille de l'éducation suivante on fera bien de renouveler cette opération.

B. ***Traitement curatif.*** — Lorsque la muscardine fait son apparition au cours d'une éducation, il faut :

a) Déliter immédiatement les vers sains ;

b) Emporter avec précaution les litières qui supportent des vers mourants ou morts, les brûler et bien se garder de les laisser en dépôt autour des habitations;

c) Dessécher l'atmosphère de la magnanerie en disposant de la chaux vive dans des caisses placées aux coins du local et dans des paniers à salade suspendus à diverses hauteurs. Renouveler cette chaux dès qu'elle aura fusé, c'est-à-dire qu'elle se sera réduite en poudre. Si la maladie sévissait avec intensité, il ne faudrait pas craindre de répandre de la chaux à poignées sur les tables;

d) Aérer largement et donner de l'espace aux vers à soie ;

e) *Produire de la fumée de bois*, étant donné qu'il résulte des expériences de *Luciani* et *Tarulli* :

1° Que la fumée de bois, même intense et continuelle, peut être bien supportée par les vers à soie pendant la durée de l'éducation ;

2° Que les vers à soie, abondamment infectés à la surface de la peau avec des spores de Botrytis sont désinfectés par la fumée de bois et ne sont pas atteints par la maladie de la muscardine. L'emploi de la fumée doit cesser lorsque les vers ont commencé à filer leurs cocons.

f) Hâter la marche de l'éducation en élevant la température et augmentant le nombre des repas.

LA GRASSERIE

172. ***La grasserie***, appelée aussi maladie des jaunes, porcs ou vaches, est mentionnée dans les plus anciens ouvrages de sériciculture. Boissier de Sauvages en donne, en 1788, une description assez exacte. On considérait cette affection comme ayant un caractère bénin et on la jugeait incapable de se transmettre des individus malades aux vers sains. Les recherches effectuées au cours de ces dernières années ont montré, au contraire, que sa contagiosité n'est point douteuse et qu'elle exerce parfois de véritables ravages dans les éducations de vers à soie.

173. Symptômes de la grasserie. — Cette maladie se montre parfois dès le 3e âge des vers; mais, c'est entre la 4e mue et la montée qu'elle se manifeste le plus fréquemment. Les vers qui en sont atteints présentent des caractères très nets. Ils rôdent à droite et à gauche sans appétit; ils délaissent la feuille du mûrier. Leurs anneaux sont boursouflés. La peau luisante et distendue, présente une teinte jaune chez les vers à cocons jaunes, et blanc laiteux chez ceux qui font des cocons blancs. Elle laisse suinter un liquide trouble, de nature huileuse, jaune ou blanc suivant les variétés, qui souille tout ce qu'il touche et laisse des traînées partout où le ver passe. A l'autopsie on constate que les viscères de l'insecte sont infiltrés de ce liquide et tout à fait désorganisés. — Suivant le degré de sa maladie, le ver meurt avant la montée à la bruyère et son cadavre très mou, brunit, puis devient noir sans dégager cependant l'odeur aigre caractéristique des vers flats; ou bien il parvient à faire son cocon, mais il périt alors à l'intérieur de ce dernier qui devient *fondu* (119).

FIG. 44. — VER ATTEINT DE GRASSERIE.

174. Causes de la grasserie. — La grasserie est une affection parasitaire due à la multiplication dans les tissus du *bombyx du mûrier* d'un agent spécifique dont le développement a lieu sous l'influence d'une ou de plusieurs causes extérieures prédisposantes.

Examiné au microscope à un grossissement de 500 diamètres le sang d'un ver atteint de cette maladie présente une quantité innombrable de globules ou granules de dimensions différentes, ayant un aspect cristallin, signalés pour la première fois par un séricículteur italien, *Maestri*.

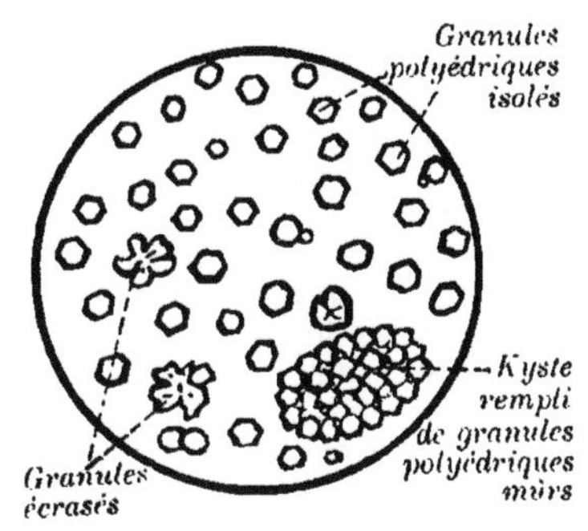

FIG. 45.
GRANULES POLYÉDRIQUES.

Le professeur *G. Bolle*, de Goritz, qui a étudié avec beaucoup d'attention ces petits corps, les a nommés *granules polyédriques*. Ils ont de 3 à 10 millièmes de millimètre de diamètre. Tout d'abord ils paraissent arrondis; mais, si on les observe avec attention, on ne tarde pas à voir qu'ils présentent six côtés qui se confondent presque avec la circonférence.

D. Hayashi et *W. Sako*, *K. Escherich*, *Miyajima* et *G. Bolle* sont d'avis que le granule polyédrique est l'agent spécifique de la grasserie.

D'après Bolle, ce granule se multiplierait dans le corps du ver de la même façon que le corpuscule de la pébrine avec lequel il aurait, d'ailleurs, beaucoup d'analogie. Aussi le classe-t-il dans le genre des *Microsporidies* en le nommant *Microsporidium polyédricum*. D'après ses observations, il se reproduirait par l'émission de son contenu sarcodique en forme d'amibe ou de sporule amiboïde d'où il se produirait un *kyste* dans lequel aurait lieu la multiplication des *spores* qui, après la rupture de l'enveloppe de ce kyste, deviendraient libres pour se reproduire de nouveau à leur tour.

J. Krassilschtshik, *Forbes*, *Tamura*, *Sasaki*, *Conte et Levrat* croient que l'agent spécifique est un microbe spécial tout autre que le granule polyédrique. Pour ces derniers, ce granule serait un cristalloïde du type hexaédrique résultant d'une dégénérescence des cellules. Krassilschtshik est d'avis que la grasserie est due à un microcoque ayant 5 à 6 dix-millièmes de millimètre qu'il nomme *micrococcus lardarius*.

Je ne suis pas loin de partager cette manière de voir. J'ai, en effet, en 1914-1915, effectué des recherches en cultivant du sang de ver gras soit dans des bouillons de veau ou de levure, soit sur pomme de terre, stérilisés, en prenant toutes les précautions indiquées par la technique bactériologique. Or, je n'ai jamais retrouvé le granule polyédrique dans ces cultures; par contre, j'y ai observé constamment la présence de coccus, de diplocoques, de streptocoques et de petits bâtonnets, aussi bien dans les colonies bien caractérisées obtenues sur pomme de terre que dans les cultures successives de bouillon de veau ou de levure. Ces microcoques et ces bacilles sont si petits qu'on ne les voit qu'avec un grossissement minimum de

800 diamètres. Sont-ils les agents spécifiques du fléau? Les recherches futures le démontreront.

Cependant des expériences récentes tendent à faire admettre que le granule polyédrique jouerait un rôle dans la transmission de la maladie.

Le 11 juin 1913, je faisais passer au travers d'un double filtre en papier du sang de ver gras étendu aux deux tiers d'eau distillée. Le liquide qui a passé à travers le filtre avait perdu sa couleur jaune; il était limpide et clair. Examiné au microscope il ne présentait aucun granule polyédrique caractéristique de la maladie qui nous occupe. Le résidu qui était resté sur le filtre, épais et d'un jaune intense, était formé surtout par ces granules.

Ce résidu inoculé par piqûre à des vers sains au 5ᵉ âge leur transmit la grasserie, tandis que d'autres vers sains auxquels j'ai inoculé du liquide limpide filtré, exempt de granules polyédriques, ne furent point atteints par le mal.

C'est à des résultats analogues que sont arrivés D. Hayashi et W. Sako de la station impériale de sériciculture de Tokio, à la suite de minutieuses expériences qui ont été publiées en 1913 par le *Moniteur des Soies*, de Lyon.

Mais il est fort possible que le granule polyédrique, souillé par l'agent spécifique de la grasserie, a simplement servi de véhicule à ce dernier en l'introduisant avec lui dans le corps de l'insecte au moment de l'inoculation.

Quoi qu'il en soit, il n'est pas douteux que la maladie en question est causée par un microbe. Nous en trouvons la preuve dans les deux faits suivants.

1° La grasserie passe facilement d'un ver gras à un ver sain par simple inoculation sous-cutanée. Il y a donc contagion. Or, celle-ci ne peut se produire sans la présence d'un élément vivant, d'un infiniment petit, qui pullule dans un milieu au sein duquel il se nourrit en le modifiant ou en le détériorant ;

2° Des expériences plusieurs fois répétées m'ont démontré que du sang de ver gras ayant macéré pendant quelques heures dans une solution de *lusoforme* (mélange de formol et de savon) est rendu inoffensif, car inoculé par piqûre à des vers sains, il ne leur transmet pas la maladie. Il y a donc dans le sang des vers gras un parasite microscopique dont la vitalité est détruite par cet antiseptique.

Nous avons dit que le parasite de la grasserie se développe dans les tissus du ver à soie sous l'*influence de causes extérieures* qui affaiblissent cet insecte et entravent ses fonctions de nutrition.

Les principales de ces causes sont à mon avis :

— La mauvaise conservation de la graine au printemps, qui donne lieu à des éclosions spontanées (28-29).

— La graine soumise pendant l'incubation à une température élevée dans un milieu humide et étouffé (32-99). J'en ai fait l'expérience concluante en 1905.

— L'insuffisance de la chaleur pendant les premiers âges.

— La distribution aux vers, pendant l'élevage, de feuilles qu'ils n'ont point l'habitude de consommer, telles que celles de maclura, de scorsonère, de mûrier noir, etc.; ou bien de feuilles trop vieilles, trop dures qui ne sont pas en rapport avec leur âge, ou encore de feuilles jaunies, altérées par la gelée.

L'action directe du froid sur les vers favorise la grasserie. Un courant d'air froid passant sur des vers qui reposent sur une litière humide, dans un local insuffisamment aéré et trop chauffé, provoque inévitablement cette maladie.

Il en est de même pour ce qui peut gêner la transpiration; par exemple, le maintien des vers sur une litière humide et le défaut d'aération du local. Pour cette raison, la feuille de mûrier mouillée distribuée aux vers à soie dans les années pluvieuses les fait généralement périr par la grasserie.

175. Contagiosité de la grasserie. — Elle ne fait aucun doute pour ceux qui se sont occupés sérieusement de cette question. Sa démonstration résulte des nombreuses expériences de contamination, soit par alimentation avec des feuilles de mûrier souillées, soit par inoculation directe au moyen de piqûres, qui ont été faites par *G. Bolle*, à Goritz, de 1872 à 1897; par *A. Conte* et *D. Levrat*, à Lyon, en 1906-1907; par *D. Hayashi* et *W. Sako*, à Tokio, de 1909 à 1911 et par *moi-même*, à Alais, de 1906 à 1912, c'est-à-dire pendant sept années consécutives. L'infection par la nourriture réussit surtout chez les vers jeunes. Plus tard, la mortalité se restreint; le suc gastrique fortement alcalin des vers à jeun ou à peine sortis de mue, ayant, d'après *Bolle*, un certain effet destructif sur le parasite. Par contre, l'infection sous-cutanée par piqûre, pratiquée suivant la technique qui s'y rapporte, donne toujours des résultats positifs. — Les vers à soie qui ont les griffes souillées de sang de ver gras peuvent donc en marchant sur les vers sains les égratigner et leur inoculer la maladie.

A. Conte et *D. Levrat* ont observé en 1906, que des vers gras transportés dans leur laboratoire où se trouvait une éducation de vers sains transmirent bientôt la grasserie à ces derniers et produisirent une véritable épidémie.

La virulence du sang de ver gras dure au moins un an. Par conséquent, les souillures laissées sur les claies des magnaneries par les cadavres ou par le sang des vers jaunes peuvent transmettre la maladie à l'éducation de l'année suivante.

176. Hérédité de la grasserie. — Nous ne sommes point encore fixés en ce qui concerne le caractère héréditaire de la grasserie. Cependant *Pasteur* a communiqué à la séance du 23 juillet 1866 de l'Académie des Sciences qu'il a eu la preuve de cette hérédité. *G. Bolle* est d'avis qu'elle se produit dans certains cas.

« Nous ne croyons pas impossible, dit-il, que dans certaines circonstances que nous ne connaissons pas, la multiplication des granules se ralentit dans la chrysalide au point de ne pas la tuer et il est possible que dans ce cas ils puissent pénétrer dans les ovaires et de là dans l'ovule — sous forme de spores ou plus facilement encore de sporules — avant que la coque chitineuse de l'œuf soit formée. Continuant à admettre la multiplication lente des granules, la chrysalide peut papillonner, s'accoupler et pondre des œufs féconds dans lesquels les germes — sporules ou spores — de la grasserie doivent être contenus comme le sont les germes de la pébrine dans les œufs de la papillonne corpusculeuse ; ces germes, ainsi que cela arrive pour la pébrine, demeureraient alors inertes pendant l'hivernation pour se reproduire dès l'incubation de la graine. Une semblable éventualité ne doit pas être rejetée *a priori* quand on remarque qu'aussi bien pour la pébrine que pour la grasserie il y a une évidente prédisposition dans certaines races, dans certains élevages, dans certaines régions ou dans certaines années, à voir le mal se montrer avec une plus ou moins grande virulence. Nous avons rencontré des cas de grasserie intense à la première mue pour lesquels il était facile d'admettre que l'infection ne s'était pas produite sur le ver à peine né, mais qu'elle préexistait déjà dans l'œuf. »

J'ai moi-même constaté dans un élevage de pontes séparées, de même origine, ayant hiverné ensemble, recevant les mêmes soins et la même nourriture que quelques-unes d'entre elles, étaient absolument envahies et détruites par la grasserie, alors que les autres placées à côté, sur les mêmes claies, demeuraient tout à fait indemnes et produisaient de très beaux cocons. Il n'est point douteux que les pontes dont les vers sont devenus gras étaient prédisposées à cette affection. Qui nous dit que cette prédisposition n'avait pas son origine dans la graine ?

177. Moyens de lutte contre la grasserie. — La grasserie ayant un caractère contagieux, il faut élever les vers dans un local préalablement désinfecté (179). Les traiter de façon à les soustraire à toutes les causes extérieures indiquées précédemment qui favorisent le développement dans le corps du ver de l'agent spécifique de cette maladie. On y arrivera en appliquant les principes que nous avons étudiés à propos de l'élevage des vers à soie : conservation de la graine au printemps, incubation rationnelle, aération, espacement, délitages, alimentation avec des feuilles saines et en rapport avec l'âge des vers, etc., etc (95 à 120). Les portières doivent être disposées de façon à empêcher l'air pénétrant par une porte, ou par l'ouverture que laisse une de ces portières brusquement écartée, d'arriver directement sur les vers. Un paravent placé en arrière de la porte et arrêtant le courant d'air, produit d'excellents résultats. N'oublions pas qu'il faut aux vers à soie de l'air insensiblement et régulièrement renouvelé, mais *pas de courants d'air.*

Si la grasserie fait son apparition dans un élevage, il faut immédiatement enlever et *jeter au feu* les premiers vers malades afin de détruire tout foyer de contagion. — Activer l'éducation en chauffant un peu plus et en donnant de la nourriture en conséquence. Aussitôt après le décoconnage le magnanier doit brûler les bruyères qui ont supporté des vers gras, enfouir les litières et désinfecter le local afin de détruire les germes qui transmettraient le mal à l'éducation de l'année suivante.

178. Mouches parasites des vers à soie. — En Extrême-Orient, les sériciculteurs ont à lutter contre deux ennemis terribles que fort heureusement nous ne connaissons point. Ce sont des mouches parasites dont les larves se développent dans le corps des vers à soie en détruisant tous leurs tissus.

L'une de ces mouches se rencontre en Indo-Chine. D'après *Bui quang-chieu*, Sous-Inspecteur des Services agricoles et commerciaux de cette colonie, on la nomme *Con lang*, en Cochinchine et *Con nhan*, au Tonkin. Elle pullule au voisinage des magnaneries, et les ravages qu'elle y cause sont considérables. Cette mouche *dépose ses œufs sur la peau du ver à soie* tout en sécrétant un liquide corrosif qui la ronge et permet à ces derniers de s'introduire dans le corps de notre insecte, où les larves naissent et se développent en réduisant en bouillie ses tissus. Une fois mûres, ces larves abandonnent le ver en traversant encore sa peau et vont se loger dans les interstices du plancher, où elles se transforment en pupes noirâtres, de forme ovoïde, qui, une douzaine de jours après, donnent issue à l'insecte parfait.

Pour préserver leurs vers à soie des attaques de cette mouche, les magnaniers du Tonkin entourent de moustiquaires les paniers qui supportent ces insectes, pendant leurs premiers âges. Au moment des repas, ils soulèvent le moustiquaire après avoir éloigné les mouches en produisant une forte fumée de bois. Dans les magnaneries on peut, parait-il, grâce à la lenteur de leurs mouvements lorsqu'elles recherchent leur proie, les attraper assez facilement avec la main.

Au Japon, les éducateurs de vers à soie ont affaire à une mouche d'une autre espèce, appelée Uji ou Oudji (*Ugimya Sericaria*), qui pond ses œufs, en avril et mai, *à la face inférieure des feuilles de mûrier*. Celles-ci données en nourriture aux vers à soie, transportent ces œufs jusque dans leur estomac où ils éclosent. Les petites larves qui en sortent se développent dans le corps du ver en consommant tous ses tissus. Quelquefois celui-ci parvient tout de même à faire son cocon ; mais il meurt à l'état de chrysalide. La larve, devenue mûre, perce le ver ou le cocon, en sort et va se chrysalider dans le sol, où elle passe ainsi tout l'hiver. Au printemps suivant, la mouche s'en échappe ; puis, une fois fécondée, elle va pondre sous les feuilles de mûrier et le cycle recommence.

D'après le prof. Sasaki, cette mouche recherche surtout les mûriers en plantations serrées où règnent l'ombre et l'humidité. Aussi, pour éloigner l'Oudji, il conseille de cultiver des mûriers éloignés les uns des autres, dans des endroits très aérés, élevés et secs, ou bien sur les bords des fleuves et des rivières où l'air se renouvelle continuellement.

LA DÉSINFECTION DES MAGNANERIES

179. Procédés de désinfection. — Nous avons vu que la *pébrine*, la *flacherie*, la *muscardine* et la *grasserie* sont causées par des parasites infiniment petits mélangés, en plus ou moins grande abondance, aux poussières qui recouvrent le sol, les murs, les plafonds, les montants, les claies et les ustensiles des magnaneries. L'éducateur qui a mis tous ses soins à se procurer de la graine parfaitement préparée, bien conservée, capable de donner naissance à des vers robustes, commet une grande faute s'il élève ces insectes dans un local pouvant contenir les germes de ces maladies, car il les expose, dès leur jeune âge, à être la proie de ces dernières.

Il doit donc, *dès que son éducation est terminée* ou, tout au moins, avant de commencer l'élevage suivant, nettoyer minutieusement sa magnanerie et détruire ces parasites microscopiques. La désinfection générale s'impose toujours ; la plupart des échecs qui surviennent doivent être attribués à la négligence de cette pratique, qui comprend les opérations successives suivantes :

1° Faire une solution de 5 kilos de *sulfate de cuivre* pour 100 litres d'eau et en frotter à l'aide d'une brosse ou d'un pinceau tous les ustensiles : montants, claies, cléons, etc. Pulvériser cette solution sur les murs et le plafond. Sous le toit, s'il n'y a pas de plafond. Laver le sol avec la même solution ;

2° Le lendemain ou le surlendemain, alors que l'action du sulfate de cuivre s'est manifestée sur les parasites, badigeonner les murs et le plafond avec un lait de *chaux caustique* nouvellement préparé de la façon suivante : On dispose dans un récipient en bois, un kilogramme de chaux vive sur laquelle on projette peu à peu de l'eau jusqu'à ce que les fragments soient complètement désagrégés. On obtient ainsi une pâte que l'on délaye dans 100 litres d'eau froide en agitant pendant un moment. Puis on laisse reposer pendant un quart d'heure ; les parties lourdes se déposent et on décante le liquide surnageant qui est le véritable lait de chaux. Avec la quantité ainsi obtenue on peut badigeonner un local destiné à l'élevage de deux onces de graine, en nous basant sur ce fait que quatre litres de ce lait de chaux permettent de recouvrir une surface de dix mètres carrés ;

3° Enfin, faire brûler dans le local *hermétiquement clos du soufre*, dont les vapeurs se fixeront partout et détruiront les germes de la muscardine qui pourraient s'y trouver. — Les vapeurs sulfureuses seront surtout efficaces *si les murs et les ustensiles sont humides*. Par conséquent, si ces derniers ont eu le temps de se sécher depuis la dernière opération, il sera nécessaire, avant de brûler le soufre, de les mouiller de nouveau en projetant sur eux de l'eau à l'aide d'un pulvérisateur.

Pour un atelier de 100 mètres cubes de capacité, nécessaire à l'élevage de 25 grammes de graine, on emploie 3 kilogrammes de soufre auxquels on ajoute 300 grammes de salpêtre ou un peu d'alcool pour activer la combustion. Ce mélange est distribué dans quatre ou cinq récipients en terre cuite disséminés sur divers points du plancher et on laisse les vapeurs se dégager pendant vingt-quatre heures. Puis on ouvre les portes et fenêtres et on fait une flambée dans la cheminée pour renouveler l'air.

Nous avons vu, à propos de la muscardine (171) que d'abondantes *fumées de bois* détruisent les germes de cette maladie.

La magnanerie ainsi traitée est dans d'excellentes conditions pour recevoir les vers à soie. Cependant, si une maladie grave a sévi pendant la dernière éducation, il faut faire une désinfection plus énergique en portant la solution de sulfate de cuivre à 10 pour 100 et en badigeonnant ensuite les murs et le plafond avec une solution de *chlorure de chaux du commerce* que l'on prépare ainsi : on délaye un kilo de chlorure de chaux dans 10 litres d'eau et on abandonne au repos pendant quelques instants. Les grosses impuretés se déposent au fond du récipient en terre cuite dont on s'est servi. Puis on transvase le liquide qui surnage et on l'étend d'eau de façon à obtenir 25 litres, qui permettront de badigeonner 100 mètres carrés de surface. Pour rendre l'action du chlorure de chaux plus intense il faut, avant de l'employer, mouiller les murs et le plafond en projetant sur eux de l'eau à l'aide d'un pulvérisateur.

Des expériences précises m'ont démontré que le *lusoforme* (mélange de formol et de savon) employé à raison de 5 kilos pour 100 litres d'eau, c'est-à-dire un litre pour 20 litres d'eau, en pulvérisation sur les parois, les tables, les montants et les ustensiles des magnaneries est d'une efficacité absolue pour détruire les germes de la muscardine, de la grasserie et de la flacherie. Ce désinfectant, très énergique, facile à employer, présente en outre des avantages précieux : inoffensif pour les vers à soie et pour l'homme, il n'altère ni les étoffes, ni le bois, ni les métaux. Il fait disparaître les mauvaises odeurs. J'engage vivement les sériciculteurs à en faire usage.

Un lavage avec une solution savonneuse d'abord, puis une solution de *phénol* à 5 pour 100 constitue un excellent désinfectant.

Il en est de même du *sublimé corrosif* en solution à 1 pour 1000; mais ce sel étant dangereux, je ne conseille pas volontiers de le mettre entre les mains de nos ouvriers ruraux.

Des arrêtés ordonnant la destruction absolue, par le feu, des litières provenant des chambrées décimées par les maladies, notamment par la muscardine et par la flacherie, s'imposent. Ils contribueraient à atténuer dans une large mesure la propagation de ces redoutables fléaux.

CHAPITRE VII

LE GRAINAGE

Nous avons dit, dès le début de cet ouvrage, que la sériciculture n'envisage pas seulement la production économique des cocons destinés à la filature; elle s'occupe aussi de celle *des œufs nécessaires à la reproduction de l'espèce.*

180. Préparation du grainage. — On désigne sous le nom de *grainage* l'ensemble des opérations qui permettent d'obtenir ces œufs ou *graines*, dans les conditions les plus favorables à l'avenir de leur descendance. Depuis les découvertes de ***Pasteur*** leur confection est devenue une industrie qui a pour base fondamentale la stricte application des méthodes de sélection que l'illustre savant a préconisées. Ce sont des professionnels connus sous le nom de *sériciculteurs-graineurs* qui l'exercent.

181. Définition de la bonne graine. — La bonne graine est celle qui, provenant d'une ***race choisie***, adaptée au milieu où elle doit être élevée, donnera naissance à des vers ***sains***, c'est-à-dire exempts de germes de *pébrine*, et ***robustes***, c'est-à-dire n'ayant aucune prédisposition à la *flacherie*, à la *gattine* ou à la *grasserie*, et capables de supporter vaillamment les circonstances fâcheuses, causes de maladies, qui pourront se produire pendant leur élevage.

Le ver à soie, en effet, est soumis comme tous les autres animaux à l'influence de l'***hérédité*** qui transmet aux enfants les caractères des parents. Mais il n'y a pas que les caractères de genre, d'espèce, de race ou de variété qui sont ainsi transmis; on retrouve aussi chez les descendants les plus petits détails de structure, les qualités, les défauts, les instincts, les maladies ou les prédispositions aux maladies des parents.

Les vers qui naîtront de graines saines, provenant de parents robustes, producteurs de cocons recherchés par les acheteurs, auront donc la chance de bien se tenir pendant le courant de leur vie, présenteront plus de résistance aux maladies accidentelles et donneront une excellente récolte.

182. Petites chambrées de reproduction. — La qualité de la graine dépend pour une grande part de la façon dont se sont comportés, pendant leur éducation, les vers à soie qui l'ont produite. Ceux-ci doivent être élevés en *petites chambrées* de 5, 10, 15, 20 et 25 grammes de graines au plus en appliquant les données que nous avons fournies à propos de l'élevage (95 à 120). Il faut les tenir *très espacés*, régulièrement aérés, et ne leur servir que de la feuille *de mûriers qui n'ont pas été taillés depuis deux ans au moins*. La température du local étant maintenue à 20° centigrades (19° R), on doit s'assurer que les vers, toujours parfaitement égaux et ayant bien accompli leurs mues, ont eu constamment, et surtout à l'époque de la grande frèze, un excellent appétit. Le graineur consciencieux doit avoir surveillé avec beaucoup d'attention chacune de ses chambrées de reproduction. Celles dont les vers ont été lents, sans vigueur à la montée à la bruyère, quoique ayant produit de très beaux cocons, doivent être impitoyablement rejetées du grainage. A plus forte raison, s'il y a eu quelques cas de mortalité par la flacherie. Il en est de même si la grasserie s'y est montrée d'une façon trop sensible.

Il résulte de très anciennes observations que les premiers vers qui sortent de la coque et les premiers éveillés à chacune des mues sont toujours les plus vigoureux. Si donc on prend la précaution de les lever et de les élever à part pour les faire reproduire entre eux, on obtient de la graine plus robuste.

Le décoconnage se pratique une dizaine de jours après la montée des vers à la bruyère. On doit y apporter beaucoup de soins, *en évitant de jeter les cocons de trop haut ou de trop loin* dans les corbeilles destinées à les recevoir.

Si l'éducation a bien réussi il ne doit y avoir que quelques cocons faibles que l'on écarte. Aussitôt après, les cocons sont placés dans des paniers qui ne doivent pas en contenir plus de 30 kilos chacun et on les transporte, sans perdre de temps, à l'atelier de grainage.

MÉTHODES DE REPRODUCTION

Les méthodes de reproduction les plus employées en sériciculture sont la *sélection* et le *croisement*.

183. ***La sélection*** est le choix raisonné des reproducteurs qui a pour but le perfectionnement de la race en elle-même. Elle porte sur les chambrées de reproduction et sur les individus.

Le **Système Pasteur** consiste à faire une double sélection.

1° *Sélection des chambrées* dans le but de produire de la graine qui donnera naissance à des vers n'ayant aucune prédisposition à la flacherie et par conséquent vigoureux. Nous avons vu (161-182) que toutes celles dont les vers ont été languissants à la fin du 5e âge et sans vigueur à la montée à la bruyère doivent être rejetées du grainage ;

2° *Sélection des papillons* à l'aide du microscope pour ne conserver que la graine de ceux qui ne possèdent pas de corpuscules de la pébrine (153).

Ce système se trouve tout entier résumé dans ces paroles du sauveur de la sériciculture :

« ***Si j'étais éducateur de vers à soie, je ne voudrais jamais élever une graine née de vers que je n'aurais pas observés à maintes reprises dans les derniers jours de leur vie*** afin de constater leur vigueur, c'est-à-dire leur agilité au moment de filer leur soie. Servez-vous de graines provenant de papillons dont les vers sont montés avec prestesse à la bruyère, sans offrir de mortalité par la flacherie de la quatrième mue à la montée *et dont le microscope aura démontré la sanité au point de vue des corpuscules* et vous réussirez dans toutes vos éducations si peu que vous connaissiez l'art d'élever les vers à soie. »

Pour assurer la robustesse de la graine et la bonne qualité des produits, pour améliorer ou créer des variétés adaptées aux diverses régions où l'on pratique l'élevage des vers à soie, le sériciculteur-graineur effectue, au cours de ses opérations de grainage des sélections qui portent successivement sur les cocons, les papillons et la graine. Nous les examinerons par la suite. Par une sélection bien entendue on obtient des races pures, vives, nerveuses, à cocons moyens. Les éleveurs doivent les préférer à celles qui produisent de gros cocons. Toutes conditions égales, elles sont plus robustes et parcourent leur existence larvaire dans un temps plus court. Il en résulte qu'elles échappent plus facilement aux maladies et consomment moins de feuille tout en donnant une récolte égale. Cette égalité de rendement s'explique par le fait que le gramme de graine d'une race petite ou moyenne contient un plus grand nombre d'œufs et produit par conséquent plus de cocons que le gramme de graine d'une grosse race. Il y a donc compensation.

Coutagne est d'avis que l'augmentation du poids des cocons n'est pas une amélioration au point de vue industriel. « En effet, dit-il, les races à gros vers sont toujours délicates et bien plus sensibles à la flacherie que les races à petits vers. La raison en est fort simple : lorsqu'un ver devient plus grand, sa surface croît comme le carré de ses dimensions et son volume comme le cube, en sorte que le rapport de sa surface à son volume diminue progressivement et que, dès lors, sa transpiration cutanée s'effectue dans des conditions de plus en plus défavorables. »

Or, la transpiration cutanée a une importance physiologique considérable. Sa suppression ou même sa diminution amènent inévitablement la flacherie accidentelle.

Le graineur qui fait de la sélection bien entendue doit se méfier de la *consanguinité*, c'est-à-dire de la reproduction entre individus de la même famille. Cette méthode est, en effet dangereuse, parce qu'elle accroît considérablement aussi bien les défauts que les qualités chez les descendants. Si les reproducteurs présentent le moindre vice d'organisation ou tant soit peu de débilité, ce dont il est la plupart du temps impossible de s'assurer, ceux-ci se transmettront aux enfants à un degré beaucoup plus élevé. La consanguinité est, suivant l'expression du professeur Sanson, une arme à deux tranchants. Mal employée, elle amène rapidement la dégénérescence chez les vers à soie.

Par contre, elle est une méthode parfaite si l'on est sûr de n'avoir à faire qu'à des reproducteurs absolument sains.

184. ***Le croisement*** est l'union de deux individus de *races différentes*. Il a pour but d'augmenter la vigueur d'une race qui faiblit ou dégénère en l'accouplant avec une autre race plus robuste. Il est démontré d'ailleurs : 1° que deux races de même vigueur croisées entre elles donnent des produits plus vigoureux et plus robustes que ne l'étaient les procréateurs de ces derniers; 2° que deux races de vigueur différente croisées entre elles donnent des produits dont la robustesse est supérieure à celle de la race procréatrice la plus vigoureuse.

Nos graineurs pratiquent fréquemment l'union d'individus de la même race *élevés dans des localités différentes*. Ils l'appellent *croisement de milieux*. Ils font ainsi de la sélection et non du croisement. Cette façon de procéder augmente la vigueur des produits.

Les croisements les plus généralement pratiqués aujourd'hui sont ceux qui résultent de l'union de nos races indigènes avec les races de la Chine et, à un moindre degré, du Japon. Les plus répandus sont : le croisement entre elles de deux races à cocons jaunes ou de deux races à cocons blancs qui produit, suivant le cas, des métis *polyjaunes* ou des métis *polyblancs*: le croisement de femelles chinoises à cocons blancs sphériques avec mâles indigènes à cocons jaunes, et vice versa; le croisement de femelles chinoises à cocons dorés sphériques avec mâles indigènes à cocons jaunes et vice versa.

Il y a lieu de remarquer que le croisement de la femelle chinoise avec mâle indigène donne un rendement en graine et, par suite, en cocons supérieur à celui de la femelle indigène avec mâle chinois. C'est que la femelle chinoise pond un nombre d'œufs bien plus élevé que la femelle indigène et il s'ensuit qu'une once de 30 grammes de graine pondue par des papillonnes chinoises contient environ 20 000 œufs de plus que le même poids de graine provenant de papillonnes indigènes.

Il a été observé aussi que dans le croisement de races bivoltine et annuelle, c'est la femelle qui transmet sa particularité aux descendants. C'est ainsi, par exemple, que le croisement d'une femelle bivoltine avec un mâle annuel donne des produits bivoltins, tandis que les vers à soie issus du croisement d'une femelle annuelle avec un mâle bivoltin sont tous annuels.

Pour abréger la désignation d'un croisement, il est convenu que l'on inscrit tout d'abord la femelle en la séparant du mâle par le signe × (multiplié par). Ainsi le croisement d'une femelle de Chine à cocons dorés avec un mâle indigène à cocons jaunes s'écrit : Chine doré × jaune indigène.

Les métis provenant de ces croisements sont très recherchés par les éducateurs italiens. En France, on les rencontre chez quelques éleveurs de la Drôme, de l'Ardèche, de l'Isère et de la Corse.

En sériciculture, on doit se borner à faire du *croisement simple*, c'est-à-dire à ne produire, pour les élevages dont les cocons sont destinés à la filature, que des métis de première génération. Il faut bien se garder d'unir ces derniers entre eux pour éviter les désagréables surprises inhérentes à l'*atavisme*.

Le graineur doit donc toujours avoir à sa disposition des reproducteurs de race chinoise et de race indigène purs, pour obtenir les métis en question.

La méthode de croisement ne doit être utilisée que pour les régions où les races jaunes indigènes pures réussissent difficilement. Pour une même quantité de graine élevée, les métis produisent un poids moindre de cocons que les jaunes purs sélectionnés. Toutes conditions égales, leur rendement en filature est parfois un peu plus élevé. Mais la qualité de la soie obtenue est inférieure à celle provenant des cocons de nos races indigènes.

Cette méthode est, en outre, très délicate, onéreuse et peu sûre.

Cependant si l'on fait du *croisement continu*, en unissant pendant plusieurs générations successives les métis entre eux, c'est-à-dire en pratiquant l'*autofécondation*, on peut arriver à reconstituer une race pouvant s'adapter au milieu dans lequel on se propose de l'élever et possédant les caractères recherchés à la fois par l'éducateur et par le filateur.

L'observation des lois découvertes, en 1865, par *Grégorio Mendel* peut permettre d'y arriver car, ainsi que l'ont expérimenté les professeurs *Toyama*, *Kellogg*, *Ishiwata* et *E. Quajat*, elles sont applicables au ver à soie du mûrier.

En voici le résumé :

« I. *Loi de la prépondérance*. — Quand on croise des variétés à caractères opposés (par exemple cocons jaunes avec cocons blancs) les produits de la première génération sont tous uniformes et égaux à un des procréateurs.

Les premiers caractères qui se manifestent dans la première génération sont appelés *dominants* tandis que les seconds qui demeurent latents dans la première génération sont dits *rétrogrades*.

Des deux caractères antagonistes des individus croisés c'est le caractère le plus ancien qui devient dominant dans le métis.

II. *Loi de la disjonction*. — Dans la seconde génération *obtenue par autofécondation* trois quarts des produits représentent le caractère dominant et un quart le caractère rétrograde et il ne se manifeste pas de formes intermédiaires.

Dans les générations suivantes les descendants de ce quart à caractère retrograde, si on les reproduit entre eux, ne se disjoignent plus et donnent pendant un nombre indéfini de générations toujours des individus à caractère rétrograde.

Au contraire les trois quarts à caractère dominant, alors qu'ils se reproduisent entre eux, donnent des descendants de deux sortes : un tiers (appelés dominants purs) égaux aux produits du premier croisement et reproduits entre eux donnent indéfiniment des individus identiques entre eux ; et deux tiers avec caractère dominant qui, reproduits entre eux à leur tour, donnent un quart à caractère rétrograde et trois quarts à caractère dominant. Ceux-ci se comportent comme ceux de la seconde génération et ainsi de suite.

III. *Loi de l'autonomie des caractères*. — Si les deux variétés que l'on croise entre elles se différencient non par un seul mais par plusieurs caractères antagonistes, chacun de ceux-ci se manifeste indépendamment dans les produits des générations successives, de sorte que l'on obtient des produits qui représentent toutes les combinaisons possibles des caractères. »

185. Sélection au point de vue de la pébrine et triage des cocons. — Dès que les cocons arrivent à l'atelier de grainage, le graineur doit s'assurer de leur sanité au point de vue de la pébrine (151). Pour cela, il en prélève, au hasard, deux ou trois cents choisis parmi les plus gros, parce qu'ils renferment surtout des femelles, et il les place dans une pièce chauffée nuit et jour, à 30° ou 35° centigrades. Il hâte ainsi la transformation des chrysalides en papillons et ceux-ci sortent de leurs cocons quelques jours avant ceux de la généralité du lot qui n'est soumis, dans l'atelier, qu'à une température de 20° à 25° centigrades. Il les broie successivement dans un petit mortier et examine au microscope une goutte de la bouillie ainsi obtenue. S'ils présentent des corpuscules, il n'y a qu'à envoyer sans hésitation tout le lot d'où ils proviennent à l'étouffoir et, de là, à la filature.

Les cocons doivent être étendus sur des claies *en les disposant sur une faible épaisseur*. S'ils sont trop entassés, la respiration des chrysalides s'effectue mal (139) ; elles s'affaiblissent, souffrent et *deviennent de médiocres reproducteurs*. En outre, l'acide carbonique retenu dans le tas les asphyxie, pendant que ce dernier risque de s'échauffer sous l'action de la chaleur et de la vapeur d'eau exhalée.

Les lots de cocons reconnus indemnes de pébrine sont soumis au *triage*. On ne doit conserver pour la reproduction que les cocons qui présentent le meilleur aspect au point de vue de la forme, de la couleur, de la grosseur, de la fermeté, du grain recherchés par les acheteurs, et dont les chrysalides sont saines et bien vivantes. Ils doivent résister à la pression des doigts, surtout aux deux bouts.

Il est bon d'ouvrir une centaine de ces derniers pour se rendre compte de l'aspect des chrysalides. Lorsqu'elles sont saines, leur couleur est à peu près uniforme, d'un jaune plus ou moins doré ou brun, selon leur âge. Tandis que la partie antérieure de leur corps est complètement immobilisée par les vestiges des ailes qui enveloppent le thorax. la partie abdominale formée d'anneaux peut courber rapidement son extrémité en différents sens, dès qu'on les touche. — Si l'on trouve des chrysalides dont les ailes sont noirâtres, comme brûlées, ou bien qui présentent des taches noires, soit sur le dos, soit dans les espaces interannulaires, visibles surtout lorsqu'on incline de côté et d'autre l'extrémité abdominale, c'est de mauvais augure. Si leur nombre est supérieur à 3 pour 100 il faut exclure le lot du grainage. Il en est de même pour la proportion de *fondus*. Ceux-ci peuvent être occasionnés par la *grasserie* ou par la *flacherie*.

La présence au microscope de granules polyédriques (174) dans la sanie brun-noirâtre que contient un cocon fondu indique que le ver a été victime de la grasserie. Si l'on y trouve des streptocoques et des bacilles en abondance (159) il y a des chances pour que ce soit la flacherie qui ait sévi dans la chambrée *surtout si, après avoir fait le pourcentage des fondus le jour de la récolte, on constate huit jours plus tard que leur nombre a augmenté*. Néanmoins, il n'y a guère que la surveillance attentive des chambrées qui permette de se prononcer sans hésitation au point de vue de la flacherie.

La bonté d'un lot de cocons se déduit du nombre qu'il en faut pour peser un kilogramme. Il est évident que plus ce nombre est réduit, plus les cocons sont lourds. C'est ainsi que un lot de cocons dont 420 ou 450 pèsent un kilo est bien supérieur, pour la reproduction, à un autre dont il en faudra 500 ou davantage pour obtenir le même poids.

On doit éliminer les cocons *faibles*, les *difformes*, les *safranés*, les *satinés* et, à la rigueur, les *doubles* (119). Ces défectuosités plus ou moins transmissibles dénotent un manque de vigueur, une dégénérescence ou des tendances anormales chez les reproducteurs. On sait depuis longtemps que les *doubles* ne sont pas héréditaires. J'ai moi-même, à diverses reprises, élevé des vers provenant de cocons doubles et j'ai obtenu, presque toujours, uniquement des cocons simples.

Par contre, il résulte de mes recherches effectuées en 1899, 1900 et 1902 que *les vers issus de cocons satinés donnent en grande majorité des cocons satinés.* Par conséquent les graineurs doivent éliminer avec soin de la reproduction tous les cocons qui présentent cette défectuosité, en tenant compte de cette remarque que les vers qu'ils produisent sont généralement chétifs et par conséquent plus prédisposés aux maladies.

186. Moyens de maintenir la robustesse d'une race. — Pour conserver la vigueur d'une race que l'on veut maintenir pure, il faut que les divers lots qui en font partie, après avoir été élevés *dans des milieux de climat et de sol différents, très éloignés les uns des autres*, soient maintenus bien séparés pendant leur séjour dans l'atelier de grainage. Les cocons doivent être disposés de telle sorte que l'on puisse, lorsque les papillons en sortiront, accoupler les mâles de certains lots avec les femelles d'autres lots, en un mot, s'arranger de manière à éviter que les sexes différents d'un même lot s'accouplent entre eux.

Dans la pratique du grainage on ne tient, trop souvent, pas compte de ce fait. Les cocons mâles et femelles du même lot sont mélangés et les papillons s'accouplent dès leur sortie. C'est ce qui explique la dégénérescence de certains lots, dont les descendants finissent par succomber à l'état *de passis* ou de *têtes claires* (163).

Nous avons vu, d'autre part, que le *croisement* (184) concourt au même but. On arrive au résultat désiré en séparant les cocons mâles des cocons femelles que l'on groupe à part pour pratiquer ensuite les accouplements entre insectes de lots distincts, ou dans le second cas, de races distinctes.

Les cocons mâles sont plus légers que les cocons femelles. Lorsque ces derniers arrivent au grainage leurs chrysalides renferment déjà les œufs tout formés; *ils sont d'autant plus pesants que leurs graines sont plus nombreuses et plus saines.* Nous en déduisons que les meilleures femelles sont contenues dans les cocons les plus lourds.

La séparation des cocons de sexes différents se fait avec assez de précision à l'aide d'une petite balance, d'un trébuchet de laboratoire, en procédant de la façon suivante :

On prélève au hasard, dans un lot, 500 cocons, on les pèse et on en déduit le poids moyen des cocons de la chambrée. Si par exemple ces 500 cocons pèsent 1000 grammes, un simple calcul nous indique que leur poids moyen est de 2 grammes.

On met 2 grammes dans un des plateaux de la petite balance; puis on fait passer dans l'autre tous les cocons individuellement. Tous ceux qui font baisser le plateau sont des femelles; les autres qui n'ont aucune action sur lui sont des mâles. Quant aux cocons qui se maintiennent en équilibre avec les 2 grammes, ils donnent indifféremment des mâles ou des femelles, mais ils sont en très petit nombre.

Un ancien sériciculteur, *André Jean*, a conclu, à la suite d'observations faites d'une façon continue pendant vingt ans, de 1836 à 1857, *que les mâles contenus dans ces cocons de poids moyen sont les plus vigoureux de la chambrée.*

Dans les ateliers de grainage importants on emploie pour effectuer la séparation des cocons de sexes différents des balances spéciales qui permettent d'opérer rapidement.

Le croisement des races exige une séparation très rigoureuse des sexes. On utilise, dans ce but, des *casiers isolateurs* en bois ou, plus généralement, en carton, moins onéreux. Ils sont formés d'un cadre rectangulaire reposant sur un fond de gaze et limitant un certain nombre de petites cases de 4 centimètres carrés, dans chacune d'elles on place un cocon. Ces cadres étant disposés les uns sur les autres, une fois garnis, les papillons ne peuvent pas s'échapper de leurs cellules où il est facile de les recueillir pour pratiquer les accouplements que l'on a décidés d'avance.

187. Sélection des cocons au point de vue de la richesse soyeuse. — Pour déterminer d'une façon précise la richesse en soie des cocons, dans le cas où l'on désire opérer la sélection des reproducteurs à ce point de vue, on a recours à la méthode à la balance qui a été imaginée par par M. *Coutagne*. Voici en quoi elle consiste :

Pour chaque lot à conserver en vue de la reproduction, après avoir choisi les cocons les meilleurs en ce qui concerne la forme, le grain, la couleur, la fermeté, etc., provenant de chambrées qui n'ont laissé à désirer en rien au point de vue de la santé des vers et de la montée à la bruyère, on commence par séparer à l'aide de la balance tarée au poids moyen d'un cocon, les mâles et les femelles; puis on établit la richesse en coque soyeuse de chaque cocon. Pour cela, *on pèse d'abord le cocon* au centigramme; ensuite, à l'aide d'un canif tranchant, on l'ouvre à l'une de ses extrémités de façon à figurer un couvercle adhérent par un point. On extrait la chrysalide ainsi que la peau ridée et sèche qui l'accompagne et *on pèse la coque*. On réintègre ensuite délicatement la chrysalide dans le cocon, la tête tournée vers la partie qui n'a pas été sectionnée et on ferme le couvercle en le faisant pénétrer légèrement.

Supposons que le poids d'un cocon soit de 1 gr. 73 et celui de sa coque de 0 gr. 27, nous obtiendrons la richesse soyeuse en divisant 0 gr. 27 par 1 gr. 73, soit 0 gr. 156, ce qui veut dire que 100 kilogrammes de cocons pareils à celui que nous venons de peser donneraient 15 kg. 6 de coques soyeuses.

La richesse soyeuse des cocons habituellement filés varie de 11 à 13 pour 100. Par une sélection suivie on peut la faire monter à 20 pour 100 et au-dessus.

On dispose pour la sélection de boîtes désignées chacune par une lettre et contenant 50 casiers numérotés. De ces boîtes, les unes sont employées pour enfermer et isoler les mâles, les autres pour les femelles.

Chaque cocon après avoir été pesé ainsi qu'il vient d'être dit, est déposé dans un des casiers numérotés et inscrit, avec ses poids respectifs, sur un registre à la suite du numéro de son casier.

Tous les cocons étant ainsi isolés, on attend la sortie des papillons, puis on n'accouple entre eux que les reproducteurs à aspect irréprochable appartenant à des familles différentes de la même race, dont le poids du cocon et la richesse soyeuse sont le plus élevés. De cette façon on tend à améliorer la richesse soyeuse des cocons, tout en leur maintenant un poids favorable à la vente.

Mais je suis d'avis *qu'une limite s'impose à cette sélection*. L'union continuelle de reproducteurs dont les glandes soyeuses sont de plus en plus actives ne peut qu'avoir une répercussion fâcheuse sur d'autres organes, système nerveux, trachées, appareil digestif, etc., et diminuer la vigueur des vers. Ne pas accepter cette manière de voir serait nier la loi dite de corrélation de croissance d'après laquelle « lorsque un organe a acquis un développement extraordinaire, un autre organe appartenant au même système ou en relation avec lui éprouve une diminution correspondante ou même s'atrophie. »

Contentons-nous lorsque nous utiliserons cette méthode d'accoupler entre eux des reproducteurs dont la richesse soyeuse varie entre 14 et 16 pour 100 et nous serons certains de maintenir la robustesse de nos précieux insectes tout en leur faisant produire beaucoup de soie.

Cependant, les recherches poursuivies pendant sept années, de 1897 à 1903, par *F. Lafont*, répétiteur de sériciculture à l'École nationale d'agriculture de Montpellier, en faisant les élevages comparatifs d'une suite de générations de vers à soie provenant les uns de cocons très riches en soie et les autres de cocons pauvres en soie lui ont permis de conclure :

1° Que la richesse soyeuse élevée ne se fixe pas dans la descendance, puisqu'il a obtenu, en fin de compte, des produits dont la richesse soyeuse se rapprochait sensiblement de la richesse moyenne du lot initial de 1897.

2° Que les meilleurs résultats obtenus industriellement par la sélection à la balance peuvent s'obtenir avec des races ordinaires qui, de plus, donnent de meilleurs rendements en cocons;

3° Qu'il n'y a pas lieu de conseiller la méthode de sélection à la balance aux sériciculteurs-graineurs qui obtiendront certainement d'aussi bons résultats en continuant la sélection des reproducteurs *au toucher* et en rejetant rigoureusement tous les cocons jugés trop faibles ou défectueux.

Afin de ménager les intérêts des filateurs en même temps que ceux des éducateurs, il conseille de proscrire les gros cocons à brins grossiers et à grosses chrysalides pour répandre des races à cocons moyens ou petits, telles que les Biones, les Pyrénées, les Cévennes, etc., dont les cocons joignent une finesse de brin à un bon rendement à la filature.

Il est utile de noter ici que, à poids égal, les cocons mâles produisent plus de soie que les cocons femelles; à nombre égal, au contraire, ce sont les cocons femelles qui sont les plus riches.

FIG. 46. — MACHINE SERVANT A ENLEVER LA BOURRE DE SOIE OU BLAZE QUI ENTOURE LES COCONS.
(Établissement Roustan, à Laragne, Hautes-Alpes.)

Tandis que la richesse soyeuse des mâles est de 14 à 16 pour 100, celle des femelles n'atteint que 11 à 13 pour 100.

188. Disposition des cocons pour la sortie des papillons. — Les cocons ayant été triés et sélectionnés, le graineur les débarrasse à l'aide d'une petite machine construite exprès (fig. 46), de la bourre de soie appelée *blaze* qui les entoure, puis il les dispose de telle manière que les papillons puissent, le moment venu, en sortir facilement.

Il peut utiliser à cet effet :

Les filanes ;

Les harpes ou lyres ;

Les cadres grillagés.

Les filanes sont des chapelets de cocons que l'on enfile en ne piquant leurs coques que sur un ou deux millimètres d'épaisseur. Chacune d'elles supporte environ 138 à 140 cocons reliés par un fort fil écru de 2 m. 50 et placés deux à deux dans la même position. Pliées par le milieu pour être suspendues à 5 centimètres les unes à côté des autres à des supports horizontaux mobiles sur un étendage, elles ont environ 1 m. 25 de longueur.

L'emploi de ces filanes est onéreux, car pour les confectionner, une ouvrière ne manipule guère que 5 à 6 kilogrammes de cocons dans sa journée. En outre, si le graineur s'aperçoit que l'infection corpusculeuse existe dans un lot après que les cocons ont été mis en filanes, ces derniers étant percés ne peuvent être envoyés à la filature, ils n'ont plus que la valeur des déchets. Enfin, lorsque les papillons sortent des cocons et qu'il s'agit de les enlever, l'ouvrière n'a qu'une main de libre, l'autre étant occupée à tenir la filane tendue pour faciliter le travail.

Les harpes consistent en des cadres en bois disposés verticalement, dans lesquels sont tendues parallèlement les unes aux autres de solides ficelles qui maintiennent les cocons en files. Par conséquent, si on s'aperçoit que la pébrine existe, ils peuvent être envoyés aussitôt à la filature et payés comme tels. Les bouts des cocons sont absolument libres et forment, dans leur ensemble, les deux faces des cadres. Les papillons en sortent facilement et se tiennent mieux sur ces derniers que sur les filanes mises plus ou moins en mouvement par l'agitation rapide des ailes des papillons mâles.

D'autre part, leur disposition sur des surfaces planes permet de juger leur aspect au premier coup d'œil et de les enlever avec d'autant plus de facilité que l'ouvrière a ses deux mains libres. Enfin, cette dernière peut mettre en lyre 1100 à 1200 cocons par heure, soit une trentaine de kilos environ dans sa journée.

Le cadre grillagé est formé de deux cadres en bois de construction identique sur chacun desquels est tendue une toile métallique. Ces deux cadres sont appliqués l'un contre l'autre, reliés par des crochets et maintenus à un écartement convenable par des traverses formant entretoises et faisant partie du cadre. On verse, à l'aide d'un entonnoir ayant la longueur du cadre, les cocons dans la partie vide, existant entre les deux toiles métalliques, qui est suffisante pour loger deux épaisseurs seulement. Les mailles de ces toiles métalliques sont assez petites pour que les cocons ne puissent passer au travers et assez grandes pour laisser passer les papillons dès leur sortie des cocons.

Les cocons vidés dans le cadre ne doivent pas y être entassés. Celui-ci, une fois rempli, est suspendu par des crochets dans la salle de grainage; on peut suspendre plusieurs cadres les uns au-dessous des autres, ce qui permet de faire grainer dans une même salle une bien plus grande quantité de cocons que s'ils étaient mis en filanes ou en harpes.

Les papillons, en sortant de leur cocon, se répandent, après avoir traversé les mailles du grillage sur la partie extérieure du cadre où l'ouvrière les ramasse facilement. Quand les cocons d'un cadre ne donnent plus de papillons, on l'ouvre en deux en défaisant les crochets pour faire tomber les cocons percés. On le referme ensuite et il est prêt à servir de nouveau.

Avec l'aide de ces cadres grillagés deux ouvrières peuvent mettre régulièrement à papillonner environ 700 à 800 kilos de cocons par jour. Si un lot de ces cocons est reconnu malade de la pébrine, ces derniers peuvent être sortis des cadres en quelques minutes pour être envoyés immédiatement à l'étouffoir et de là à la filature.

189. Papillonnage. — A la température de 23° centigrades (18° R.) le papillonnage s'effectue, suivant les races, 15, 18 ou 20 jours après la formation des cocons sur la bruyère. A mesure qu'il approche, les yeux des chrysalides deviennent de plus en plus noirs. C'est le matin, de 5 heures à 9 heures, que les papillons sortent de leur prison soyeuse. Lorsque l'éclosion va se produire on perçoit, en plaçant l'oreille contre le cocon, un bruissement sourd causé à l'intérieur par les efforts que fait le papillon pour se débarrasser de son enveloppe de chrysalyde. En même temps on constate que plusieurs de ces cocons sont mouillés à l'un de leurs bouts par le liquide alcalin qu'ont rejeté les insectes qu'ils renferment afin de pouvoir écarter facilement les fils de soie à l'endroit qui leur donnera issue (145). Passé 9 heures du matin, il n'en paraît pour ainsi dire plus jusqu'au lendemain et le papillonnage dure, suivant les variétés, de 10 à 12 jours.

Tous les papillons qui ont un mauvais aspect doivent être éliminés : ceux dont le ventre est volumineux, traînant, en violon; ceux qui n'ont pas l'agilité normale correspondant à leur sexe; ceux qui ont les ailes recroquevillées, aux nervures gonflées d'ampoules de sang noirci; ceux qui présentent des taches noires entre les anneaux de l'abdomen.

Ces taches sont dues à la visibilité par transparence de la poche stomacale qui, contenant encore de la feuille de mûrier *non digérée*, est volumineuse et de couleur foncée, ce qui n'a pas lieu chez les papillons sains. En outre, il est bon de noter que lorsque, par suite d'affaiblissement, la digestion a été incomplète, « les déjections des papillons au lieu d'être incolores ou d'une couleur jaune paille ou légèrement orangée sont d'un gris ou d'un brun noirâtre et très tachantes pour les linges qui servent au grainage ».

Au moment de la sortie des papillons il est bon de procéder à un nouvel examen microscopique pour s'assurer de l'absence de *pébrine*.

Il faut enlever avec soin tous les papillons dont le duvet de l'abdomen est noir ou gris foncé *par places restreintes*, ou bien sur une étendue plus ou moins grande. Ces papillons, très corpusculeux, sont désignés sous le nom de *plombés*.

Tout lot pébriné doit être mis en grainage cellulaire dont nous parlerons plus loin.

Si les cocons sont mélangés, les mâles très agiles ne tardent pas à rencontrer les femelles et ils s'accouplent. Lorsqu'au contraire on a pris la précaution de séparer les cocons de sexe différent, il faut réunir les mâles d'un lot avec les femelles d'un autre lot (186). En général, les premiers papillons qui sortent des cocons, dans chaque lot, sont des mâles.

En attendant la sortie des femelles, il faut les conserver dans des boîtes percées de trous permettant l'aération et placées dans un local frais. Maintenus dans l'obscurité ils se tiennent tranquilles tandis que, à la lumière, ils sont continuellement en mouvement et agitent leurs ailes avec rapidité. Ne mangeant pas, ils vivent aux dépens de leur tissu graisseux; leur épuisement est en rapport avec leur agitation.

Les femelles sont au contraire très calmes. Bien souvent elles sont en excès à la fin de l'éclosion d'un lot. En prévision de cela, il est bon de conserver des mâles, ainsi qu'il vient d'être indiqué, même si ces derniers ont déjà servi une fois.

190. Accouplement des papillons et fécondation des œufs. — L'accouplement et la fécondation des œufs ne se font normalement que si la température de l'atelier se maintient à 23° centigrades (18° R.). Au-dessous de ce degré les papillons sortent lourds et paresseux, l'*union des sexes s'opère mal*, la *ponte est pénible*, *beaucoup d'œufs pondus demeurent jaunes et se dessèchent*. Par conséquent, si le temps se refroidit, on doit faire du feu dans l'atelier de grainage. Il faut, en outre, que le local soit bien aéré pour faciliter la transpiration des précieux insectes et celle des ouvriers qui s'en occupent, plus ou moins gênés d'ailleurs par les fines écailles qui voltigent dans l'atmosphère après s'être détachées des ailes que les papillons mâles, surtout, agitent rapidement. Cependant, ces battements d'ailes peuvent être bien atténués si l'on a la précaution de tenir le local dans un demi-jour.

Nous avons déjà exposé (149) ce qui a trait à l'accouplement des papillons. Nous ajouterons ici que l'*accouplement illimité* pratiqué dans certains ateliers de grainage industriel pour économiser la main-d'œuvre est une mauvaise pratique. En effet, après quelques heures d'union, des séparations se produisent; les mâles cheminent rapidement de tous côtés en agitant leurs ailes, dérangent les couples, vont s'accoupler avec d'autres femelles devenues libres. Certaines de ces dernières commencent à pondre puis se marient de nouveau; d'autres meurent avant d'avoir commencé l'expulsion de leurs œufs. Beaucoup de pontes sont incomplètes, etc.

Les recherches du professeur *Cornalia* lui ont démontré que « un accouplement qui dépasse une heure de durée est suffisant pour féconder totalement les œufs; mais les phénomènes qui se produisent dans l'œuf après la ponte ont une marche plus rapide et plus régulière quand l'accouplement a duré cinq à six heures, *sans qu'il y ait besoin pour cela de lui donner une durée illimitée*[1].

D'autre part le professeur *Jules Gal*, du lycée de Nîmes, confirme, à la suite d'expériences précises, les conclusions de Cornalia sur la durée de l'accouplement nécessaire à la fécondation et reconnaît que « la femelle fécondée pond avec activité et sans retard, tandis que la femelle non fécondée ne laisse échapper ses œufs que lentement et comme à regret. »

Par conséquent, le graineur a tout intérêt à désaccoupler les papillonnes après cinq à six heures d'union, c'est-à-dire vers

---

1. Communication du professeur Cornalia au Congrès international de Rovereto, en 1872.

cinq heures du soir. C'est d'ailleurs ce qui se pratique généralement dans les grainages bien conduits. Pour cela les ouvrières chargées de cette opération appuient légèrement avec l'index de la main gauche sur le dos de la femelle, tandis que saisissant, avec la main droite, le mâle par les ailes elles le séparent de cette dernière. Les mâles qui ne doivent plus servir sont jetés dans des seaux contenant de l'eau afin d'éviter l'éparpillement, dans l'atmosphère du local, des écailles des ailes qui forment une poussière très désagréable pour ceux qui assistent à ces opérations.

Un mâle ayant déjà fécondé une femelle peut, ainsi que nous l'avons vu, être utilisé à un nouvel accouplement (149), mais à la condition de s'être reposé.

Cela résulte d'ailleurs des observations de *Cornalia* qui est arrivé à conclure :

1° Que l'émission de la liqueur fécondante du mâle se fait par intervalles et non d'une façon continue ;

2° Qu'après une émission, le papillon a besoin de repos :

3° Que l'accouplement dure même pendant qu'il n'y a aucune émission.

« On s'explique ainsi pourquoi, dit-il, il y a quelquefois séparation spontanée des couples : cette séparation a lieu pendant l'intervalle de repos ou il n'y a pas d'émission de sperme. J'ai eu des papillons qui ont été accouplés à trois reprises et ont fécondé complètement trois femelles ; il faut pour cela leur donner des intervalles de repos d'une à deux heures. »

Les papillons qui s'accouplent difficilement ou qui se séparent souvent doivent être rejetés du grainage.

Nous avons vu (144) que la position verticale qu'occupait la chrysalide dans le cocon peut, en provoquant la déformation des organes copulateurs, rendre l'accouplement et la ponte des papillons difficiles.

La pratique démontre que plus les papillonnes mettent d'activité à déposer leurs œufs en les disposant régulièrement, sans les entasser, mieux cela vaut. *Lorsque leur santé est parfaite, elles produisent beaucoup d'œufs, se vident en peu de temps et vivent pendant plusieurs jours.*

La ponte doit être complètement terminée au bout de 48 heures à la température de 23° centigrades. On peut considérer comme douteuse la graine déposée par des papillonnes qui pondent difficilement ou qui tombent mortes des toiles, possédant encore dans les ovaires une bonne partie de leurs œufs. Celles qui tombent gonflées et qui se putréfient rapidement sont aussi mauvaises ; leurs pontes doivent être éliminées.

Une toile d'un mètre carré de superficie supporte généralement 1400 à 1600 pontes, soit environ 600 grammes de graine.

Un kilogramme de cocons frais produit, en moyenne,

75 grammes de graine. Il correspond à six kilogrammes de cocons percés.

Nous avons vu (20) que la graine fécondée change de couleur ; de jaune, elle passe insensiblement au gris-violet, au gris-cendré ou au jaune terreux. Cornalia a trouvé que « la coloration commence toujours d'autant plus vite que l'accouplement a duré plus longtemps (cinq, six heures) ; de sorte que l'on peut avoir une coloration complète en deux jours. Plus l'accouplement est court et la fécondation susceptible d'être incomplète et plus elle dure à se parfaire : ce temps peut être de quatre à cinq jours. Enfin, dans les pontes en majeure partie inféconds et qui n'offrent que quelques œufs colorés, la coloration commence tard, c'est-à-dire cinq ou six jours après l'accouplement. »

191. Grainage industriel. — Le grainage industriel consiste à faire pondre les papillonnes réunies en masse sur des toiles plus ou moins grandes. Si le graineur applique avec soin les considérations qui précèdent relatives à la sélection des chambrées, à l'examen des lots mis en chambre chaude en vue d'éliminer ceux qui sont pébrinés, au triage minutieux des cocons et des papillons, etc., il peut obtenir de la graine de très bonne qualité. Nous en avons la preuve dans les Cévennes, où la plupart des éducateurs obtiennent, par once de 30 grammes de graine élevée 60, 65 et 70 kilogrammes d'excellents cocons pour la filature. Or, cette graine est *toute industrielle*.

Pour pratiquer le grainage industriel les ouvrières recueillent dans la matinée les couples formés sur les filanes, les lyres ou les cadres grillagés en prenant en même temps les ailes du mâle et de la femelle et les transportent à l'aide de tablettes formées d'une pièce de coton de 0 m. 60 sur 0 m. 40 dont les bords sont fixés à un cadre en bois, sur des toiles suspendues verticalement à environ 40 centimètres les unes des autres. Chacune de ces toiles doit être repliée dans le bas sous forme de gouttière pour retenir les papillonnes qui tombent afin de ne pas perdre leur graine.

Si les cocons de sexe différent ont été tenus séparés, on rapproche sur les tablettes dont nous venons de parler, les individus mâles et femelles appartenant aux lots que l'on veut reproduire entre eux et, une fois les unions faites, les couples sont déposés sur les toiles comme précédemment.

Les toiles que l'on utilise dans les ateliers de grainage sont de diverses grandeurs. Pour se rendre facilement compte, à la fin des opérations de la quantité approximative de graine obtenue, il est bon de les avoir toutes de la même dimension correspondant à 1 mètre carré de superficie.

Les couples sont disposés à 3 ou 4 centimètres de distance les uns des autres en commençant par le haut de la toile que l'on finit par recouvrir entièrement au fur et à mesure de la sortie des papillons.

Nous avons vu (189) que la coloration grise ou brun-noirâtre des déjections des papillons est un signe d'affaiblissement. Par conséquent les papillons qui sont dans ce cas doivent être rejetés du grainage. Les meilleurs pour la reproduction sont ceux dont le contenu de la poche cæcale est jaune paille ou légèrement orangé.

192. Graine industrielle sur cellules plates. — Le grainage industriel envisage la graine pondue sur de grandes toiles d'environ un mètre carré de superficie. Cependant certains éducateurs de vers à soie exigent que cette graine leur soit livrée sur *cellules*.

On désigne sous ce nom de petites pièces de toile de 8 à 10 centimètres de long sur 5 à 6 centimètres de largeur, suspendues le long de ficelles tendues horizontalement et sur chacune desquelles on dépose une femelle après le désaccouplement afin d'obtenir sa ponte isolée (fig. 47).

Lorsque celle-ci est terminée, on épingle la papillonne par les ailes dans un des coins inférieurs replié du petit morceau de toile.

Ces éducateurs prétendent qu'ils peuvent ainsi s'assurer de la sanité de la papillonne par son examen au microscope.

Au point ou en est arrivée l'industrie du grainage qui peut aujourd'hui fournir aux éducateurs de la *graine détachée absolument indemne de pébrine*, nous devons reconnaître que la vente en cellules, *qui augmente considérablement les frais généraux du graineur*, n'a plus de raison d'être. D'ailleurs la graine détachée vendue en boîtes présente autant de garanties pour le client que les pontes cellulaires, d'abord parce que le mode de fabrication de ces dernières est absolument identique, et ensuite parce que, *la plupart du temps, ce ne sont pas les papillonnes qui ont pondu la graine qui adhèrent aux cellules qui la supportent*. Cela est facile à comprendre. Au moment du papillonnage, alors que des milliers de petites toiles sont suspendues dans les ateliers, des femelles se laissent choir, en plus ou moins grand nombre, et cheminent sur le sol. Les ouvrières les ramassent et, comme elles ne connaissent ni les cellules, ni même, parfois, les lots d'où ces papillonnes proviennent, elles les disposent n'importe où. De sorte que des femelles saines peuvent être attachées à des cellules dont la graine est corpusculeuse et réciproquement.

On admet, dans la pratique, que 100 cellules rapportent, en moyenne, 36 à 38 grammes de graine. Je tiens à noter ce chiffre pour tenir en garde les éducateurs contre certains graineurs qui sont tentés de vendre à leurs clients des cellules sur lesquelles on a fait pondre deux papillonnes. Ils leur présentent des pontes magnifiques, accompagnées, bien entendu, d'une seule femelle, et leur font ainsi passer clandestinement une quantité de graine supérieure à celle qu'ils désirent élever. Il y a tromperie sur la qualité de la marchandise, puisque le contrôle ne peut s'exercer que sur cette seule femelle, et sur sa quantité.

L'achat de la graine sur cellules oblige l'éducateur à la détacher, à la laver et à la faire sécher (95-96). Or ces travaux, souvent pratiqués, dans nos campagnes, d'une façon irrationnelle par des paysans imbus de préjugés, agissent défavorablement sur les œufs qui donnent ensuite naissance à des vers chétifs prédisposés aux maladies.

L'utilisation des cellules, qui complique et rend beaucoup plus onéreuses les opérations du grainage, tout en ne présentant, à mon avis, aucun avantage pour l'éducateur peut donc être abandonnée sans la moindre hésitation.

193. Grainage cellulaire. — Lorsqu'il s'agit d'obtenir la graine nécessaire aux ***élevages pour la reproduction*** on emploie

Fig. 47. — Ouvrières disposant les papillonnes sur les cellules plates. (Établissement Roustan, à Laragne, Hautes-Alpes.)

uniquement la méthode de grainage cellulaire que nous devons au génie de Pasteur.

Cette méthode permet, en effet, d'isoler chaque reproducteur et sa graine, de telle sorte que l'on peut se rendre compte, à l'aide du microscope, de sa sanité au point de vue de la *pébrine*. Si l'insecte est reconnu malade ses œufs sont jetés au feu et il ne reste plus, en fin de compte, dans les mains du sériciculteur, que de la graine absolument exempte de cette maladie (156).

Pour pratiquer le grainage cellulaire, on place chaque papillonne, après le désaccouplement, dans un petit sachet en gaze ou en papier parcheminé percé de trous pour l'aération, que l'on ferme ensuite en resserrant l'ouverture au moyen d'un fil disposé pour cela. Tous ces sachets — plus connus sous le nom de *godets* — sont suspendus les uns à côté des autres le long de ficelles tendues horizontalement à 18 centimètres environ de distance, sur des cadres en bois de 1 m. 80 sur 90 centimètres à 1 mètre, dans les ateliers de grainage.

Les papillonnes pondent dans ces godets: elles meurent quelques jours plus tard et on les y retrouve lorsque le moment arrive de procéder à leur examen microscopique. N'ayant pu se séparer de leurs œufs, on est certain de ne pas commettre d'erreur.

Pasteur préconisa tout d'abord l'emploi des petites pièces de toile dont nous avons parlé à propos du grainage industriel sur *cellules*. Mais, étant donné l'inconvénient de la chute des papillonnes en plus ou moins grand nombre sur le sol, on a dû recourir à l'emploi des godets qui offrent toute sécurité.

Nous devons cependant reconnaître que les femelles y sont un peu gênées; l'air leur arrive plus difficilement que sur les cellules plates. Elles y pondent moins bien. L'emploi de ces godets se traduit donc par une production de graine un peu inférieure à celle des cellules.

Nous pouvons estimer que 100 godets contiennent environ 30 à 35 grammes de graine; tandis que 100 cellules plates en rapportent, ainsi qu'il a été dit, 36 à 38 grammes en moyenne.

Le mâle doit-il comme la femelle, être conservé en vue de l'examen microscopique?

Il résulte des observations de *de Rodez*, en France; de *Bellotti* et *Crivelli*, en Italie, que le papillon mâle *pébriné*, accouplé à une femelle *saine*, ne transmet pas les corpuscules aux œufs de cette dernière. La conservation des mâles, en vue de l'examen microscopique, paraît donc inutile. L'est-elle toujours?

Quand il s'agit de produire de la graine industrielle on peut parfaitement s'en passer, et c'est ce qui se pratique d'une façon générale.

Mais il n'en saurait être de même pour la graine de reproduction. Tous les éleveurs connaissent, en effet, l'influence

FIG. 48. — OUVRIÈRES PRÉLEVANT LES PAPILLONNES SUR UN CADRE GRILLAGÉ.
À LEURS PIEDS : GODETS POUR LE GRAINAGE CELLULAIRE.
(Établissement Roustan, à Laragne, Hautes-Alpes.)

qu'exerce le mâle sur la vigueur des produits. *Or, un papillon miné par les corpuscules est extrêmement affaibli. Il n'est pas douteux que sa descendance héritera d'une débilité très sensible* avec prédisposition à la flacherie ou à la gattine.

Par conséquent le sériciculteur ne peut être certain de la robustesse de sa graine de reproduction que s'il fait la sélection microscopique de tous les procréateurs, mâles et femelles, qui l'ont engendrée.

194. Longévité des papillons. — Nous avons vu (148) que les papillons en bonne santé vivent plusieurs jours. Le graineur ne doit donc pas négliger l'observation de cette longévité, sans toutefois en exagérer l'importance, car elle dépend aussi de la température ambiante et de la taille des insectes considérés.

D'après *Bellotti*, « la mort très précoce des papillons peut être considérée comme indépendante des conditions de température et d'humidité du local où on les conserve; on pourra donc mal augurer de leur sanité si le nombre des morts, *dans les sept premiers jours de leur sortie*, dépasse 10 pour 100, en prenant pour point de départ un lot de 400 à 500 papillons. »

Le caractère de la longévité doit être observé sur tous les lots destinés à fournir de la graine de reproduction. Toutes conditions égales, les pontes effectuées par les papillonnes qui ont vécu au moins une dizaine de jours peuvent être considérées comme les meilleures.

Pour le constater on prend la précaution de noter sur chacun des cadres qui supportent les godets le jour où les papillonnes ont été placées pour la ponte. Il est bon d'en faire de même pour le grainage industriel sur les grandes toiles et sur les supports des cellules.

195. Examen microscopique des papillons. — L'examen au microscope des papillons adhérents aux cellules ou enfermés dans les godets (192-193) se pratique généralement pendant la morte-saison, à partir du mois d'octobre. Il permet même d'occuper les longues soirées de l'automne, car il peut se faire à la lumière d'une lampe qui éclaire parfaitement les corpuscules.

Cependant, dans le cas où l'on constaterait, en été, dans l'atelier de grainage, la présence des dermestes ou des anthrènes (198-199) il serait préférable de faire les examens microscopiques pendant cette saison. Ces insectes, en effet, dévorent en même temps que les graines, les papillons que l'on a enfermés dans les godets ou dans un coin replié des cellules, en font disparaître tous les organes, sauf le corselet et les ailes, et rendent ainsi impossible la recherche de la maladie de la pébrine.

Ce n'est pas par la lecture d'une description écrite dans un livre que l'on apprend le maniement du microscope. Il faut se le faire enseigner par une personne compétente. Avec un peu de pratique on arrive assez vite à se servir de cet instrument et à reconnaître les *corpuscules* (153).

Le mode opératoire est bien simple. Après avoir enlevé les ailes et les antennes à la papillonne (ou aux deux papillons si l'on examine le couple) on la place dans un petit mortier contenant un peu d'eau et on la broie à l'aide du pilon. Les corpuscules se répandent dans la bouillie. Une goutte de cette dernière est placée sur une lame de verre, recouverté d'une petite lamelle ou *couvre-objet* et placée sous l'objectif du microscope. On regarde par l'oculaire et les corpuscules, si l'insecte est pébriné, se découvrent immédiatement.

Pasteur a montré que lorsque la contagion a lieu au moment où les vers vont monter à la bruyère on trouve, trente jours après, 100 pour 100 de papillons corpusculeux et ceux-ci présentent, en moyenne, 40 à 50 *corpuscules par champ*. Il est donc évident qu'ils en présentent davantage s'ils ont été contaminés au cours des 3ᵉ et 4ᵉ âges.

Par conséquent, on trouve toujours dans le champ offert par un papillon affecté de cette maladie des corpuscules en plus ou moins grand nombre. Il n'y a donc pas d'hésitation à avoir.

Quand on ne rencontre qu'un seul corpuscule, c'est qu'il provient généralement du mortier qui, ayant contenu précédemment la bouillie d'un papillon malade, a été insuffisamment lavé. Quelques corpuscules ont pu rester adhérents à ses parois.

Il ne faut pas perdre de vue que le microscope ne décèle dans le papillon *mort*, conservé dans les godets ou dans le coin replié des cellules, que la présence ou l'absence d'*une seule maladie, la pébrine*. Celui qui s'en sert doit donc borner son examen à la recherche des corpuscules adultes, brillants, nettement ovales et il doit impitoyablement jeter au feu la graine de tout papillon qui en contient.

Quelques sériciculteurs sont arrêtés par l'aspect que présente le champ qui — dépourvu ou non de corpuscules — est tantôt clair, tantôt foncé, plus ou moins riche en globules graisseux ou en débris de l'insecte broyé. Ils disent, avec une bonne foi évidente, mais sans pouvoir en donner la moindre raison, que le champ ne leur convient pas. D'autres prétendent reconnaître dans le papillon mort la prédisposition que peut avoir sa graine à transmettre aux vers qui en naîtront la flacherie, la grasserie ou la gattine !

Toutes ces observations ne reposent sur aucun fondement. Elle font perdre du temps à ceux qui s'y arrêtent et ne réussissent qu'à montrer leur ignorance de la genèse des maladies des vers à soie.

Parfois on rencontre à profusion, dans le champ du microscope, des organismes brillants, bien délimités, assez semblables aux corpuscules, mais *bien plus petits qu'eux* et pointus aux deux bouts, alors que les parasites de la pébrine sont parfaitement ovales.

Quelques sériciculteurs prennent parfois ces organismes, qui n'ont rien de commun avec la pébrine, pour des corpuscules. Ils sont dans l'erreur. Ces petits corps brillants se trouvent dans les papillons morts conservés dans un milieu humide. Ce sont les *spores* des vibrions qui causent la putréfaction des matières organiques.

Un bon microscopiste, aidé d'une ouvrière qui broie les papillonnes, faisant son travail avec attention, peut en examiner 500 dans sa journée.

196. Examen microscopique des graines. — L'examen des œufs au microscope ne doit être utilisé qu'en cas de contestation lorsque, ne possédant pas les femelles qui les ont pondus, il s'agit de savoir s'ils sont, ou non, corpusculeux. En dehors de ce cas, c'est sur les papillonnes que l'examen doit porter de préférence.

Rien n'est moins précis, en effet, que cette méthode de sélection.

Remarquons tout d'abord que les recherches s'effectuent *sur des graines déjà faites*. Par conséquent, ce sont celles qui doivent être élevées que l'on ne juge pas.

L'examen porte généralement sur une très minime quantité de graine par rapport au lot qu'il s'agit d'estimer. Il s'ensuit que l'appréciation qui en résulte est purement illusoire. Une once commerciale de 30 grammes comprenant environ 45000 œufs, l'examen de quelques prélèvements de 50 à 100 œufs peut-il permettre de préciser la proportion des corpuscules qui affectent cette once ?

Cette incertitude n'est-elle pas d'ailleurs justifiée par les différences parfois très grandes que présentent les résultats des divers examens faits par des personnes différentes, même lorsqu'elles adoptent la même méthode ?

Il résulte des recherches effectuées par divers savants, notamment par le Dr *Vittadini* et plus tard par *Pasteur* que l'examen des graines, pour juger de leur sanité au point de vue des corpuscules, doit se faire pendant qu'elles sont en incubation et, de préférence, *sur les jeunes vers à l'éclosion.*

Cela ne peut avoir lieu avant le mois de février-mars ou, à la rigueur, dès le mois de janvier lorsque les graines ont bien hiverné.

« Quand une graine n'est pas corpusculeuse avant son incubation, dit *Pasteur*, il faut se garder de croire que l'examen qu'on en a fait est suffisant. *Il est indispensable de la soumettre à une incubation précoce* ou *attendre son éclosion naturelle pour en renouveler l'observation au microscope.* »

C'est que, en effet, tant que la graine est à l'état latent, pendant les périodes estivale et hivernale (27), les corpuscules qu'elle peut contenir ne s'y multiplient pas. Il faudrait, pour que ces derniers s'y rencontrent en abondance, qu'elle provienne d'une chambrée affreusement dévastée par la pébrine et, aujourd'hui, ce cas se présente rarement et pour ainsi dire jamais dans nos grainages.

Si la graine examinée longtemps avant son incubation contient quelques corpuscules, on peut être certain que, sous l'influence des chaleurs printanières, ces derniers se développeront au point de s'y trouver en quantité considérable à la fin de l'incubation et, à plus forte raison, dans les vers *nouvellement éclos*.

La méthode la plus précise consiste à prélever, au hasard, cent de ces derniers dans le lot que l'on veut éprouver et à les examiner un à un au microscope (avec un grossissement de 500 diam.) en passant en revue 20 champs pour chacun.

Si l'on ne découvre pas de corpuscules, *il y a des chances* pour que la graine soit saine. S'il y en a, on peut en déduire qu'elle est mauvaise. — Cependant il résulte des conclusions du Congrès d'Udine que, dans la plupart des cas, une graine indigène qui, à la veille de l'éclosion, ne présente pas plus de 4 pour 100 d'œufs corpusculeux peut donner une assez bonne récolte de cocons pour la filature. La tolérance est de 8 pour 100 pour les races japonaises.

L'examen individuel des œufs ou des jeunes vers est très long. Aussi, utilise-t-on le plus souvent la méthode préconisée par *Cornalia*, consistant à examiner 10 groupes de chacun 5 graines ou 5 vers broyés ensemble. Si un groupe présente les parasites de la pébrine, on admet qu'un seul insecte, sur les cinq, est corpusculeux. Comme l'examen a porté sur 50 individus, dont un seul est considéré comme malade, on en déduit que la proportion de corpusculeux est de 2 pour 100. Dans le cas où l'on trouverait 4 groupes corpusculeux, la proportion serait de 8 pour 100.

Lorsqu'il s'agit de comparer entre eux plusieurs lots de graine ce pourcentage est insuffisant. Il arrive généralement, en effet, que deux lots présentant le même pourcentage ainsi établi diffèrent l'un de l'autre par la quantité de corpuscules qu'ils contiennent. Il est alors nécessaire d'établir l'*intensité corpusculeuse*. Pour cela on divise le nombre total de corpuscules relevé dans l'ensemble des examens des dix groupes de jeunes vers par le nombre de ces examens qui a été de dix fois vingt champs, soit 200.

Supposons, par exemple, qu'un lot A ait présenté 12 corpuscules et un lot B, 450. L'intensité de pébrine pour le lot A est de $\frac{12}{200} = 0{,}06$ et celle du lot B de $\frac{450}{200} = 22{,}5$.

Le *manuel opératoire* est des plus simples. On dispose sur la lame de verre une goutte d'eau ou mieux d'une solution de potasse caustique à 1 pour 100.

Celle-ci a la propriété de saponifier les globules graisseux et de faciliter la découverte des corpuscules. Dans cette goutte de liquide, on écrase 5 graines ou 5 jeunes vers à l'aide d'un manche de scalpel ou d'une pince que l'on a soin de laver chaque fois à l'eau courante. On écarte les débris des coques ou des insectes et on recouvre le liquide d'une lamelle. La préparation est prête à être examinée.

La prise de l'échantillon doit être faite avec beaucoup de soin en prélevant un peu de graine dans toutes les parties du lot. Si l'examen nécessite la délivrance d'un certificat on ne devra pas omettre d'en mentionner la date qui est d'une très grande importance.

Il ne faut pas perdre de vue que l'examen microscopique des jeunes vers à l'éclosion, ou des œufs, a une valeur relative et n'est qu'un pis aller. Seul *l'examen des papillonnes qui ont pondu la graine* permet de se prononcer *d'une façon certaine et absolue* lorsqu'il s'agit de déterminer la maladie de la pébrine.

197. Conservation de la graine. — Nous nous sommes occupés, à propos de l'étude de la graine, de l'influence qu'exercent sur elle l'*air*, la *température* et l'*humidité* (24 à 30), et des conditions dans lesquelles il faut la conserver pendant l'été, l'automne, l'hiver et le printemps, jusqu'au moment où le sériciculteur devra la mettre en incubation.

Tenant compte des considérations qui ont été déjà exposées, nous ajouterons que les grandes toiles et les cellules plates qui supportent la graine industrielle peuvent rester pendant tout l'été et la plus grande partie de l'automne dans l'atelier de grainage *parfaitement aéré*. Il en est de même pour les godets destinés à la reproduction; mais, afin de restreindre la place qu'ils occupent, on prend soin de grouper ceux de chaque lot en paquets de vingt-cinq ou de cinquante et de les suspendre dans le local.

Les cellules et les godets dont la graine est restée jaune en totalité ou en grande partie, seront éliminés.

Toutes les ouvertures doivent être munies d'un grillage métallique, à mailles de deux millimètres au plus, destiné à interdire l'accès du local aux ravageurs des papillons et des graines. A part les souris, dont on peut se débarrasser en ayant des chats, il faut compter avec deux insectes coléoptères que l'on rencontre partout où se trouvent des pelleteries, du lard, des collections d'histoire naturelle, etc., et qui sont très dangereux. Ce sont :

198. ***Le dermeste du lard*** (*dermestes lardarius*) dont nous avons déjà parlé à propos de la conservation des cocons (126). Sa larve, très vorace, aime surtout les chrysalides et les papillons conservés dans les godets ou au coin des cellules. Ce n'est que lorsqu'elle ne peut plus en avoir qu'elle s'attaque aux œufs.

199. ***L'anthrenus varius*** qui est beaucoup plus petit. Il a 2 à 3 millimètres, est gris-cendré sous l'abdomen et porte, sur son dos, qui est de couleur jaune foncé, trois bandes ondoyantes blanchâtres. La larve, qui vit pendant dix mois environ, s'attaque de préférence à la graine.

D'après le Dr Albert Lévi[1] une larve abandonnée à elle-même peut dévorer, pendant la durée de son existence, la graine pondue par deux ou trois papillons de vers à soie, c'est-à-dire six cents à neufs cents œufs à peu prés. Ce chiffre n'est pas exagéré, car ce naturaliste a observé des larves qui n'avaient pas encore dépassé la moitié de leur accroissement, manger deux à trois œufs par jour !

Il faut visiter chaque jour les cellules afin de tuer les dermestes et les anthrènes que l'on y rencontre. En disposant le soir dans l'atelier de grainage des plats contenant un mélange de débris de chrysalides ou de papillons et de farine de maïs qui sert d'appât, on peut en détruire tous les matins un assez grand nombre.

200. Lavage, séchage et mise en boîtes des graines. — En septembre et octobre la graine se trouve dans un état complet d'inertie. Sa respiration est très faible. Elle n'a pas encore subi l'action du froid qui la rend sensible aux élévations de la température.

C'est donc cette époque que le sériciculteur doit choisir de préférence pour procéder aux dernières opérations du grainage, qui nécessitent une manipulation plus ou moins grande des œufs, à moins que les exigences commerciales, parfois irrationnelles, ne l'obligent à s'en occuper trop prématurément ou plus tard.

Ces opérations sont : le lavage, le séchage, la mise en boîtes des graines et les expéditions en France ou à l'étranger.

Nous avons vu (96) commént se pratiquent le lavage et le séchage des graines pondues sur cellules. On procède de la même façon pour les grandes toiles utilisées dans le grainage industriel.

Ajoutons que lorsque ces opérations sont faites avant le mois d'octobre, les graines jaunes, non fécondées, descendent pour la plupart, au fond du récipient comme les bonnes. Si pour une cause quelconque on ne peut détacher la graine des

1. Communication au Congrès séricicole international de Montpellier en 1874.

toiles qu'au printemps ou à la veille de l'incubation, il faut que l'eau employée soit à la même température que les œufs (95).

Pour répondre au désir manifesté par leurs clients, quelques graineurs font tremper la graine dans du *vin rouge*. Ils rendent ainsi sa couleur uniforme et, par conséquent, son aspect plus agréable. Cette pratique n'est pas nuisible, pourvu que l'on emploie du vin ordinaire, non sucré. Elle constitue cependant une tromperie pour l'acheteur qui n'est pas prévenu, car, en cachant la couleur naturelle des œufs, elle empêche d'en apprécier les caractères externes. Certaines personnes croient que le vin agit sur l'embryon et augmente la robustesse de la graine. C'est une erreur profonde démontrée par l'observation et l'expérience.

Lorsque les graines détachées des grandes toiles et des cellules sont bien sèches, glissent entre les doigts comme des grains de sable, on les met, pour les conserver pendant l'hivernation et jusqu'au moment de l'incubation dans des boîtes en carton, dans des sachets de mousseline ou dans des cadres de 5 millimètres d'épaisseur, appelés *télaïnes*, qui supportent des parois en gaze légère (25).

Pour favoriser leur respiration, qui devient active au printemps, les boîtes en carton sont percées de nombreux petits trous; elles doivent avoir, pour contenir 25 à 30 grammes de graine, au moins dix centimètres de diamètre, et 2 centimètres de hauteur. Les dimensions des sachets de mousseline, que l'on aura soin de toujours poser à plat, sans les superposer, seront de 10 centimètres sur 15, et celles des télaïnes de 18 à 19 centimètres sur 12 de largeur.

Le poids des graines contenues dans les boîtes, les sachets ou les télaïnes doit être établi avec la plus grande précision.

Rappelons, à ce sujet, que l'article 2 de la loi du 11 juin 1909 relative aux encouragements spéciaux à donner à la sériciculture spécifie que « les emballages immédiats contenant des graines de vers à soie devront, au moment de la vente et de la mise en vente porter sur une banderole de fermeture, en caractères connus et apparents, le nom et l'adresse soit du producteur, soit du vendeur, ainsi que l'indication exprimée en grammes du poids net des graines de vers à soie qu'ils contiennent, avec une tolérance de cinq pour cent (5 pour 100). »

Ces obligations sont complétées, d'autre part, dans le décret du 10 avril 1910, par l'article 2, ainsi conçu :

« La banderole de fermeture que doivent porter les emballages immédiats contenant des graines de vers à soie doit être apposée de manière : d'une part, à ce que les indications exigées par la loi soient inscrites sur la banderole à un endroit qui en permette facilement la lecture, même après l'ouverture de l'emballage; et, d'autre part, à ce qu'aucune soustraction ou substitution de ces graines ne puisse être opérée sans laisser de traces apparentes. »

Nous avons vu (28) que le graineur ne doit livrer la graine aux éducateurs que lorsqu'elle a subi l'hivernation, c'est-à-dire dans le courant du mois d'avril, à la veille de l'incubation.

201. Expédition des graines de vers à soie à l'étranger. — Les expéditions à l'étranger doivent se faire à l'époque où les œufs de vers à soie, en état d'inertie, *n'ont pas encore subi l'action du froid* et demeurent, par conséquent, insensibles aux élévations de la température et aux *secousses* qu'ils peuvent avoir à subir en cours de route (27).

Pour atténuer l'influence de ces secousses, les emballages immédiats — boîtes en carton ou télaïnes — doivent être fixés complètement à l'aide de liteaux, dans des caisses percées de trous qui assurent le renouvellement de l'air. De cette façon ils ne peuvent ni se renverser, ni cheminer les uns sur les autres et la respiration des œufs s'effectue normalement.

La deuxième quinzaine de septembre et les premiers jours d'octobre sont, à mon avis, les meilleures époques pour ces expéditions lointaines. Si elles ne peuvent se faire que plus tard, le graineur doit s'arranger de façon que les œufs de vers à soie arrivent chez le destinataire au moment de la mise en incubation, c'est-à-dire lorsque les bourgeons des mûriers commencent à se gonfler, après avoir fait le voyage à l'abri de l'humidité, dans la chambre frigorifique du chemin de fer ou du navire.

CHAPITRE VIII

LE MURIER

202. Généralités. — Le Mûrier appartient à la famille des *Urticacées*, dans laquelle se trouvent les orties, les chanvres, les figuiers, etc. Il y forme une tribu à part qui est celle des *Morées*.

Ses fleurs sont *unisexuées*, c'est-à-dire que chacune d'elles est pourvue soit d'étamines (organes mâles), soit du pistil (organe femelle); jamais des deux à la fois. Les fleurs mâles comprennent 4 étamines protégées par un calice formé de 4 sépales; il n'y a pas de corolle. Elles sont disposées le long d'un axe commun et leur groupement forme un *épi* ou *chaton*. Ce dernier, grâce à sa couleur jaune se distingue très bien de loin sur les branches des mûriers.

Les fleurs femelles, sont comme les précédentes, disposées en épis et formées chacune d'un ovaire entouré par les quatre sépales du calice. Elles n'ont pas, non plus, de corolle; lorsquelles sont fécondées, elles se transforment en un petit fruit charnu appelé *drupe*. L'ensemble de ces drupes, contenant chacune une petite graine d'un jaune sale, constitue la *mûre*.

Certains mûriers portent, à la fois, sur leurs rameaux des chatons et des mûres. On dit qu'ils sont *monoïques*. D'autres, dits *dioïques*, présentent uniquement soit des fleurs mâles, soit des fleurs femelles.

C'est ce qui explique que l'on rencontre des mûriers qui ne portent que des chatons *et qui sont stériles* tandis que d'autres ne produisent que des mûres, surtout nombreuses sur les arbres qui n'ont pas été taillés l'année précédente. Chez ces derniers les feuilles se développent en même temps que les fleurs et deviennent parfois très abondantes. Par contre, les mûriers qui ne possèdent que des fleurs mâles donnent un feuillage restreint dont la végétation ne commence généralement qu'une dizaine de jours après l'apparition des chatons. Ils ne doivent donc pas être cultivés en vue de l'élevage des vers à soie, à moins de greffer sur eux des mûriers à fleurs femelles.

203. Les espèces du mûrier. — Les botanistes distinguent trois espèces principales de mûriers : le mûrier blanc, le mûrier noir et le mûrier rouge.

Le mûrier blanc est celui qui, de nos jours, est uniquement utilisé pour l'alimentation des vers à soie à cause de son feuillage abondant et sain et de sa croissance rapide. Originaire de la Chine, il pénétra en Italie au XIIIe siècle. C'est sous le règne de Charles VIII, en 1495, qu'il fut paraît-il, introduit, en France par Guy, seigneur d'Allan, aux environs de Montélimar.

C'est un arbre très rustique, peu exigeant sur la nature du sol. On peut dire qu'il vient partout, excepté dans les terres humides qui favorisent le développement rapide sur ses racines de cryptogames parasites qui le font périr. Il va sans dire cependant qu'il végète surtout bien dans les sols de consistance moyenne, suffisamment meubles, qui permettent à son système radiculaire de prendre de l'extension.

Fig. 49. — Mûrier blanc.

Il ne craint pas la sécheresse et sa résistance au froid est considérable. Il supporte, en effet, jusqu'à 25° C. au-dessous de zéro. Il vient donc aussi bien dans le Centre et même dans le Nord que dans le Midi de la France. Abandonné à lui-même il peut atteindre jusqu'à 10 mètres de hauteur.

Le mûrier noir était connu dans notre pays bien longtemps avant l'introduction du mûrier blanc qui, depuis le XVIIe siècle l'a tout à fait supplanté dans l'exploitation séricicole. Il croit lentement. Ses feuilles généralement entières, cordiformes, sont rugueuses, poilues à la face inférieure. Leur pétiole est court. Elles ne sont pas aussi appétissantes pour le ver à soie que celles du mûrier blanc. On ne rencontre plus cet arbre que dans quelques régions des hautes Cévennes, notamment dans la Lozère.

Le mûrier rouge est américain. C'est un bel arbre d'ornement qui atteint jusqu'à 25 mètres de hauteur. Sa feuille dure ne convient pas aux vers à soie. Il ne présente donc aucun intérêt pour les sériciculteurs.

204. Caractères du mûrier blanc. — Le mûrier blanc, qui seul intéresse les magnaniers, présente les caractères généraux suivants :

Feuilles alternes généralement fines, lisses et lustrées, d'un beau vert luisant à la face supérieure et terne à la face inférieure; tantôt entières, cordiformes et dentées en scie sur les bords, tantôt plus ou moins lobées.

Rameaux grêles, flexibles, élancés, lisses, d'un gris plus ou moins foncé.

Fleurs dioïques ou monoïques (202). Les chatons mâles sont en épis allongés de forme ovale dont la longueur, comme pour les fleurs femelles d'ailleurs, est au moins égale à celle du pédoncule qui les attache au rameau, le plus souvent à l'aisselle des feuilles.

Les *mûres*, de forme ovoïde, sont généralement d'un blanc rosé, mais aussi parfois rouges ou noires. Leur goût est fade, tandis que celles du mûrier noir, beaucoup plus grosses, sont acidulées et agréables.

205. Variétés du mûrier blanc. — Les variétés du mûrier blanc, dont nous venons d'énumérer les caractères principaux, diffèrent plus ou moins sous le rapport de l'aspect, de la forme, de la finesse des feuilles; de la direction des rameaux, de la précocité de la végétation, de la couleur des fruits, du port des arbres, de leurs aptitudes, etc.

Celles que l'on peut trouver facilement chez les pépiniéristes avec leurs caractères authentiques sont : Le mûrier Sauvageon, le m. à fruits noirs, le m. à fruits roses, le m. à feuilles de rose, le m. Colombasse, le m. Colombassette, le m. Moretti, le m. Lhou, le m. des Philippines ou Multicaule, le m. de Tartarie.

Le *mûrier Sauvageon* est celui que nos agriculteurs cévenols connaissent sous le nom de *Bouscasse*. Il vient toujours de semis. Ses feuilles sont petites, fines, plus ou moins découpées; elles garnissent de nombreux rameaux grêles et enchevêtrés qui lui donnent l'aspect buissonneux. Il est excellent pour nourrir les vers à soie pendant leurs deux ou trois premiers âges, alors qu'il est nécessaire de leur donner de légers repas fréquemment renouvelés, et à la sortie des mues. Sa végétation précoce permet de commencer l'élevage de bonne heure et de le terminer, par conséquent, avant l'époque des *touffes* qui provoquent la flacherie (157).

Le *mûrier à fruits noirs* et le *mûrier à fruits roses* se ressemblent assez. Ils ont le port élancé, des rameaux grêles. Leurs feuilles sont entières, cordiformes, dentées en scie, fines, alternes, à nervures très apparentes. L'écorce de leurs tiges et de leurs rameaux est, sur les sujets de quatre ans, de couleur marron plus ou moins foncée. Ils se différencient surtout par le fruit qui, suivant la variété, est noir ou rose.

Il résulte de mes observations que le mûrier à fruits noirs est bien plus vigoureux et a une végétation plus régulière. Il atteint, à la 4e année de pépinière, jusqu'à 6 mètres de hauteur, alors que le mûrier à fruits roses n'arrive qu'à 4 ou 5 mètres. Ce dernier reprend plus difficilement lorsqu'on le transplante; sa racine, surtout pivotante, possède peu de chevelu. Le semis de ses graines donne des variations considérables. Il vaut mieux le greffer au pied pour avoir des tiges régulières. En conséquence, le mûrier à fruits noirs doit être préféré au mûrier à fruits roses.

Le *mûrier à feuilles de rose* est simplement désigné parfois sous le nom de mûrier rose. Ses feuilles, d'une belle couleur verte, minces et luisantes, prennent rang parmi les meilleures pour l'alimentation des vers à soie. Elles sont grandes, entières, cordiformes, fines et fermes, faciles à cueillir, car elles se détachent facilement à la moindre traction; elles conservent longtemps leur fraîcheur et supportent très bien le transport. Celles qui sont nouvellement développées aux extrémités des rameaux rappellent, par leur forme et par leur aspect, les feuilles du rosier. Le mûrier rose doit être cultivé de préférence dans les terrains plutôt maigres et perméables si l'on veut conserver à ses feuilles les qualités requises pour la bonne alimentation des vers à soie. Dans les sols trop riches ou humides elles deviennent épaisses, aqueuses, moins digestibles. Ses mûres sont rouges ou d'un noir violacé.

Le *mûrier Colombasse* est assez répandu dans les Basses-Cévennes où il est très estimé. Son bois est court, gros et tendre. Ses feuilles sont assez grandes, peu écartées sur les rameaux; leur cueillette est facile. Ses bourgeons, rapprochés, souvent triples et pointus, permettent de le reconnaître facilement pendant l'hiver. Ses mûres sont blanches. *C'est une variété tardive* qui échappe généralement aux gelées de printemps. Sa production est abondante partout, même dans les sols de médiocre qualité.

Le *mûrier Colombassette* a le bois plus long et moins gros que le Colombasse. Ses feuilles plus petites, mais nombreuses, sont très bonnes pour les vers à soie. Il a sa place indiquée dans les vallées et partout où le froid est à craindre, car il est tardif.

Le *mûrier Moretti* provient d'un semis de graines originaires des Indes orientales effectué, en 1815, par le Dr Moretti, professeur à l'Université de Pavie. Une sélection suivie lui a permis d'obtenir des graines reproduisant la même variété. Ce mûrier est *précoce*. Ses bourgeons, qui s'épanouissent de bonne heure et ses jeunes rameaux, courts et riches en moelle, sont facilement détruits par les gelées. Ses feuilles entières, terminées par une pointe, assez développées, acquièrent, avec l'âge, une certaine rugosité et adhèrent fortement aux rameaux, de sorte que leur cueillette est difficile. Ce sont là des inconvénients sérieux. Par contre, le Moretti *prend facilement de bouture*, ce qui permet de le multiplier rapidement. On peut l'utiliser, comme le Sauvageon, à faire des haies. En pépinière, le Moretti se distingue assez facilement par son écorce lisse et grisâtre, alors que celle des autres variétés est rugueuse et d'un rouge brun plus ou moins foncé. Ses mûres sont blanches.

Le *mûrier Lhou* provient d'un semis de graines effectué, en 1836, par Camille Beauvais, directeur de la magnanerie modèle des Bergeries-de-Sénart. Ces graines lui avaient été remises par un voyageur hollandais qui les avait apportées de Chine.

C'est une des meilleures variétés à propager dans nos régions séricicoles. Sa vigueur est remarquable. Ses feuilles très développées, cordiformes, fines et fermes, résistent très bien à l'action des vents. Cultivé dans un terrain de consistance moyenne, ou même dans un sol léger et peu fertile, il conserve ses bonnes qualités et il est inutile de le greffer. Dans les sols riches, où ses feuilles deviennent épaisses et grossières, il vaut mieux l'utiliser comme porte-greffe de nos bonnes variétés indigènes auxquelles il communique sa vigueur. Il *débourre tard* et échappe, par conséquent, aux gelées printannières.

Comme le Moretti, il se multiplie par boutures aussi facilement que la vigne, et l'on peut constituer rapidement, avec lui, d'importantes plantations de mûriers. Ces précieuses qualités recommandent le mûrier Lhou à l'attention des sériciculteurs. En le cultivant en nains ou en haies ces derniers obtiendraient, en deux ou trois ans, de grandes quantités de feuilles d'excellente qualité.

Le *mûrier des Philippines* a été importé des îles de ce nom en Europe par un voyageur naturaliste nommé Perrottet, en 1821. Matthieu Bonafous, qui l'a introduit en Piémont, dix ans plus tard, l'a nommé mûrier à feuilles boursouflées ou mûrier à capuchon (*Morus cucullata*), à cause de la forme concave de ses feuilles, caractère qui le distingue facilement des autres variétés de mûrier. La propriété qu'il possède de pousser plusieurs tiges élancées partant de ses racines, qui sont surtout traçantes, l'a fait désigner aussi sous le nom de *Multicaule*.

Suivant la description de Matthieu Bonafous, ce mûrier « a les rameaux droits, effilés, garnis de feuilles cordiformes, allongées en pointe, dentées, minces, légèrement crépues et marquées de nervures très apparentes; son fruit se compose d'un petit nombre de carpelles noirs et charnus aussi serrés que dans le mûrier blanc ordinaire. » Sa végétation est remarquable. En moins d'un an, ses tiges atteignent environ 2 mètres de longueur et ses feuilles 20 centimètres de long sur 10 centimètres de largeur. Il se multiplie facilement par boutures et par marcottes. Sa greffe prend parfaitement sur le mûrier Sauvageon. La reprise des boutures et des greffes se fait surtout bien si l'on pratique ces opérations à l'époque du départ de la sève, en avril.

Le mûrier Multicaule est précoce; ses jeunes pousses risquent d'être détruites par les froids tardifs. Ses feuilles sont flasques; elles se flétrissent vite après la cueillette. Le vent les déchire et les froisse. Aussi faut-il planter cet arbre dans les endroits abrités. Il vient très bien dans les terrains profonds et frais. A l'encontre des autres variétés il ne redoute pas l'humidité du sol.

Étant donnés sa multiplication facile, ses feuilles grandes et entières, sa résistance à la taille, sa végétation rapide, ce mûrier peut être employé à faire des haies ou à établir des cultures de nains d'un seul tenant.

Le *mûrier de Tartarie* a un feuillage assez uniforme avec des feuilles plutôt entières. Son bois est très dur. Ses feuilles tombent de bonne heure en automne; il ne craint pas les gelées. Il est surtout remarquable par sa résistance au froid. Sa greffe avec nos mûriers indigènes réussit parfaitement.

J'ai observé ce mûrier pendant quatre ans dans une pépinière organisée à Alais où je l'avais semé, en juin 1905, à côté de cinq autres variétés, dont quatre indigènes et une chinoise du Yun-Nan. Des gelées très fortes se firent sentir d'abord en novembre 1905, alors que les jeunes mûriers étaient à l'état de *pourrettes*, puis en mars 1906, quelques jours après leur transplantation en pépinière d'attente. Les mûriers de Tartarie résistèrent tous d'une façon parfaite à ces gelées. Ceux des autres variétés furent plus ou moins éprouvés, surtout les Chinois.

206. Mûriers des Cévennes. — Dans les Cévennes on rencontre, à part le Colombasse dont nous avons parlé, quelques types de mûriers à feuilles larges qui n'y sont connus que par leurs noms patois. Les principaux sont :

La *Blanquéto* et l'*Amouro négro* qui, avec la Colombasse, sont les plus répandues; la *Roumaïno*, la *Rebalaïro*, la *Lengo de Bióou* et le *Boure espès*.

La *Blanquéto* a de petites feuilles découpées profondément, très espacées sur les rameaux et difficiles à cueillir. Son bois est long; ses bourgeons sont simples et plus ronds que ceux de la Colombasse. Ells porte très peu de mûres qui sont petites et blanches. Les cueilleurs de feuilles, surtout lorsqu'ils sont payés au quintal, ne l'aiment pas. Plantés dans le même terrain, un mûrier Blanquéto donne un cinquième ou un quart de feuilles de moins qu'un Colombasse, extraction faite des mûres.

L'*Amouro négro* tire son nom de la couleur de ses nombreuses mûres qui sont d'un beau noir. Sa feuille est tantôt arrondie, entière, tantôt elle est cordiforme avec la pointe recourbée en dessous. Elle est excellente, très recherchée par les magnaniers. On rencontre dans la région cévenole de nombreux mûriers de cette variété qui n'est autre, à mon avis, que le mûrier blanc à fruits noirs (205). Il y en a de très vieux, énormes, creux, ayant été couronnés plusieurs fois, qui donnent encore de très bonne feuille. Leurs mûres contiennent beaucoup de graines.

La *Roumaïno* est répandue. Ses feuilles sont grandes, d'un vert foncé, entières, arrondies et très fortes. Le bois est court et les bourgeons rapprochés. Ses mûres sont blanches.

La *Rébalaïro* est caractérisée par la direction de ses pousses qui, sur les jeunes sujets, sont pendantes. Ses feuilles sont bien développées, foncées, larges et fortes. Ses mûres sont blanches et très adhérentes au rameau.

La *Lengo de biôou* se rapproche assez de la Colombasse. Ses feuilles sont de même grandeur, plutôt allongées, entières et d'un vert plus foncé. Elle est encore plus tardive et par conséquent préférable pour les endroits exposés à la gelée. Ses mûres sont pourpres. Sa feuille supporte très bien le transport.

Lou Boure éspés tire sans doute son nom de la forme de ses bourgeons qui, lorsqu'ils commencent à se gonfler, sont ronds. Ils sont très rapprochés sur les rameaux. Sa feuille, retenue par un pétiole gros et court, est grande, épaisse, découpée en forme de trèfle. Aussi désigne-t-on aussi ce mûrier sous le nom de *Tréflo* dans certaines localités. Cette feuille résiste parfaitement à l'action des vents; sa cueillette est facile. Son épaisseur et, par suite, sa richesse en eau font qu'elle ne peut être transportée au loin sans danger pour les vers à soie.

Le bois de ce mûrier est gros et court. Il ne vient bien que dans les bons terrains. Ses mûres sont pourpres.

Il résulte de cet exposé que de tous nos mûriers indigènes des Cévennes ce sont la *Colombasse* et la *Feuille de rose* pour la généralité des expositions et la *Lengo de Biôou*, pour les bas-fonds, qui paraissent devoir surtout retenir l'attention des magnaniers.

207. Mûriers de Chine. — En 1891, la Société d'agriculture d'Alais émit l'idée que la dégénérescence de nos mûriers indigènes pouvait être attribuée à la reproduction constante des mêmes variétés de mûriers greffés et elle pensa qu'il y aurait peut-être avantage à les régénérer à l'aide de graines prises en Chine.

Sur sa demande, M. le Ministre de l'Agriculture lui procura ces semences qui, au cours de la séance de la Société du 6 février 1893, furent distribuées entre quelques horticulteurs qui les firent reproduire et les livrèrent à la vente, de sorte que l'on en trouve encore de nombreux spécimens dans la région d'Alais.

Ces mûriers ont une végétation rapide et luxuriante, se multiplient rapidement par boutures ou par marcottes et se greffent parfaitement avec nos variétés indigènes. La plupart d'entre eux ont des feuilles grandes, entières, lisses, cordiformes, dentées en scie, fermes, ressemblant à celles de nos mûriers greffés. Ils peuvent être cultivés directement pour l'alimentation des vers à soie. Ce sont là de précieux avantages analogues, d'ailleurs, à ceux que présente le mûrier Lhou.

208. Localisation de la culture du mûrier. — Nous avons vu (203) que le mûrier est vigoureux et qu'il résiste aux très grands froids. On en trouve de très beaux échantillons sous tous les climats. Mais l'exploitation à laquelle on le soumet localise sa culture. Il faut, en effet, qu'après la cueillette de la feuille destinée à nourrir les vers à soie la température se maintienne assez élevée (au-dessus de 12°,5 C.) pendant plusieurs mois pour que l'aoûtement des rameaux puisse se produire avant les premiers froids d'automne. Il est nécessaire aussi que les régions où on l'exploite soient rarement soumises aux gelées tardives qui altèrent sa feuille. La culture de cet arbre, considérée au point de vue séricicole, n'est donc avantageuse que dans les pays méridionaux. L'exposition au Midi est celle qui lui va le mieux.

209. Terrain. — Le mûrier vient bien dans la plupart des terrains pourvu qu'ils soient perméables. Les sols bas, marécageux, voisins des étangs ne lui conviennent pas (203). D'ailleurs sa feuille y est de mauvaise qualité.

210. Multiplication du mûrier. — Pour multiplier le mûrier on emploie soit le semis de graines, soit la méthode par fragmentation : bouturage et marcottage.

Le semis est le mode le plus habituellement employé. Le bouturage qui permet d'agir rapidement, en conservant les caractères du pied mère, ne convient qu'à quelques variétés de mûriers telles que le m. Lhou, le m. Moretti, le m. Multicaule et à la plupart des mûriers importés de Chine. Quant au marcottage, il est très rarement pratiqué chez nous.

211. Semis. — Pour avoir des plants vigoureux il faut, autant que possible les produire chez soi, c'est-à-dire dans le milieu où les mûriers devront poursuivre leur existence, en semant des graines qui présentent toutes les garanties de *robustesse*.

Ces graines sont contenues dans les mûres recueillies au moment de leur parfaite maturité, lorsquelles tombent de l'arbre à la moindre secousse, sur les mûriers adultes, âgés de 10 à 30 ans, francs de pied, situés dans un endroit bien ensoleillé et n'ayant pas été effeuillés depuis deux ans.

Les mûres sont mises à macérer dans l'eau. On les écrase entre les doigts ; la pulpe surnage tandis que la graine se dépose au fond du récipient. On décante et on change l'eau à diverses reprises jusqu'à ce que la semence soit bien nette. On la verse sur un linge et l'on étend ce dernier à l'ombre pour la faire sécher. Cette graine, de couleur brun clair est ensuite enfermée dans un petit sac en toile que l'on place dans un local sec. Si elle ne doit être employée qu'au printemps, il est bon de la mélanger avec deux fois son poids de sable fin et sec et de la conserver dans une boîte en fer-blanc bien fermée.

Le semis doit être fait l'année même de la récolte de la graine. Je suis d'avis que la meilleure manière de procéder consiste à semer cette dernière en fin juin. La réussite est mieux assurée à condition que l'on arrose le sol plus fréquemment. Si l'on préfère semer au printemps qui suit la récolte de la graine, il est bon d'attendre le mois de mai, alors que les gelées ne sont plus à craindre.

212. Pépinière de semis. — Pour effectuer le semis on choisit un terrain léger, frais et ensoleillé qui a dû être parfaitement ameubli sur une profondeur de o m. 40 à o m. 50 et fumé avec du terreau ou du fumier décomposé. Il n'est pas nécessaire qu'il soit bien grand, car sur un mètre carré de surface on peut obtenir, en novembre suivant, 200 mûriers.

Pour ensemencer un mètre carré il faut environ 3 gr. 5 de graines. Le gramme contient environ 600 graines.

Pour établir la pépinière de semis, on divise le sol en planches de 1 mètre de largeur auxquelles on donne une longueur en rapport avec la quantité de graines dont on dispose. En conséquence, si l'on veut organiser, par exemple, une pépinière de dix mètres carrés pouvant produire 2000 mûriers on peut faire deux planches de 1 mètre de largeur sur 5 mètres de longueur ou bien 5 planches de 1 mètre de largeur sur 2 mètres de longueur, que l'on sépare les unes des autres par un sentier de o m. 30 centimètres.

Les graines sont disposées à un demi-centimètre de distance dans des lignes de o m. 02 au plus de profondeur, tracées transversalement aux planches et espacées de dix centimètres. Il y a ainsi 200 graines par ligne de 1 mètre soit 2000 dans un mètre carré.

S'il pleut après le semis c'est très bien. Mais si la sécheresse règne il faut répandre légèrement de l'eau, à la pomme d'arrosoir, tous les deux ou trois jours, et empêcher qu'il se forme une croûte de terre durcie que les jeunes tigelles n'auraient pas la force de traverser.

Au bout d'une vingtaine de jours on commence à les voir paraître. La faculté germinative des graines de mûrier étant de 50 pour 100, il en pousse à peu près un millier.

Dès que les petits mûriers ont cinq ou six feuilles il faut les éclaircir de manière à laisser entre chacun de ceux qui restent une distance de o m. 05 environ. Un copieux arrosage pratiqué la veille au soir facilite beaucoup le travail. Nous avons finalement dans la pépinière 200 plants par mètre carré.

Pendant le cours de l'été il faut pratiquer des sarclages et des binages, pour tenir le sol exempt de mauvaises herbes et arroser tous les quinze jours si la sécheresse se fait sentir.

Les plants atteignent au mois de novembre une hauteur de o m. 70 à o m. 80. On les désigne dans la région cévenole sous le nom de *pourrettes*. La plupart d'entre eux ont 7 à 8 millimètres de diamètre. Il faut les transplanter au printemps suivant dans une nouvelle pépinière, dite d'attente. Les trop faibles sont repiquées à o m. 10 de distance sur des lignes espacées de o m. 30 et rabattues près du sol. L'année d'après, on les plantera à demeure pour faire des haies (219).

215. Pépinière d'attente. Greffage. — Dans cette nouvelle pépinière, les pourrettes, tout en ayant plus d'espace pour végéter ne sont pas aussi éloignées les unes des autres que si on les plantait directement à demeure. Elles occupent donc, dans leur ensemble, une surface restreinte qui permet de leur donner facilement tous les soins de culture favorables à leur développement.

Le terrain destiné à les recevoir ne devra jamais avoir supporté de mûriers, car ces derniers *auraient pu y laisser des traces de pourridié* (230). Il doit être, autant que possible, de consistance moyenne et bien à découvert.

Pendant l'automne et l'hiver, on le prépare par un bon labour de o m. 60 à o m. 70 de profondeur, en divisant la terre le plus possible, et on le fume à raison de 200 kilogrammes de fumier par are.

La transplantation a lieu dans le courant du mois de mars. Les pourrettes sont extirpées du sol à l'aide d'une bêche en prenant bien soin de ne pas abîmer les racines.

Muni d'un bon sécateur, on raccourcit le pivot de ces dernières de façon qu'il ne dépasse pas o m. 15 de longueur, et on coupe seulement les radicelles qui ont été plus ou moins endommagées par l'arrachage. Cela fait, on trace sur le terrain des lignes parallèles distancées de o m. 50, et c'est sur ces lignes que l'on plante les pourrettes à o m. 50 les unes des autres, à l'aide d'un plantoir ou mieux d'une bêche qui permet de disposer convenablement les racines.

Pour se servir de ce dernier outil, on l'enfonce complètement dans la terre ameublie, à l'endroit qui doit recevoir un plant. Puis on le tire en avant, de façon à produire un espace de o m. 06 à o m. 08 dans lequel on enfonce le pivot de la pourrette jusqu'à 15 à 16 centimètres de profondeur. On retire ensuite la bêche; la terre qu'elle retenait retombe sur les racines contre lesquelles on la tasse fortement avec le pied après s'être assuré que le plant se trouve bien dans l'alignement des autres.

Enfin on taille chaque pourrette au niveau du sol. Le morceau de tige coupé est piqué dans la terre à côté du plant. Il en indique la place aux ouvriers chargés de faire les binages.

Au départ de la végétation, plusieurs bourgeons se développent autour de chacune des pourrettes recépées. On laisse intact le plus beau. Les autres sont complètement supprimés au ras de la tige.

Pendant l'été, il faut donner plusieurs binages pour ameublir le sol de la pépinière, y conserver la fraîcheur et le débarrasser des mauvaises herbes qui s'y développent au détriment des jeunes plants. Aux distances que nous avons choisies, ces derniers sont au nombre de 400 par are.

Si les jeunes mûriers ont des feuilles entières, bien développées — ce que l'on obtient avec les mûriers *Lhou*, *Multicaule*, et avec *certaines variétés de la Chine*, — on les cultive tels quels. Si leurs feuilles sont découpées, il faut, au mois d'août de cette première année de transplantation, *les greffer* au pied, à l'écusson à œil dormant, en choisissant autant que possible comme greffons les variétés *Colombasse* ou *à feuille de rose*, qui sont excellentes pour nos insectes producteurs de soie.

Cette greffe, qui doit être pratiquée tout à fait à la base du rameau qui a été conservé, réussit très bien sur les mûriers. Je l'ai expérimentée à diverses reprises dans la pépinière que je dirige à Alais ; elle m'a toujours donné d'excellents résultats.

Si la sécheresse se fait sentir, il est bon d'arroser, si on le peut, à l'aide de rigoles tracées transversalement à des distances régulières, communiquant avec une rigole d'amenée de l'eau qui longe complètement la pépinière. Sinon il faut pratiquer de nombreux binages et ne point perdre de vue que le terrain conservera d'autant mieux sa fraîcheur qu'il aura été labouré profondément lors de sa préparation en hiver.

Au printemps suivant — la deuxième année de pépinière par conséquent — on coupe la tige du *sujet* à 5 centimètres environ au-dessus du point greffé en août. Il reste ainsi un bout de rameau auquel on attache, sans le serrer, le greffon, pour le préserver de l'action des vents et lui faire prendre la direction verticale. Dès que la végétation est partie, il faut surveiller de façon à enlever toutes les pousses du sujet afin que la sève se porte sur le greffon.

Pendant cette deuxième année, on laisse le greffon se développer complètement en supprimant toutefois nettement à leur base, avec un bon sécateur ou mieux avec une serpette bien affilée, toutes les pousses latérales jusqu'à environ 80 centimètres de hauteur. La pépinière doit recevoir les soins que nous avons indiqués.

En greffant au mois d'août de la première année, on a gagné du temps. Si l'opération n'a pas réussi sur quelques mûriers, on en est quitte pour la refaire au printemps de la deuxième année, en avril, en employant soit la méthode à l'écusson, soit le système dit en flûte ou en sifflet, qui est le plus généralement appliqué au mûrier, soit la greffe en fente pleine, au pied, en enterrant le greffon comme pour la vigne.

Pendant la troisième année de pépinière, on enlève les pousses latérales jusqu'à la hauteur de 1 m. 50 qui est généralement celle que l'on donne aux arbres de haute tige et on pratique les binages nécessaires.

La quatrième ou la cinquième année, les arbres ont acquis la dimension voulue pour être extraits de la pépinière et plantés à demeure.

214. Bouturage. — Nous avons vu que certaines variétés du mûrier blanc (Lhou, Moretti, Multicaule) reprennent facilement de bouture comme la vigne. On peut donc les multiplier par ce procédé et obtenir au bout d'une année une grande quantité de plants racinés.

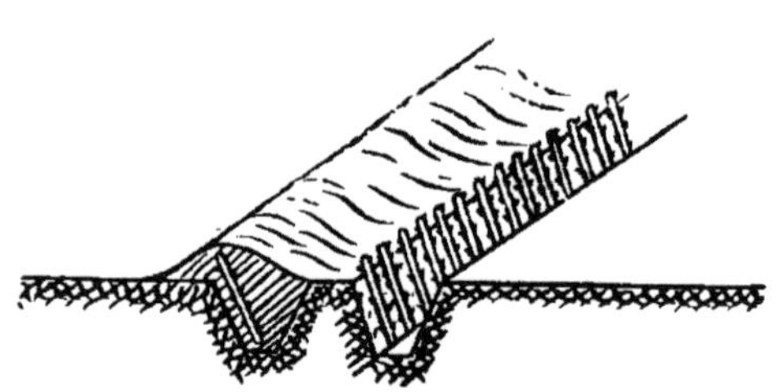

Fig. 50. — Pépinière de boutures.

Les boutures consistent en des rameaux d'un an, vigoureux et bien aoûtés, que l'on coupe au printemps, avant le départ de la végétation, en fragments de 40 centimètres. On les plante dans un terrain profondément ameubli, à 15 centimètres les uns des autres, sur des lignes espacées de 30 centimètres en procédant de la même façon que pour le bouturage des vignes. Les boutures sont enfoncées dans la terre, de telle sorte qu'il n'y ait au dehors que deux ou trois bourgeons. Pour conserver leur fraîcheur, il est bon de les arroser légèrement de temps à autre et on les abrite avec de la paille.

Au printemps suivant, on a des plants racinés que l'on transplante dans une nouvelle pépinière comme les plants obtenus de semis.

Le greffage sur boutures peut se faire dans la pépinière même où l'on a placé ces dernières pour obtenir des plants racinés. On le pratique au niveau du sol en utilisant soit la greffe en sifflet ou flûte, généralement employée par nos agriculteurs, soit la greffe à l'écusson à œil poussant ou à œil dormant, qui prend très bien sur le mûrier ainsi que je l'ai souvent constaté.

Un pépiniériste de Rosières (Ardèche), M. Poudevigne, a obtenu d'excellents résultats en pratiquant un procédé de greffage du mûrier imité de celui employé sur table pour la vigne, avec stratification et soudure faite en chambre chaude, dans du sable ou de la mousse humide, à la température de 30°. Le mûrier est greffé en fente anglaise sur bouture pour les variétés *Lhou* et *Moretti* qui acceptent ce mode de multiplication. Après séjour de huit à quinze jours en caisse, en chambre chaude, les soudures sont accomplies et on met les jeunes sujets greffés en pépinière, à 40 centimètres de distance, sur des lignes espacées de 80 centimètres environ. Dès la première année, il se développe des pousses de 1 mètre à 1 m. 50 qui constituent immédiatement des mûriers de basse tige, bons à planter, à soudure parfaite, sans aucun bourrelet.

215. Plantation à demeure. — La plantation à demeure des mûriers qui viennent de passer plusieurs années en pépinière d'attente s'effectue, dans les régions méridionales, après la chute des feuilles, en novembre, pour les terrains secs et perméables, et au printemps dans les autres natures de sols.

Elle se pratique sous diverses formes, dont les plus usitées sont : *la haute tige*, *la mi-tige* ou *naine*, *la haie*, et *le taillis*.

216. Mûriers de haute tige. — Les sériciculteurs les préfèrent parce qu'ils sont moins accessibles aux gelées que la mi-tige. La situation économique actuelle de la sériciculture commande de les planter de préférence sur les bords des terres labourables, ces dernières étant réservées à d'autres cultures. Ces arbres profitent ainsi des travaux de main-d'œuvre et des fumures données à ces dernières, ce qui réduit considérablement leurs frais d'entretien et il ne faut pas oublier que leur plantation doit se faire dans les endroits qui n'ont pas supporté de mûriers, ou d'autres arbres sensibles au *pourridié* (230), depuis six ans au moins.

Les jeunes arbres qui seront plantés à demeure doivent avoir 5 à 6 ans au plus, être droits, bien venus, ayant au moins 7 à 8 centimètres de diamètre au milieu du tronc. Leur écorce doit être lisse — celle des vieux plants possède généralement des écailles qui se détachent facilement — et la section du bois luisante avec des zones successives d'un jaune clair sans aucune tache noirâtre ou brune. Les racines, constituées par un pivot pourvu tout autour de nombreuses radicelles, doivent être bien développées. Il vaut mieux utiliser des plants déjà greffés à l'écusson en pépinière. On gagne ainsi du temps, car ces arbres peuvent alors être soumis à la cueillette un ou deux ans plus tôt.

Greffer les mûriers en flûte après leur plantation à demeure est une mauvaise opération. Elle oblige, en effet, de sectionner les branches au-dessus du point où la greffe a été faite, et si cette dernière ne réussit pas, l'arbre finit par être déséquilibré, surtout s'il a subi plusieurs opérations de ce genre.

Afin de permettre au soleil d'en faire le tour complet, et pour faciliter les tournées des attelages lors des labours, les mûriers de haute tige doivent être plantés à 10 mètres de distance les uns des autres dans l'axe d'une bande de terre de 4 mètres de largeur qui a été défoncée à 0 m. 70 de profondeur avant d'y creuser les trous destinés à recevoir les jeunes arbres.

Ces trous doivent être faits assez grands pour pouvoir loger convenablement toutes les radicelles du plant. On doit leur donner 0 m. 60 à 0 m. 70 de profondeur et 1 m. 30 à 1 m. 50 de côté. En les pratiquant, on met d'un côté la terre du sol qui est la plus aérée et la plus ameublie, et de l'autre celle du fond ou du sous-sol, généralement plus tassée et de moins bonne qualité.

Le moment de la plantation étant arrivé, on choisit une belle journée douce, sans vent, le sol n'étant ni gelé, ni mouillé par la rosée, et on apporte auprès de chaque trou une brouettée d'engrais organique à décomposition lente : râpures de cornes, raclures de sabots, retailles de cuirs, poils, crins, plumes, déchets de laine, etc. Puis, on prépare les plants en coupant l'extrémité de leur pivot auquel on laisse au moins 0 m. 20 de longueur, et on enlève seulement les radicelles qui ont été blessées ou meurtries lors de l'arrachage. Ensuite, par mesure de prudence contre le *pourridié* (230), on doit faire tremper pendant une demi-heure les racines dans une solution de sulfate de cuivre à 0 k. 500 par 100 litres d'eau. Les trous étant faits, on fixe au milieu de chacun d'eux un piquet destiné à servir de tuteur au jeune plant. Puis on jette au fond de ces derniers de la terre qui faisait partie du sol, après l'avoir mélangée aux engrais organiques, jusqu'à ce qu'elle atteigne une hauteur telle qu'après avoir étendu les radicelles à sa surface le collet du mûrier se trouve au niveau de l'ouverture du trou correspondant avec la surface du sol environnant.

Le plant étant disposé contre le tuteur, on fait glisser de la terre meuble entre ses racines en la tassant avec la main.

Puis le trou est comblé avec la terre qui a été extraite du sous-sol, que l'on a mélangée avec du terreau ou du fumier décomposé, en l'élevant de telle sorte que, ce tassement s'étant opéré, le collet se trouve juste au niveau du sol environnant. Le plant est finalement maintenu contre le tuteur à l'aide de trois anneaux d'osier, pas trop serrés, que l'on place : l'un à o m. 25 ou o m. 30 au-dessus du collet, le second au milieu de la tige et le troisième à environ o m. 20 au-dessus du point de réunion des trois branches formant la couronne qui sont taillées à o m. 15 ou o m. 20 de longueur.

Planté dans ces conditions, le jeune mûrier végète normalement, ses racines prennent de l'extension et ses branches se développent, garnies d'un abondant feuillage.

217. Formation de l'arbre. — Nous venons de voir que les branches formant la couronne, régulièrement disposées au-

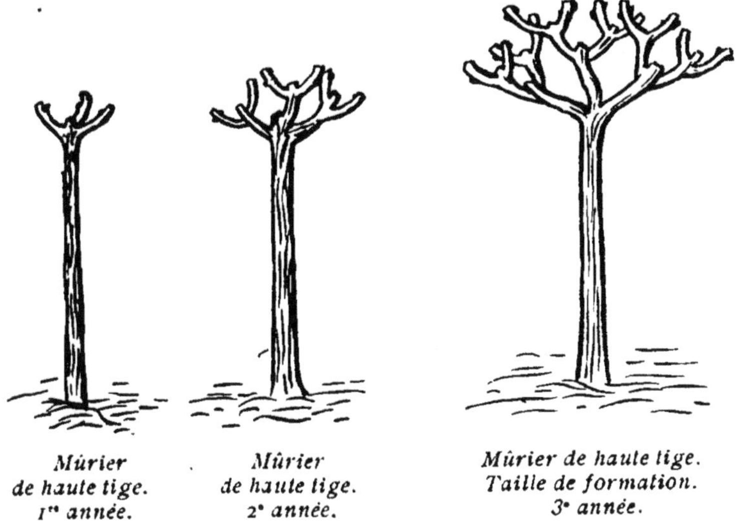

Mûrier de haute tige. 1re année. — *Mûrier de haute tige. 2e année.* — *Mûrier de haute tige. Taille de formation. 3e année.*

FIG. 51. — FORMATION DE L'ARBRE.

tour du sommet de la tige, sont, au moment de la plantation à demeure, taillées à o m. 15 ou o m. 20 de longueur. On laisse à chacune d'elles deux bourgeons, dirigés vers l'extérieur, qui produiront deux pousses de sorte qu'au printemps de la 2e année, notre jeune arbre aura six rameaux développés. Ceux-ci, taillés de la même façon à une longueur de o m. 15 à o m. 20, permettront d'obtenir, au printemps de la 3e année,

12 rameaux placés dichotomiquement et inclinés à 45° sur l'horizon.

Dans le courant de chacune des premières années de formation, on enlève à la main, au fur et à mesure qu'ils se développent, les bourgeons autres que ceux qui doivent donner les branches de charpente et l'on arrive ainsi à donner au mûrier une forme régulière et un équilibre parfait. Pendant les 4e et 5e années, on se contente d'élaguer de façon à supprimer toutes les branches qui se dirigent vers l'intérieur, et celles qui ont une mauvaise direction vers l'extérieur, de façon à conserver la forme en *gobelet* grâce à laquelle l'arbre est parfaitement éclairé et aéré.

Les mûriers de haute tige ne doivent pas être effeuillés avant la 5e et même la 6e année de plantation à demeure sans quoi ils perdent de leur vigueur et leur production s'en ressent.

218. Mûriers nains. — L'avenir de la sériciculture exige la production rapide et abondante de feuilles de mûrier. Les arbres de haute tige ne peuvent être effeuillés avant l'âge de dix ans. C'est trop long. Il faut pouvoir récolter dès la 2e ou 3e année de plantation à demeure, afin de profiter au plus tôt des avantages que procure l'éducation des vers à soie.

FIG. — MÛRIERS SOUS LA FORME NAINE.

Que les possesseurs de mûriers à haute tige, en plein rapport, les soignent, c'est très bien. Mais s'il s'agit de faire de nouvelles plantations, il vaut mieux donner la préférence aux mûriers nains qui peuvent végéter dans tous les sols, qu'ils soient siliceux, argileux, calcaires ou caillouteux, même lorsque leur profondeur ne dépasse pas 50 à 60 centimètres. Avec deux œuvres par an et du fumier tous les deux ans, ils se maintiennent en bonne végétation.

Les mûriers nains permettent de récolter la feuille pour l'alimentation des vers à soie dès la 2e ou la 3e année de plantation à demeure. La cueillette en est facile. Il n'y a pas besoin d'échelle. Elle est à la portée des femmes et des enfants. Il y a moins de risques d'accident qu'avec les arbres à haute tige.

En Extrême-Orient, où les progrès de la sériciculture sont tellement considérables que le Japon récolte annuellement, à lui seul, 200 millions de kilogrammes de cocons, les mûriers sont cultivés sous la forme naine. Il en est de même en Turquie, où la production des cocons était, avant la guerre, de 18 millions de kilogrammes.

Pour faire la culture en nains, on prend des mûriers qui ont été greffés au pied en pépinière (213) ou bien des variétés qui ont naturellement les feuilles entières, bien développées, telles

Fig. 53. — Mûriers nains en cordon, agés de 3 ans, taillés après la récolte de la feuille, chez M. Poudevigne, a Rosières (Ardèche).

que le *M. Lhou*, le *M. Moretti*, etc., qui ont l'avantage de pouvoir être multipliés facilement par boutures (214).

Le terrain qui doit recevoir la plantation sera préparé par un bon labour d'hiver et fumé à raison de 300 kilogr. de fumier par are. Les jeunes mûriers, ayant un ou deux ans de pépinière d'attente, et dont les racines auront dû être auparavant trempées dans une solution de sulfate de cuivre à 0 k. 500 pour 100 (216) sont plantés, en mars, à 2 mètres de distance les uns des autres sur des lignes espacées de 3 mètres dans des trous de o m. 5o de côté, creusés depuis deux mois à o m. 5o de profondeur.

Dès que la plantation est terminée, on coupe les petits mûriers à o m. 5o de hauteur pour en former le tronc. C'est en procédant ainsi que l'on obtient la forme *naine*.

Pendant la première année, on se contente de surveiller la végétation pour élaguer les jets inutiles et on conserve, pour former les branches de charpente, les trois ou quatre plus beaux rameaux qui poussent autour du point qui a été coupé aussitôt après la mise en place des plants.

La seconde année, on peut commencer à cueillir la feuille. Mais pour fatiguer le moins possible le jeune mûrier, il vaut mieux, au lieu d'effeuiller, couper les rameaux couverts de leur frondaison. Ils seront taillés à 15 ou 20 centimètres de leur base. On dirigera l'arbre de façon à lui donner la forme en gobelet. Les autres années on procédera de même aussitôt après la cueillette de la feuille si l'on ne fait pas l'élevage des vers à soie aux rameaux (120) qui, étant donné les avantages qu'il procure, est pratiqué depuis quelques années par plusieurs éducateurs des arrondissements d'Alais et du Vigan, dans le Gard.

Aux distances que nous avons indiquées pour la plantation, un hectare contiendra 1650 mûriers. Avec la feuille récoltée sur ces derniers, la seconde année de leur plantation à demeure, on pourra élever au moins 15 grammes de graine de vers à soie; la troisième année, on aura la feuille pour servir au moins 30 grammes de graine. L'année suivante, on élèvera facilement 75 grammes et peut-être 90 grammes de graines pouvant produire 180 kilogr. de cocons.

Pendant les premières années de plantation on peut très bien cultiver, dans chacun des interlignes de mûriers, deux rangs de pommes de terre précoces qui seront récoltées avant que les arbustes ombragent la surface qu'ils occupent. La fumure de ces dernières et l'ameublissement produit par les travaux de binage et d'arrachage profitent aux mûriers. La récolte paie le travail; c'est un surcroît de ressources pour le petit propriétaire.

Les mûriers nains peuvent aussi être cultivés en *cordons* comme la vigne. Ils demandent alors des frais supplémentaires, mais ils produisent plus de feuilles que lorsqu'ils sont conduits par la taille en gobelet (fig. 53).

219. Mûriers cultivés en haies. — Les éducateurs de vers à soie auraient intérêt à remplacer par des haies de mûriers les clôtures en buissons d'aubépine, de palliure, d'épine-vinette, etc., qui sont plutôt nuisibles, parce qu'elles servent de refuge à d'innombrables insectes, aux escargots ou aux limaces qui mangent les légumes et commettent parfois de sérieux ravages dans les jardins potagers. Avec cent mètres de haies de mûriers sauvageons, on peut nourrir facilement les vers à soie provenant de deux onces de graine depuis l'éclosion jusqu'à la 2ᵉ mue. Nous avons vu d'autre part (100) que ce système de plantation peut permettre de placer les mûriers à l'abri des gelées printanières.

Le moyen le plus simple pour faire une haie consiste à utiliser les *pourrettes* qui n'ont pas été jugées assez fortes pour être mises en pépinière et de les planter à 70 centimètres les unes des autres sur deux lignes parallèles distancées de 20 centimètres en les disposant de telle sorte que celles d'une rangée alternent avec celles de l'autre, de façon à se trouver juste au milieu de l'intervalle compris entre les plants de celle-ci.

En vue de cette plantation qui a lieu au printemps, en février, le terrain aura dû être labouré en automne à la profondeur de 0 m. 50, sur une largeur d'au moins un mètre, et fumé avec des engrais à décomposition lente, tels que débris de corne, de cuir, chiffons, poils, plumes, etc.

Au moment de la plantation, on rabat les pourrettes près du sol. Dès la 3ᵉ année, on peut effeuiller et, après la cueillette, tailler la haie en limitant sa hauteur de façon à favoriser le développement des pousses latérales.

Un autre système consiste à planter les jeunes mûriers sur une seule ligne à 0 m. 40 de distance et, après les avoir rabattus à 10 centimètres du sol, de ne laisser pousser dans le courant de l'année que deux rameaux ayant une direction opposée. Au fur et à mesure que ces rameaux s'allongent, on les guide de manière à leur donner une direction oblique de 45°, et on les lie avec les rameaux venant des mûriers voisins à leur point de rencontre avec ces derniers. On a ainsi une chaîne ininterrompue sur laquelle poussent de nombreux jets verticaux. Dès la 2ᵉ année, on peut effeuiller ces derniers ; après quoi, on les taille à 30 centimètres de leur point d'attache.

220. Mûriers cultivés en taillis. — Ce système de culture a été recommandé en 1831 par *Matthieu Bonafous*, directeur du Jardin royal d'agriculture de Turin. Le mûrier des Philippines, le mûrier Lhou et les variétés de la Chine s'y prêtent très bien.

Voici en quoi il consiste : Vers le milieu de l'automne, lorsque les boutures sont bien enracinées, on les replante à demeure en les plaçant à environ 0 m. 50 de distance, en lignes parallèles espacées de 0 m. 60 à 1 mètre. Au printemps de la seconde année, après la cueillette de la feuille, on taille ras terre les jeunes plants pour leur faire pousser de nouvelles tiges qui s'élèvent au premier jet à la hauteur de 2 mètres environ. Pendant le cours de cette même année, on donne au sol deux ou trois labours légers et des binages. La troisième année, on pratique les mêmes œuvres et par des élagages bien compris, on supprime tous les rameaux qui ont une mauvaise direction ou qui sont abîmés, altérés ou cassés. Après la chute des feuilles, on recèpe le tiers seulement de la plantation afin d'en avoir toujours les deux autres tiers en rapport. A l'automne, les feuilles tombées sur le sol sont enfouies ; elles garantissent les racines du froid et servent d'engrais. On continue de même les années suivantes.

D'après Matthieu Bonafous une mûreraie ainsi établie peut être maintenue en rapport progressif pendant quinze à vingt ans. Il a récolté, sur un tiers d'hectare, la seconde année de plantation, avec des mûriers multicaules, 2 500 kilogrammes de feuilles. Il était d'avis que l'on peut obtenir, la troisième année, sur la même surface, 7 500 kilogrammes de feuilles et, lorsque le taillis est arrivé en pleine production, une récolte de 10 000 kilogrammes permettant de produire 500 kilogrammes de cocons.

Le mûrier Lhou a une végétation aussi luxuriante que celle du mûrier des Philippines. Il n'était pas encore connu en France et en Italie lorsque Matthieu Bonafous fit ses essais avec ce dernier et le préconisa. Nos agriculteurs auraient tout avantage à l'employer de préférence pour la culture en taillis.

221. Soins culturaux. — Le sol qui supporte les mûriers doit être meuble et tenu en bon état de propreté. Pour que ces conditions soient remplies, il faut leur donner deux labours par an, le premier au printemps, un peu avant le départ de la végétation : l'autre, en été, à la fin des éducations des vers à soie. Si, dans l'intervalle, on peut leur ajouter un ou deux binages, ils produiront beaucoup plus de feuilles.

Il est indispensable de restituer au sol, par des *fumures* appropriées, les éléments que les mûriers lui enlèvent. Nous avons vu (105) que la production moyenne d'un mûrier de haute tige est de 35 kilogrammes de feuilles. Celles-ci ne retournent pas à la terre puisqu'elles servent à nourrir les vers à soie et à produire des cocons qui sont livrés à la filature ou au grainage. Or, cette quantité de feuilles contient, d'après les analyses de *Volff* et de *Muntz* et *Girard* :

Azote	0,53
Acide phosphorique	0,08
Potasse	0,25
Chaux	0,33

Si nous rapprochons ces chiffres de la composition moyenne du fumier de ferme, nous constatons que pour restituer à la terre ce que les mûriers lui ont enlevé, il faut fournir à chacun de ces arbres au moins *300* kilogrammes de fumier *tous les deux ans* et celui-ci doit être répandu sur le sol, et enfoui, en automne.

Divers engrais organiques peuvent être aussi employés à la fumure du mûrier. Tels sont les débris végétaux, les feuilles des arbres, les déjections de l'homme et des animaux, les chiffons de laine, les chrysalides et les litières de vers à soie (122) les débris de cuir ou de corne, les déjections des oiseaux de basse-cour, les engrais verts.

Si l'on fume les mûriers à la fin de l'hiver, en février, il est préférable d'employer les *engrais chimiques*. Le mélange suivant donne d'excellents résultats :

Sulfate d'ammoniaque	$2^k,600$
Superphosphate minéral 14/16	$0^k,800$
Sulfate de potasse	$0^k,600$
Total	$4^k,000$ par mûrier.

A défaut de sulfate de potasse, on peut employer la sylvinite riche, le kaïnit ou le chlorure de potassium. Le superphosphate est avantageusement remplacé, dans les terres non calcaires, par les scories de déphosphoration.

Ces matières minérales devront être achetées séparément et mélangées intimement ensemble à la ferme peu de temps avant de les employer. Puis, la dose nécessaire, soit 4 kilogrammes par mûrier, devra être déposée dans un fossé circulaire pratiqué à une certaine distance de la base du tronc, dans la projection de la circonférence formée par les branches. On la mélangera avec la terre destinée à combler le fossé.

La formule ci-dessus est donnée pour des arbres de plus de vingt ans. Il est bien entendu que le sériciculteur doit réduire les doses proportionnellement à l'âge de ses mûriers, et, par conséquent, à la quantité de feuilles qu'ils peuvent produire.

222. Taille de production. — Afin de rendre facile la cueillette de la feuille, les éducateurs pratiquent généralement, chaque année, en juin, après la montée des vers à soie à la bruyère, une taille exagérée consistant à couper les rameaux, soit à un ou deux yeux au-dessus de leur base, soit au ras des branches charpentières, de façon à obtenir l'année suivante de nouveaux jets pourvus de belles feuilles que l'on enlève d'un seul trait en ramenant vivement la main à demi fermée de la base vers l'extrémité de ces derniers.

Cette taille radicale, qui arrive juste au moment où le végétal est en pleine activité, alors que l'on vient de lui supprimer ses feuilles qui jouent un rôle primordial dans son existence, est néfaste, car elle favorise son rabougrissement et abrège sa vie. Cependant, il ne faut pas exagérer. Ne voyons-nous pas, en effet, dans les Cévennes, de vieux mûriers médiocrement soignés qui, malgré la taille et l'effeuillage annuels, sont, depuis de longues années, d'excellents producteurs de feuilles? (108).

Quoi qu'il en soit, il n'est point douteux que cette taille radicale pratiquée en été, sur les mûriers à haute tige, tend à les affaiblir par l'énorme perte de sève qu'elle provoque. Aussi faut-il procéder d'une façon plus rationnelle pour leur faire produire beaucoup de feuilles de bonne qualité tout en les maintenant robustes.

Voici, pour cela, ce que je conseille aux éducateurs de vers à soie :

Ayez en votre possession un tiers ou un quart de feuille de plus qu'il ne faut pour faire face à l'éducation que vous avez l'habitude de faire et divisez les mûriers qui la produisent en trois ou quatre lots.

Taillez *chaque hiver* un de ces lots en coupant les rameaux à 15 ou 20 centimètres de leur point d'attache avec les branches charpentières. Gardez-vous bien de l'effeuiller au printemps suivant et ne lui faites subir la même opération que trois ou quatre ans après, à la même époque.

Dans l'intervalle, chaque été, après la cueillette de la feuille, *sur les mûriers des autres lots destinés à nourrir les vers à soie*, pratiquez un elagage en vous basant sur les règles fondamentales qui ont été émises en 1840 par *Matthieu Bonafous*, directeur du Jardin royal d'agriculture de Turin.

1° Décharger le mûrier des branches mortes et de celles endommagées par la récolte des feuilles;

2° Enlever les branches d'une végétation trop faible ;

3° Arrêter celles d'une végétation trop forte ou les forcer à se courber pour en modérer la sève ;

4° Empêcher l'arbre de s'élever et de s'étendre outre mesure ;

5° Raccourcir les branches qui s'opposent à l'évasement de l'arbre et celles qui pendent vers la racine ;

6° Remettre dans leur direction naturelle les branches que le cueilleur de feuilles aura fait dévier.

Les mûriers nains supportent sans inconvénient la taille radicale d'été, à la condition, cependant, de recevoir les soins de culture et les fumures indispensables au bon entretien de leur végétation.

223. Misère physiologique. — Elle est caractérisée par l'aspect languissant des mûriers. Ces arbres, délaissés, ne recevant plus, depuis nombre d'années, ni labours, ni fumures. se développent avec peine dans un sol épuisé. La taille annuelle leur a laissé de grosses plaies par lesquelles l'eau des pluies pénètre jusque dans le bois de cœur qu'elle pourrit. Leur sève appauvrie ne suffit pas à l'entretien des branches qui donnent de grêles rameaux, se desséchant parfois après s'être couverts d'un maigre feuillage. Leur production de feuilles diminue considérablement.

Pour ranimer leur végétation, on commence par enlever d'abord avec une bêche la couche de terre meuble jusqu'à 25 à 30 centimètres de profondeur en effectuant des tranchées successives au fond desquelles on dispose du fumier à la dose de 160 kilogrammes par pied d'arbre, pouvant produire 50 kilogrammes de feuilles, pour deux ans. Puis, à l'aide d'une houe, on pioche de façon à bien mélanger la terre avec l'engrais. Enfin on comble la tranchée avec la terre primitivement extraite. A la fin de l'hiver, en mars, on raccourcit les branches suivant l'état de rabougrissement des arbres. Il ne faut couper que quelques-unes de ces dernières, et laisser les autres, mieux placées, dans toute leur longueur, de façon à assurer la montée de la sève qui, trouvant assez d'yeux pour se développer librement, ranime la végétation du mûrier.

Les plaies plus ou moins grosses résultant de la taille doivent être badigeonnées avec une solution de sulfate de fer à 50 pour 100 et recouvertes ensuite avec du coaltar ou du goudron.

L'année où l'arbre subit cette opération, on lui « donne la feuille », c'est-à-dire qu'on ne le dépouille pas pour nourrir les vers à soie. Il acquerra même une plus grande vigueur si on peut la lui laisser un an de plus.

S'il s'agit d'un mûrier dont le tronc se trouve inondé intérieurement par l'eau des pluies qui carie le bois de cœur, il n'y a qu'à pratiquer, à l'aide d'une hache ou mieux d'un marteau et d'un ciseau, une ouverture à sa base, à 10 ou 20 centimètres du sol, de façon à obtenir l'écoulement du liquide qu'il contient.

Ceci fait, on enduit le pourtour de l'orifice de la même façon que les plaies de taille, et l'arbre ne tarde pas à reprendre une belle végétation. Lorsqu'on a affaire à de vieux mûriers rabougris, irréguliers, remplis de rameaux grêles et d'ergots, il faut se décider à les décapiter en coupant les grosses branches charpentières au tiers ou à la moitié de leur longueur. Mais cette taille énergique ne doit être employée qu'à la dernière extrémité, car elle épuise considérablement l'arbre. Le mûrier qui l'a subie doit être régulièrement travaillé, largement fumé et il faut lui conserver sa feuille pendant plusieurs années.

Quelques magnaniers inconséquents effeuillent, à l'époque des élevages, leurs jeunes mûriers à peine sortis de pépinière. C'est une mauvaise pratique qu'ils doivent abandonner sans hésitation, car elle prédispose les arbres ainsi traités à la misère physiologique.

224. Maladies du Mûrier. — Les principales sont : la rouille, la gommose bacillaire, la maladie du rouge, la maladie des branches due à l'Amadouvier, la maladie noire ou feu volant, le pourridié et enfin l'affection due aux attaques du *Diaspis pentagona*.

Fig. 54.
Feuille de murier attaquée par la rouille (*Sphærella morifolia*).

225. La Rouille. — Elle est caractérisée par la présence, sur les feuilles de mûrier, de taches brunâtres, irrégulières, limitées par une bordure plus foncée, disséminées sur le parenchyme entre les nervures et ayant des dimensions variables. Ces taches sont recouvertes de petites pustules noires qui sont les réceptacles des organes reproducteurs d'un champignon parasite, le *Sphærella morifolia*, qui est la cause du mal.

Les arbres sains et vigoureux peuvent être aussi bien attaqués que ceux qui sont chétifs. La rouille se développe de préférence dans les bas-fonds ombragés, dans les milieux humides, surtout si la température est chaude.

On pense que le parasite se transmet, d'une année à l'autre, par le mycélium qui se trouve, soit dans les feuilles tombées sur le sol, soit dans les rameaux. Il résulte, en effet, d'une observation faite, en 1913, par Ch. Secré-

TAIN, que les mûriers taillés l'année même ont été beaucoup moins atteints que ceux qui ne l'avaient pas été.

La rouille n'est pas préjudiciable aux vers à soie, car ils ne rongent jamais les parties tachées. Mais elle entrave les fonctions des feuilles et l'arbre dépérit. La récolte en est parfois fort compromise.

Pour combattre le mal il serait bon de pulvériser les mûriers avec de la bouillie bordelaise à la fin de l'été et de faire consommer, à l'automne, par le bétail, les feuilles tombées sur le sol.

226. La Gommose bacillaire. — Cette affection, appelée aussi maladie bactérienne, est caractérisée par des taches brunâtres plus ou moins étendues qui se montrent de préférence sur les jeunes rameaux, notamment à leur extrémité, et sur les nervures des feuilles. Ces taches, parfois creusées et allongées, ont l'aspect de chancres et laissent suinter des amas et des filaments gommeux. Elle a été déterminée en 1913 par *G. Boyer* et *F. Lambert*, qui en ont attribué la cause à des myriades de bactéries qui se multiplient dans les tissus altérés. Un simple examen d'une parcelle de ces derniers au microscope, à un grossissement de 500 diamètres, permet d'ailleurs de les voir très nettement. Elles sont plus longues que larges, arrondies aux deux bouts et légèrement cintrées en leur milieu.

FIG. 55. — EXTRÉMITÉ D'UN RAMEAU DE MURIER BLANC PRÉSENTANT DES CHANCRES PRODUITS PAR LE *Bacterium Mori*.

Le cours de la sève est activé dans les rameaux atteints et l'arbre s'en ressent. Le remède à conseiller consiste à couper tous les jeunes rameaux malades à environ 20 centimètres au-dessous de la dernière tache et à brûler soigneusement toutes les parties enlevées.

Certains auteurs ont avancé que la bactérie du mûrier est probablement une des causes de la flacherie des vers à soie. C'est une erreur. Il résulte, d'ailleurs, des expériences que j'ai faites à ce sujet, en 1919, en donnant à consommer à ces insectes des feuilles souillées avec de l'eau distillée contenant des myriades de bactéries, extraites d'un jeune rameau ravagé par la gommose bacillaire, qu'il n'en est rien. Aucun de ces vers n'a été malade; ils ont tous produit de très beaux cocons.

227. La maladie du rouge. — Elle est causée par un champignon, *le Nectria cinnabarina* qui, d'après les observations de *G. Arnaud*[1] pénètre dans le végétal par les bourgeons tués par les gelées de printemps. Son mycélium, partant du bourgeon gelé, envahit rapidement tout le pourtour du rameau, au-dessus du point attaqué, et celui-ci se dessèche. C'est surtout en mai, au moment où les arbres sont couverts de feuilles, que la mort des rameaux atteints se produit brusquement. Ceux-ci sont disséminés au milieu des rameaux sains. Les ravages occasionnés sont parfois considérables.

FIG. 56.
BRANCHE DE MURIER PORTANT DES CORPS REPRODUCTEURS DU *Nectria cinnabarina* (MALADIE DU ROUGE).

Les rameaux attaqués présentent à leur surface des petites pustules dont l'intérieur est rouge brique, d'où le nom de la maladie. Elles contiennent les corps reproducteurs du champignon parasite.

La taille régulièrement pratiquée sur les mûriers met obstacle au développement de la maladie à la condition que les rameaux atteints, détachés de l'arbre, soient aussitôt brûlés. De la bouillie bordelaise projetée sur les bourgeons gelés empêcherait, très probablement, la pénétration du *Nectria*. Enfin, dans les milieux où cette maladie a de la tendance à se montrer fréquemment, il sera bon de cultiver, de préférence, des variétés de mûriers tardives.

228. Maladie des branches. — Amadouvier. — On trouve fréquemment à l'automne, appliqué directement contre l'écorce des branches ou du tronc des mûriers, un gros champignon, sans pied, jaune ou brun clair, mou, humide et spongieux. Son chapeau bombé est muni de poils raides agglutinés. Il présente à sa partie inférieure des petits trous ou *pores* qui sont les ouvertures des tubes d'où s'échappent les semences ou *spores* destinées à la reproduction. Ce champignon est le *Polyporus hispidus* que les magnaniers désignent sous le nom d'Amadouvier ou de langue de mûrier.

FIG. 57. — AMADOUVIER (*Polyporus hispidus*) ACCOLÉ A UN TRONC DE MURIER.

1. G. ARNAUD. *Annales du Service des Épiphyties*, tome I, page 220.

A mesure qu'il vieillit il se dessèche, durcit, devient cassant et prend une coloration brun noirâtre.

Ce champignon est un parasite du mûrier. Ses spores, transportées par le vent sur une plaie résultant, sur un arbre sain, soit de la taille, soit des gélivures, trouvent un milieu favorable à leur développement. Elles germent en émettant des filaments qui pénètrent jusque dans le bois de cœur, s'y ramifient, constituant le *mycelium* qui puise sa nourriture dans le bois. Sous leur influence le tissu ligneux brunit, se désorganise, devient mou et spongieux; puis sa coloration s'éclaircit, passe au jaune pâle légèrement rosé, et finalement il se désagrège tout à fait. Le mycélium, qui a commencé son attaque dans la région médullaire, se multiplie en se dirigeant insensiblement vers l'aubier qui se trouve toujours séparé du bois de cœur décomposé par une zone mince, très brune, au niveau de laquelle les filaments, gros et sinueux, ont acquis un développement considérable. La branche attaquée finit par se dessécher. Lorsque les filaments ou hyphes, revenant du bois de cœur, ont traversé l'aubier, le liber et l'écorce, ils se trouvent au contact de l'air, et c'est alors qu'ils produisent la forme reproductrice. le chapeau, d'où s'échappent les spores qui vont transporter le parasite sur un autre arbre.

La masse charnue qui constitue le réceptacle du polypore est utilisée par nos paysans des Cévennes pour fabriquer une sorte d'amadou. Pour cela, ils battent le champignon pour l'aplatir, puis le font tremper dans une solution de nitrate de potasse ou de poudre à canon et le mettent à sécher. De là le nom d'amadouvier sous lequel il est connu.

Pour préserver un mûrier de l'invasion de ce parasite il faudrait avoir toujours la précaution de recouvrir les plaies de taille ou autres, dès qu'elles viennent d'être faites, avec du coaltar ou du goudron.

Dès que l'on voit la masse charnue du polypore se former sur une branche ou sur le tronc d'un mûrier, il faut l'extirper afin de détruire les semences propagatrices du fléau.

Plus tard, en hiver, profitant d'une belle journée sèche, on enlève à l'aide d'une hache bien affilée toute la partie de l'arbre qui est désorganisée par le mycélium, sans craindre d'empiéter sur le bois sain délimité par une zone noirâtre de celui qui est malade. Ceci fait, il est bon de mouiller la plaie avec la solution que l'on emploie en hiver pour traiter les vignes atteintes de l'anthracnose : sulfate de fer 50 kilogrammes; acide sulfurique concentré, 1 kilogramme; eau, 100 litres. — Les cristaux de sulfate de fer étant placés au fond d'un récipient en bois, on verse sur eux l'acide sulfurique et on ajoute ensuite peu à peu l'eau chaude en agitant avec un bâton. On laisse sécher, puis l'énorme plaie est recouverte de coaltar ou de goudron.

Le mûrier ainsi traité ne devra plus être effeuillé pendant deux ou trois ans. La taille consiste en un simple émondage opéré pendant le repos de la végétation. Cultivé avec soin et copieusement fumé il reprendra une végétation luxuriante. Sa plaie se fermera et, quelques années après, on ne se doutera pas qu'il a failli périr victime d'un terrible fléau.

Le *Polyporus hispidus* n'attaque pas seulement le mûrier. On le trouve fréquemment aussi sur le noyer, le frêne, le hêtre, le pommier et le poirier.

229. La maladie noire. — Cette affection est assez commune dans les Cévennes. Elle a été étudiée en 1912 et 1913 par *G. Arnaud*[1] qui en a déterminé les symptômes et la cause. Comme la maladie rouge elle est caractérisée par le dessèchement brusque des rameaux au printemps; mais ceux-ci, au lieu d'être disséminés dans l'arbre, sont attenants à une même branche ou à un même côté du tronc et, par conséquent, tous groupés.

A l'intérieur des rameaux desséchés les tissus sont bruns et particulièrement foncés dans le bois du tronc et des branches, d'où le nom de maladie noire. A l'automne, les rameaux attaqués, mais encore vivants, présentent une altération brune de certains tissus, surtout marquée dans le bois de printemps de l'année en cours. Cette altération, d'après Arnaud, s'étend d'un bout à l'autre des rameaux; elle existe sur tout le pourtour et souvent sur une simple bande longitudinale. On constate alors que la largeur de la bande infestée varie peu, ce qui indique que le parasite s'étend difficilement dans le sens transversal et qu'il suit le cours des vaisseaux. Les altérations se continuent aux branches et au tronc.

La maladie est causée par un champignon spécial, qui n'est pas encore déterminé, ayant un mycélium cylindrique ramifié et cloisonné, incolore ou brun clair, qui se multiplie dans les vaisseaux du bois de printemps. Elle marche lentement; l'arbre met plusieurs années à mourir. La dessiccation brusque ou la chute des feuilles, au printemps, ont fait donner à cette maladie le nom patois de *flo voulage*, ou mieux *feu volant*; mais ce nom peut être aussi bien attribué aux mûriers qui meurent brusquement sous les attaques du *pourridié* (230).

Le traitement à employer est le même que celui dont nous avons parlé à propos des ravages de l'Amadouvier : enlèvement à la hache de toute la partie attaquée en allant jusqu'à l'intérieur du bois sain et badigeonnage avec la même solution de sulfate de fer (228).

230. Le Pourridié. — Cette maladie est causée par un champignon parasite, *l'Agaricus melleus* (l'Agaric de miel) que nos agriculteurs connaissent sous le nom de *Soucarel*. Ce parasite commet d'énormes ravages. Certains terrains en sont

1. G. ARNAUD. *Annales du Service des Épiphyties*, tomes I et II, pages 224 et 249.

tellement infestés qu'un jeune mûrier y périt au bout de deux ou trois ans de plantation.

Il s'attaque uniquement aux racines de l'arbre qui est devenu sa proie. Quelquefois il s'élève un peu au-dessus du collet, mais c'est rare.

Fig. 58. — Touffe d'*Agaricus melleus* (Soucarel) adulte, au pied d'un murier.

On le reconnait à la présence de cordons ou de filaments noirs qui rampent à la surface des racines, pénètrent sous l'écorce de ces dernières, où ils se multiplient en s'étalant en lames festonnées et poursuivent leur développement jusque dans l'intérieur du bois qu'ils désorganisent de proche en proche. Les tissus se putréfient. La partie interne, blanche, des cordons ou des lames festonnées est phosphorescente à l'obscurité; de là le nom de *Argén viou* sous lequel nos cultivateurs désignent le pourridié.

Suivant le milieu qui supporte l'arbre attaqué, son système radiculaire est plus ou moins vite envahi par le mycélium du champignon. C'est ainsi que, dans les terrains humides ou fortement infestés de débris de filaments, restés dans le sol après l'arrachage de mûriers morts du pourridié, l'arbre, envahi à son tour, peut périr tout d'un coup. Dans d'autres terrains, au contraire, dont la nature est moins favorable à l'accroissement du parasite, le mûrier met deux ou trois ans à mourir; mais il manifeste son état maladif par le dessèchement successif des branches qui se trouvent du côté des racines envahies par les filaments. Selon que les mûriers meurent subitement ou en quelques années, les éducateurs cévenols disent qu'ils ont affaire à la *maladie des racines* ou à la *maladie des branches*, sans se douter que l'une et l'autre de ces affections sont l'œuvre de champignons parasites qui vivent uniquement sur les racines.

D'après Prillieux, la maladie des racines serait surtout occasionnée par un autre champignon : le *Rosellinia aquila*.

Un autre indice de la présence du pourridié c'est l'apparition, en septembre ou octobre, à la base du tronc des arbres morts, d'une touffe de champignons comestibles formés d'un long pied muni d'un anneau, renflé à la base et surmonté d'un chapeau légèrement conique, d'abord jaune miel et parsemé de petites squames, devenant en vieillissant brun et lisse.

Des lames d'un blanc jaunâtre placées sous ce chapeau produisent les spores ou semences destinées à reproduire l'espèce.

C'est pourquoi il faut, dès qu'on le rencontre, l'arracher et le détruire.

C'est cette forme de l'Agaric de miel se présentant au pied — sur la souche — des mûriers qui lui a valu le nom de *Soucarel.*

Le propriétaire qui voit un ou plusieurs mûriers dépérir doit s'assurer tout d'abord qu'ils ne sont pas atteints du pourridié. Il n'a, pour cela, qu'à extirper des racines et les examiner. Si elles présentent les filaments dont nous avons parlé il n'y a aucun doute à avoir, l'arbre est irrémédiablement perdu.

Quand il s'agit de la maladie des branches, certains agriculteurs enlèvent à la hache toutes les branches mortes, jusqu'au vif, mettent du fumier au pied de l'arbre et sont convaincus de l'efficacité du traitement. C'est une erreur. La végétation du mûrier parait reprendre. Cela est dû aux nouvelles radicelles que le fumier a fait développer. Mais celles-ci deviennent bientôt la proie du parasite et l'arbre finit par succomber.

Fig. 59. — Rhizomorpha de *l'Agaricus melleus* sur une racine de mûrier.

Par conséquent, lorsqu'un mûrier est pris par le pourridié il n'y a rien à faire pour le rétablir. Il faut se décider à l'extirper du sol *en prenant toutes les précautions pour qu'aucun débris de racine ou de bois ne reste dans la terre.* Il est bien démontré, en effet, que le terrible parasite se conserve à l'état latent, dans le sol, sur les matières organiques en décomposition. La négligence de nos agriculteurs à enlever ces débris explique *l'existence, dans les Cévennes, de quantités de terrains qui sont infestés.* Il n'est pas étonnant que les nouvelles plantations ne puissent y réussir.

Lorsqu'on arrache un mûrier atteint du pourridié il faut faire un grand trou afin d'extraire le plus possible de racines et emporter immédiatement le tout à la ferme pour s'en servir comme bois de chauffage. Tous les débris qui restent doivent être brûlés dans le trou même que l'on garnit ensuite de chaux vive qui détruit ce qui a pu échapper au feu. Il ne faut plus replanter de mûriers au même endroit avant cinq ou six ans.

Enfin il ne faut pas perdre de vue que l'abandon des mûriers, l'effeuillage et la taille radicale d'été, répétés tous les ans, affaiblissent considérablement ces arbres. Ils deviennent incapables de lutter contre le terrible parasite qui prend le dessus et les détruit rapidement.

231. Le Diaspis pentagona. — C'est une très petite cochenille originaire du Japon qui s'attaque à une foule de plantes et aux arbres fruitiers. En Italie elle commet, depuis 1885, des ravages très importants sur le murier. Elle est donc à nos portes. Il faut veiller pour empêcher qu'elle s'introduise chez nous par l'importation soit de mûriers, soit de plantes horticoles ou ornementales attaquées.

On reconnaît qu'un mûrier en est victime à la présence sur ses branches de nombreuses petites écailles grisâtres, convexes, presque arrondies, de 2 millimètres environ de diamètre, serrées les unes contre les autres auxquelles sont mélangés d'autres petits boucliers allongés, rectangulaires, très blancs, fixés par leur extrémité la plus étroite à l'écorce de l'arbre. Les premiers abritent les femelles qui sont d'un jaune orangé, arrondies, sans pattes ni ailes et fixées au végétal par leurs suçoirs; les autres qui sont vides en hiver, servent d'abri aux mâles.

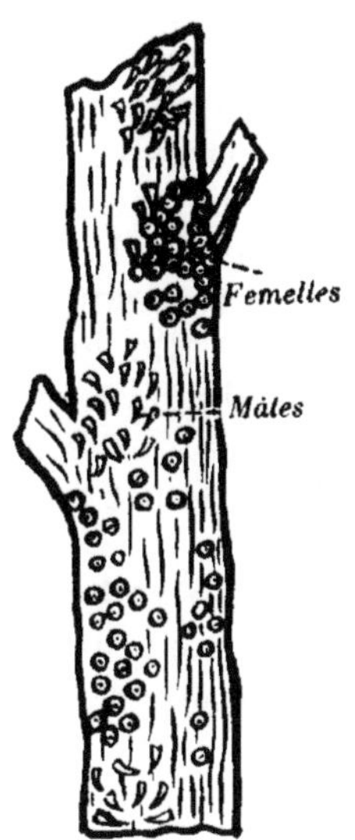

FIG. 60. RAMEAU DE MURIER ATTAQUÉ PAR LE *Diaspis pentagona.*

Au printemps, les femelles pondent sous elles 100 à 200 œufs de couleur jaune qui donnent naissance, trois semaines après, à des larves rougeâtres munies de six pattes, très agiles, qui se répandent partout. Les unes sont des mâles, les autres des femelles. Elles vont se fixer, sur les rameaux, par leur suçoir, aux endroits favorables à leur évolution. Les mâles sécrètent une matière cireuse avec laquelle ils fabriquent leurs abris blancs. Ils y subissent deux mues, puis en sortent à l'état adulte avec des ailes, 6 pattes et des antennes filiformes. Ils sont très petits, presque imperceptibles, et ne mangent pas. Ils vont s'accoupler en perçant le bouclier protecteur des femelles et meurent. Les femelles, après avoir sécrété leurs abris grisâtres, subissent 2 mues, pondent en juillet, et le cycle recommence. Il y a deux et parfois trois générations par an. Pendant l'hiver, on ne trouve sur les mûriers que des femelles fixées et fécondées qui pondent au printemps suivant.

Ces milliers de suçoirs implantés dans les rameaux du mûrier l'épuisent, sa végétation devient languissante et il finit par mourir. Pour détruire les femelles protégées par leurs boucliers, en *hiver*, il faut, après avoir raclé et brossé les rameaux, badigeonner toutes les parties de l'arbre, à l'aide d'une brosse ou d'un pinceau à poils raides, avec le mélange suivant :

Carbonate de soude anhydre	4k.500
Huile lourde de goudron	9 kil.
Eau	100 litres

Ce mélange doit être appliqué aussitôt après sa préparation sans quoi il perd son efficacité.

Un des meilleurs moyens de destruction des Diaspis consiste à les mettre en contact avec un de leurs plus terribles parasites qui, se multipliant avec rapidité, a bien vite débarrassé les mûriers atteints.

Ce parasite est une petite mouche, la *Prospatella Berlesei*, qui pond un œuf dans chacun des boucliers abritant les femelles du Diaspis. La petite larve qui en sort dévore ce dernier, se transforme sous son abri en nymphe et en insecte parfait. Puis, comme elle est féconde sans accouplement (parthénogénèse 150), elle fait, pendant quatre ou cinq générations annuelles, de nombreuses victimes. Elle est donc un puissant auxiliaire de l'agriculteur pour lutter contre l'invasion qui nous menace.

232. Produits divers du Mûrier. — La feuille de mûrier est surtout utilisée pour l'alimentation des vers à soie. Celle qui recouvre ces mêmes arbres à l'automne constitue un excellent aliment pour le bétail. Elle est plus riche en éléments nutritifs que nos meilleurs fourrages et son coefficient de digestibilité est plus élevé. Par conséquent les agriculteurs ne doivent pas négliger de la cueillir pour la donner en nourriture à leurs bœufs, vaches, moutons, brebis, chèvres, porcs et lapins.

La cueillette se fait, comme pour la récolte de printemps, mais on choisit le moment où, encore verte, elle se détache facilement des rameaux sans endommager le bourgeon de sa base. Puis la feuille est mise à sécher dans la magnanerie nettoyée et désinfectée en l'entassant sur les claies sans dépasser 25 centimètres de hauteur, et le local doit être tenu constamment aéré. Il est bon de la brasser de temps à autre pour faciliter la dessiccation.

L'ensilage dans les cuves à vin est aussi un excellent mode de conservation de la feuille de mûrier d'automne. On la dispose par couches uniformes en la mélangeant avec du sel de cuisine à raison de 1 kilogramme de sel pour 100 kilogrammes de feuilles. Quand les cuves sont pleines on charge toute la surface avec des substances lourdes : terre, bois, pierres, de manière à produire une pressée très régulière de 1000 kilogrammes par mètre carré.

Le bois du mûrier est excellent pour la fabrication de la vaisselle vinaire, des manches d'outils et des échalas. Ses fruits sont très recherchés par les oiseaux de basse-cour et par les porcs ; on peut en obtenir du sirop, une liqueur fermentée vineuse et, par la distillation, de l'alcool.

L'écorce de ses rameaux contient des fibres très résistantes qui permettent de fabriquer des cordages et des étoffes. Pour y arriver, on choisit les branches les plus droites, les moins noueuses provenant de la taille et on les plonge dans l'eau courante où on les maintient pendant 30 à 40 jours. Le rouissage terminé, l'écorce se détache facilement et se présente sous l'aspect d'une *filasse* que l'on met à sécher à l'ombre, après l'avoir lavée à plusieurs eaux et exposée à la rosée. Elle est alors douce au toucher, possède le brillant et la ténacité de la soie et on peut la filer, la tisser sur un métier, et la colorer.

Enfin, avec les fibres corticales du mûrier, on peut fabriquer de l'excellent papier, fin et résistant.

CALENDRIER DU SÉRICICULTEUR

Paragraphes

Janvier.

- Hivernation de la graine . . . 28

Février.

- Conservation de la graine en attendant l'incubation. . . . 29-98

Mars.

- Livraison de la graine 28
- Conservation de la graine avant l'incubation. 29-98
- Désinfection de la magnanerie 179

Avril.

- Livraison de la graine et conservation avant l'incubation 28-29-98
- Incubation de la graine. . . 32-99
- Éclosion et égalisation des vers 101-102

Mai.

- Élevage . . . . . 103 et suivants

Paragraphes

Juin.

- Encabanage et montée . . 117-118
- Décoconnage 119
- Étouffage des cocons pour la filature 125-127
- Réception et triage des cocons pour le grainage 185
- Disposition des cocons pour la ortie des papillons 188
- Papillonnage 189
- Accouplements et pontes. 190 à 193

Juillet-Août-Septembre.

- Conservation de la graine dans les ateliers de grainage . . . 197
- Chasse aux dermestes et aux anthrènes 198-199

Octobre.

- Examen microscopique des papillons 195
- Lavage, séchage de la graine. 200

Novembre et *Décembre.*

- Hivernation de la graine . . . 28

TABLE DES MATIÈRES

IMPRIMERIE LAHURE,
9, RUE DE FLEURUS, PARIS.

ENCYCLOPÉDIE
DES
CONNAISSANCES AGRICOLES

PUBLIÉE PAR UNE RÉUNION DE MEMBRES
DE L'ENSEIGNEMENT AGRICOLE

ET SOUS LA DIRECTION DE

E. CHANCRIN
Inspecteur général de l'Agriculture.

ADOPTÉE PAR
LE SYNDICAT CENTRAL
DES AGRICULTEURS DE FRANCE

LIBRAIRIE HACHETTE

ENCYCLOPÉDIE
DES CONNAISSANCES AGRICOLES

OUVRAGES PARUS OU A PARAITRE :

Les ouvrages parus sont marqués d'un astérisque.

I. — NOTIONS GÉNÉRALES SUR LES SCIENCES APPLIQUÉES A L'AGRICULTURE

* **Chimie générale appliquée à l'Agriculture,** par E. Chancrin, Inspecteur général de l'Agriculture. Un vol. 4 50

* **Chimie agricole,** par E. Chancrin. Un vol. 7 50

Physique et météorologie agricoles, par E. Chancrin. Un vol. . . . . » »

Zoologie et Microbiologie agricoles Un vol.. . . . » »

Botanique agricole, par Ducomet, Professeur à l'Ecole nationale d'agriculture de Grignon. Un vol. . . . . » »

Géologie agricole (Agriculture comparée), par François Berthault, directeur de l'Enseignement et des Services agricoles, Brétignières, professeur à l'Ecole nationale d'agriculture de Grignon, et E. Chancrin. Un vol. . . . . » »

II. — AGRICULTURE

Agriculture générale (Culture et amélioration du sol), par Brétignières, professeur d'Agriculture à l'École nationale d'Agriculture de Grignon. Un vol. . . . . » »

Agriculture spéciale :

* ***Les Céréales***, par A. Desriot, Directeur d'École d'agriculture. Un vol. 4 20

* ***Les Prairies***, par L. Malpeaux, Directeur d'École d'agriculture. Un vol. 3 60

* ***Les Plantes sarclées*** (Pomme de terre, Betterave, Carotte, etc.), par L. Malpeaux. Un vol.. . . . . 4 20

Les Plantes Industrielles :

* ***La Betterave à sucre, la Betterave de distillerie et la Chicorée à café***, par L. Malpeaux. Un vol. . . . . 3 »

* ***Les Plantes oléagineuses***, par L. Malpeaux. Un vol.. . . . . 2 40

* ***Les Plantes textiles***, par L. Bonnétat, Professeur à l'École d'agriculture de Petre (Vendée). Un vol. 1 80

* ***Le Tabac***, par F. de Confevron, Ancien vérificateur de la culture des tabacs. Un vol. 1 80

* ***Le Houblon***, par G. Moreau, Professeur de brasserie à l'École nationale des industries agricoles de Douai. Un vol. 1 80

* **Arboriculture fruitière,** par J. Vercier, Professeur d'horticulture et d'arboriculture de la Côte-d'Or. Un vol. . . . . 10 »

* **Culture potagère,** par J. Vercier. Un vol.. . . . . 10 »

* **Viticulture moderne,** par E. Chancrin. Un vol. . . . . 10 »

* **Forêts, Pâturages et Prés-Bois.** Economie Sylvo-Pastorale, par A. Fron, Inspecteur des Eaux et Forêts. Un vol. 4 20

Industries agricoles :

* ***Le Blé, la Farine, le Pain***, Étude pratique de la meunerie et de la boulangerie, par Ed. Rabaté, Inspecteur général de l'agriculture. Un vol. 3 60

Industries agricoles (*Suite*) :

★ ***Le Vin***, Procédés modernes de préparation, d'amélioration et de conservation, par E. Chancrin. Un vol. 4 50

★ ***Le Cidre***, Guide pratique de production et de préparation, par P. Labounoux, Directeur des services Agricoles, et Touchard, directeur de l'École d'agriculture de la Vendée. Un vol 4 50

★ ***Le Sucre***, Procédés de fabrication et utilisation des sous-produits, par G. Pagès, Professeur à l'École nationale d'Agriculture de Montpellier. Un vol.. . . . . 3 »

★ ***La Bière***, Procédés modernes de préparation et utilisation des sous-produits, par G. Moreau, Professeur de brasserie à l'École nationale des Industries agricoles de Douai. Un vol. 1 80

★ ***Les Eaux-de-vie et les Alcools***, Guide pratique du Bouilleur de cru et du Distillateur, par G. Pagès, Professeur à l'École nationale d'Agriculture de Montpellier. Un vol. 3 60

★ ***Les Essences et les Parfums***, Extraction et fabrication, par A. Rolet, Professeur à l'École d'agriculture d'Antibes, suivi de l'Essence de térébenthine, par Ed. Rabaté, Professeur départemental d'agriculture du Lot-et-Garonne. Un vol. 3 60

★ ***Laiterie, Beurrerie, Fromagerie***, par V. Houdet, Ancien directeur de l'École nationale des Industries laitières à Mamirolle. Un vol. 3 60

★ ***Huilerie agricole***, par P. d'Aygalliers, Directeur de l'École d'Agriculture de Saintes. Un vol. 1 80

★ ***Les Matières textiles*** (Voir le fascicule *Les Plantes textiles* dans l'Agriculture spéciale).

★ ***Les Conserves alimentaires*** (fabrication ménagère et industrielle), par L. Lavoine, Directeur des Services agricoles. Un vol. . . . 5 50

III. — LES ANIMAUX

★ **Les Abeilles et le Miel.** Petit traité d'Apiculture pratique, par M. Gaget, professeur d'École d'agriculture. Un vol 4 50

Les Poissons. Petit traité de Pisciculture pratique. Un vol. . » »

★ **Les Animaux de basse-cour.** Petit traité d'Aviculture pratique, par M. Legendre, Ingénieur agricole. Un vol. . . . . » »

★ **Le Ver à soie du Mûrier.** Petit traité de Sériciculture pratique, par M. Mozziconacci, directeur de la Station de sériciculture d'Alais. Un vol. . . . . » »

Le Cheval, l'Ane, le Mulet, par M. Montoux, directeur de l'École d'agriculture de Grand-Jouan. Un vol . . . . » »

Le Bœuf. Un vol . . . . » »

La Vache laitière, par M. Jeannin, professeur d'Agriculture. Un vol. . . . . » »

Le Mouton et la Chèvre, par M. Guicherd, Inspecteur général de l'agriculture. Un vol. . . . . » »

★ **Le Porc,** par M. Goussé, éleveur à Craon. Un vol. . . . . . . 6 »

La Médecine Vétérinaire à la ferme. Un vol . . . . » »

IV. — GÉNIE ET ÉCONOMIE RURALE

Les Constructions rurales, par M. Maitrot, Ingénieur du Service des Améliorations agricoles. Un vol.. . . . . » »

Machines agricoles et moteurs, par M. Passelègue, Chef de travaux à la Station d'essais de Machines agricoles de Paris. Un vol. » »

Drainage et irrigations, par M. Provost, Ingénieur du Service des Améliorations agricoles. Un vol. . . . . » »

Économie rurale, Coopérative et Assurance, moyen de bien acheter et de bien vendre, par MM. Tardy, directeur général de l'Office national du Crédit agricole, et Ponsard, directeur des Services agricoles. Un vol. . . . . » »

L'avocat conseil des Campagnes. Législation rurale, par M. Bouffard. Un vol.. . . . . » »

Chimie générale appliquée à l'agriculture,

par E. CHANCRIN, Inspecteur général de l'Agriculture.

Un volume de 260 pages avec 164 figures, cartonné. . . . 4 fr. 50

L'AGRICULTURE a cessé d'être purement empirique ; elle devient de plus en plus une science. « Les praticiens n'acceptent plus, sans les discuter, les vieilles formules établies par une longue série d'observations transmises d'une génération à l'autre ; très sagement ils veulent en comprendre la raison et les améliorer ; pour y réussir des connaissances positives leur sont nécessaires. » Ces connaissances leur sont données en partie par la *Chimie agricole*. Mais celle-ci a besoin d'être accompagnée d'une étude élémentaire de chimie générale. Les agriculteurs trouveront dans cette *chimie générale* tous les renseignements précis dont ils peuvent avoir besoin sur les propriétés des corps qu'ils utilisent.

Chimie agricole,

par E. CHANCRIN, Inspecteur général de l'Agriculture.

Un volume de 225 pages avec 45 figures, cartonné.. . . 7 fr. 50

LA chimie agricole s'applique à donner à la culture une plus grande extension des produits utilisables et partant de la rendre plus rémunératrice ; elle guide l'agriculteur qui désire obtenir la plus grande quantité possible de produits végétaux avec un *bénéfice maximum*. De toutes les sciences, c'est elle qui contribue le plus à la marche en avant de l'agriculture dans la voie du progrès, elle est en quelque sorte la « lanterne » qui éclaire presque toutes les opérations agricoles. L'ouvrage de M. Chancrin est à la portée de tout le monde, depuis le petit fermier jusqu'au grand exploitant agricole ; pour le lire avec fruit, point n'est besoin d'avoir fait ce que l'on appelle de « bonnes études », tous les agriculteurs peuvent le consulter.

Les Céréales, par A. DESRIOT, Ingénieur-agricole, Directeur d'Ecole d'agriculture.

Un volume de 184 pages, avec 111 figures, cartonné.. . . 4 fr. 20

Le nombre d'hectares de cultures n'a guère varié depuis une cinquantaine d'années, mais les rendements n'ont fait que progresser. Il reste encore un effort à faire pour que la production atteigne les besoins de la consommation. Indiquer aux cultivateurs tout ce qui est utile pour arriver à augmenter le rendement des céréales tout en diminuant le prix de revient de l'hectolitre, tel est le but de cet ouvrage.

Les Prairies, par M. MALPEAUX, Directeur de l'École d'Agriculture du Pas-de-Calais.

Un volume de 148 pages, avec 85 figures, cartonné. . . . 3 fr. 60

Au cours du XIXe siècle, la culture des plantes fourragères s'est accrue d'une façon remarquable ; elle s'accroît encore aujourd'hui.

L'auteur examine les meilleures méthodes permettant d'obtenir un plus grand rendement et indique l'importance des plantes fourragères servant à l'alimentation du bétail.

Tout ce qui conserne ces plantes s'y trouve condensé

Les Plantes sarclées, Pomme de terre, Betterave, Carotte, etc. par L. MALPEAUX, Ingénieur-agricole, Directeur de l'École d'Agriculture du Pas-de-Calais.

Un volume de 175 pages avec 92 figures, cartonné. . . . 4 fr. 20

Dans cet ouvrage, la betterave fourragère, la pomme de terre, le topinambour, la carotte, le rutabaga, le navet et le chou sont envisagés successivement au point de vue de leur répartition, des procédés culturaux qui leur sont applicables, de leur récolte et de leur utilisation.

En le lisant, les cultivateurs pourront se convaincre des progrès et des profits qu'il est possible de réaliser par des cultures perfectionnées.

La Betterave à sucre
La Betterave de distillerie
et la Chicorée à café

par L. MALPEAUX, Ingénieur agricole, Directeur de l'École d'Agriculture du Pas-de-Calais.

Un volume de 128 pages avec 57 figures, cartonné. . . . . . 3 fr.

L'IMPORTANCE primordiale de la betterave industrielle en France est bien connue : au point de vue agricole, son action est considérable ; au point de vue économique, elle a longuement contribué à la prospérité générale par les industries qu'elle alimente : sucrerie et distillerie. Ce livre constitue un véritable traité de la betterave industrielle ; il contient tous les renseignements pratiques pour obtenir un rendement rémunérateur.

Les Plantes Oléagineuses
Colza, Navette, Œillette, Cameline

par L. MALPEAUX, Ingénieur agricole, Directeur de l'Ecole d'Agriculture du Pas-de-Calais.

Un volume de 68 pages avec 24 figures, cartonné.. . . . . 2 fr. 40

LA culture des *plantes oléagineuses* est précieuse parce qu'elle permet de varier les assolements, de tirer parti de certains sols et de laisser les terres dans un état de fertilité très favorable aux récoltes ultérieures.

M. Malpeaux, dans ce petit ouvrage, a présenté les aperçus théoriques et les données pratiques les plus récentes concernant le *colza*, *l'œillette*, la *navette* et la *cameline*.

Les Plantes textiles
Lin, Chanvre, etc.,

par L. BONNÉTAT, Ingénieur agronome, Professeur à l'Ecole d'Agriculture de la Vendée.

Un volume de 48 pages avec 26 figures, cartonné. . . . 1 fr. 80

BIEN qu'ayant en partie cédé la place à la culture des betteraves à sucre, celle du lin, du chanvre, de l'œillette, etc., a gardé encore assez d'importance pour retenir l'attention des élèves de nos écoles d'agriculture et de nos agriculteurs. Nous devons chercher à produire un poids élevé d'une bonne qualité moyenne, réclamée par les filateurs, pour concurrencer les lins étrangers ; on en étudie les moyens pratiques dans cet ouvrage.

Le Tabac, par F. de CONFEVRON, Ingénieur agronome, Vérificateur de la culture des Tabacs.

Un volume de 36 pages, avec 15 figures, cartonné. . . . . 1 fr. 80

Dans ce petit volume sur la culture du tabac, l'auteur s'est proposé, d'une part, de présenter un guide pratique aux agriculteurs désireux de se livrer dans de bonnes conditions à la culture du tabac; d'autre part, de fournir un ensemble de renseignements généraux aux personnes que pourrait intéresser cette branche de notre production indigène, tels que la préparation des terres, les semis et plantations, la récolte, etc.

Le Houblon, par G. MOREAU, Professeur de Brasserie à l'École nationale des Industries Agricoles de Douai.

Un volume de 28 pages, avec 16 figures, cartonné. . . . . 1 fr. 80

Le houblon est cultivé en France plus particulièrement dans les régions du Nord et de l'Est. Les agriculteurs de ces régions et tous ceux qui s'intéressent à la culture du houblon trouveront dans l'ouvrage de M. Malpeaux des conseils précieux sur la plantation d'une houblonnière, la culture annuelle, la récolte et le séchage du houblon, etc., ainsi que les avantages que l'on peut recueillir d'une culture bien comprise de cette plante.

Forêts, Pâturages ● ● ● et Prés-Bois (Économie sylvo-pastorale). par A. FRON, Inspecteur des Eaux et Forêts et L. MARCHAND, Conservateur des Eaux et Forêts.

Un volume de 170 pages, avec 47 figures, cartonné. . . . 4 fr. 20

Les propriétaires de bois, de friches, landes ou pâturages, les régisseurs et gardes forestiers, les élèves des Écoles d'agriculture trouveront dans le livre de M. Fron tous les renseignements nécessaires pour le reboisement et la mise en valeur par les procédés les plus avantageux des montagnes, des pentes déclives, des terres pauvres, et pour toutes les améliorations sylvo-pastorales.

Culture ◉ ◉ ◉ ◉ potagère par J. VERCIER, professeur spécial d'Horticulture et d'Arboriculture de la Côte-d'Or. Ouvrage couronné par la Société Nationale d'Horticulture de France. (Prix Joubert de l'Hyberderie.)

Un volume de 402 pages avec 267 figures, cartonné. . . . . 10 fr.

CONNAISSANT particulièrement les besoins des cultivateurs, des jardiniers, des instituteurs, des élèves des écoles d'agriculture, et tenant compte des progrès réalisés en horticulture au cours des dernières années, l'auteur a préparé ce nouveau traité de *Culture potagère* dans lequel les recherches sont aisées et où la voie du débutant est toute tracée.

On a multiplié les gravures pour éclairer et compléter les descriptions et les explications, de sorte que l'ouvrage est en réalité, malgré sa brièveté, un traité complet.

Ce volume comprend trois parties bien distinctes, lesquelles sont subdivisées en chapitres. Dans la première partie sont exposées les généralités et quelques idées nouvelles relatives à l'état actuel de la culture maraîchère en France, et à la possibilité de la développer en mettant en valeur des terrains tourbeux inutilisés jusqu'ici.

Tous les travaux de jardinage que doit connaître et pratiquer l'amateur, tous les petits trucs du métier qui permettent d'éviter la plupart des aléas de la culture, les renseignements touchant à la production, à la récolte, à l'emballage et à la vente ou même à la conservation des légumes, s'y trouvent exposés.

La seconde partie traite séparément de la culture individuelle des légumes usuels de pleine terre, de leur culture hâtée ou forcée, en relatant les modes de multiplication, les meilleures variétés, les maladies, etc....

La troisième partie constitue à elle seule un guide précieux et détaillé que le lecteur pourra consulter mois par mois pour effectuer successivement, et en temps voulu, tous les semis, repiquages, de même que les récoltes à faire.

Arboriculture Fruitière

par J. VERCIER, Professeur spécial d'horticulture et d'arboriculture de la Côte-d'Or. Ouvrage couronné par la Société nationale d'Horticulture de France. (Prix Joubert de l'Hyberderie.)

Un volume de 388 pages avec 360 figures, cartonné. . . . . 10 fr.

Ce traité d'Arboriculture comprend quatre parties : la première traite de la multiplication des arbres fruitiers, de la plantation, de la taille en général, des soins à donner aux arbres, de la cueillette, de l'emballage, de l'outillage et de certaines autres opérations.

La seconde partie est réservée à la culture des différents fruits. Toutes les essences fruitières sont passées en revue dans l'ordre alphabétique, et l'étude très complète de chaque arbre s'y trouve condensée en quelques pages.

La troisième partie envisage le cas d'un propriétaire amateur qui désire organiser un jardin fruitier réclamant relativement peu de soins et capable cependant de procurer à son ménage, toute l'année, la provision de fruits qu'il est appelé à consommer. Elle constitue un guide précieux pour ce qui touche au tracé, à l'aménagement, au choix des espèces et variétés. Elle donne une idée de la dépense qu'entraîne une telle installation et des résultats que l'on est en droit d'attendre.

La quatrième partie servira d'aide-mémoire; elle est constituée par une sorte de calendrier où figurent, mois par mois : les travaux culturaux à faire, la liste des fruits bons à cueillir, celle des fruits bons à consommer, et enfin les conserves à faire.

Cet ouvrage s'adresse surtout aux jardiniers *non professionnels*; à ceux qui jardinent par nécessité ou par goût, sans être pour cela des arboriculteurs; aux instituteurs qui manifestent le désir de posséder un manuel, un guide, bref et précis; aux élèves des écoles d'agriculture de tous degrés et des écoles industrielles auxquels les cours théoriquespratiques rendent les plus grands services; aux cultivateurs, fermiers ou vignerons, et enfin aux petits producteurs.

Viticulture moderne, par E. CHANCRIN, Inspecteur général de l'Agriculture.

Un volume de 332 pages avec 208 figures, cartonné. . . . . 10 fr.

La culture de la vigne, de routinière qu'elle était, est devenue scientifique. Le viticulteur ne peut plus se contenter des règles empiriques qui l'avaient guidé jusqu'alors; une instruction spécialement viticole lui est indispensable.

La *Viticulture Moderne* réunit toutes les notions nécessaires à cette instruction.

La première partie comprend une étude pratique de la vigne, de ses différents organes et leurs fonctions. *La deuxième partie* décrit les principaux cépages dans les différentes régions où on les cultive. *La troisième partie* traite des procédés de multiplication de la vigne et plus particulièrement du greffage.

Les porte-greffes ont fait l'objet d'une étude spécale sur leur emploi non seulement dans les terrains calcaires, mais aussi dans les terrains compacts, humides ou secs, grâce à des travaux récents. Toutes les questions pratiques concernant l'établissement d'un vignoble ont été passées en revue dans la *quatrième partie.*

L'auteur a groupé dans une *cinquième partie*, les tailles des différentes régions de façon à montrer les relations qu'elles ont entre elles.

La sixième partie traite des travaux manuels du sol et de la question particulièrement intéressante de la culture superficielle des vignes.

Le viticulteur éprouve fréquemment des difficultés pour l'emploi raisonné des engrais chimiques. Il trouvera décrites, dans la *septième partie*, un grand nombre de formules pratiques. De nombreux conseils sont également donnés sur les moyens les plus efficaces pour lutter contre les ennemis et les maladies du vignoble, préoccupation constante de tous les viticulteurs. Ce travail de vulgarisation rendra les plus grands services à tous ceux que les questions viticoles intéressent.

Le Vin

par **E. CHANCRIN**, Inspecteur général de l'Agriculture.

Procédés modernes de préparation, d'amélioration et de conservation,

Un volume de 228 pages, avec 105 figures, cartonné.. . . . 4 fr. 50

Les viticulteurs demandent souvent pour les conseiller dans leurs opérations un ouvrage sur la *vinification* qui ne soit ni trop élémentaire, bon seulement pour des écoliers, ni trop savant, trop théorique et volumineux. Le livre de M. Chancrin répond parfaitement à leur demande : c'est un véritable guide pour les praticiens qui désirent connaître les procédés modernes de préparation, d'amélioration et de conservation des vins, la fabrication des vins de marc ou de deuxième cuvée, la fabrication de la piquette, l'utilisation des sous-produits, etc., tout en observant scrupuleusement la nouvelle loi sur les fraudes que des commentaires expliquent très clairement.

Le Cidre

par **P. LABOUNOUX**, Ingénieur agronome, Directeur des Services agricoles de la Seine-Inférieure, et **P. TOUCHARD**, Ingénieur agronome, Directeur de l'École d'agriculture de Pétré.

Un volume de 200 pages, avec 92 figures, cartonné. . . . 4 fr. 50

Cet ouvrage s'adresse plus particulièrement aux cultivateurs des régions de la Bretagne, de la Normandie, du Maine et de la Picardie, où le cidre est la boisson journalière. Néanmoins il peut être utile à tous les agriculteurs qui produisent des pommes, aux industriels qui achètent des fruits pour les brasser, à tous ceux qui font du cidre. Il y trouveront des renseignements très détaillés sur : Culture du pommier à cidre. — Fabrication du cidre; Transformation du moût en cidre. — Utilisation des sous-produits. — Le poiré. — Dessiccation des pommes et poires. — Législation sur les cidres et poirés.

La Bière ◉ ◉ ◉ ◉ ◉ ◉ ◉ **Procédés modernes de fabrication et Utilisation des sous-produits,** par A. MOREAU, Professeur de Brasserie à l'École nationale des Industries Agricoles de Douai.

Un volume de 32 pages, avec 10 figures, cartonné. . . . . 1 fr. 80

M. Moreau expose très clairement et très méthodiquement dans ce petit livre les principes les plus simples de la fabrication de la bière; il s'est attaché particulièrement à indiquer aux cultivateurs les produits que la brasserie leur demande et les résidus que l'on peut employer à la ferme, les drèches pour l'engraissement des bestiaux, les radicelles de l'orge et les marcs de houblon pour la fumure des terres.

Le Blé, la Farine, ◉ ◉ ◉ ◉ ◉ **le Pain** Étude pratique de la meunerie et de la boulangerie, par Edmond RABATÉ, ingénieur agronome, Inspecteur général de l'Agriculture.

Un volume de 124 pages, avec 101 figures, cartonné. . . 3 fr. 60

CETTE étude pratique de la meunerie et de la boulangerie ne s'adresse pas seulement aux meuniers et aux boulangers. Elle peut encore être utile aux agriculteurs, aux négociants en grains, pour leurs achats de blés et de farines, aux élèves de divers ordres d'enseignement, aux organisateurs de boulangeries coopératives, et enfin au consommateur qui désire être fixé sur l'origine et la valeur du pain qu'il mange.

Le Sucre ◉ ◉ ◉ ◉ ◉ **et l'utilisation de ses sous-produits à la ferme,** ◉ par G. PAGÈS, Ingénieur-Agronome, Professeur d'École Nationale d'Agriculture.

Un volume de 88 pages, avec 41 figures, cartonné. . . . . : 3 fr.

LE sucre, en Europe, est extrait de la betterave, et c'est le cultivateur qui la produit. Cette culture emploie une main-d'œuvre considérable et, par répercussion, permet l'entretien d'environ 200 000 têtes de gros bétail. L'industrie sucrière touche donc de très près à l'agriculture et c'est surtout ce point de vue qu'on a présenté ici.

Les Eaux-de-Vie et les Alcools, ◉

par G. PAGÈS, Ingénieur-Agronome, Professeur d'École nationale d'Agriculture.

Un volume de 170 pages avec 71 figures, cartonné. . . . 3 fr. 60

Voici un *Guide pratique du Bouilleur de cru et du Distillateur*; les propriétaires-viticulteurs y trouveront tous les renseignements nécessaires pour distiller leurs vins, leurs marcs, etc.

Ses quatre parties traitent successivement des *notions générales sur les eaux-de-vie et les alcools*; de la *distillation des eaux-de-vie*, de la *fabrication des alcools de betterave*, de *grains*, etc., et de la législation sur le régime des bouilleurs de cru.

Les Essences ◉ ◉ et les Parfums,

(Extraction et fabrication), par Antonin ROLET, Ingénieur-agronome, professeur a l'Ecole d'Agriculture d'Antibes.

Suivi de l'Essence de Térébenthine, par Edmond RABATÉ, Ingénieur-agronome, Inspecteur général de l'Agriculture.

1 volume de 104 pages avec 103 figures, cartonné. . . . . 3 fr. 60

Ce livre s'adresse non seulement aux élèves des Écoles d'Agriculture, mais aussi aux agriculteurs qui peuvent créer des coopératives de producteurs, aux petits industriels, etc.

Le travail de M. Rabaté sur l'*Essence de Térébenthine* s'adresse aux propriétaires des forêts de pins, partout où cet arbre occupe de grandes étendues et dont l'extrait peut donner de sérieux bénéfices.

Huilerie Agricole,

par P. D'AYGALLIERS, Directeur d'École d'Agriculture.

Un volume de 36 pages, avec 15 figures, cartonné.. . . 1 fr. 80

Les cultivateurs de plantes oléagineuses trouveront dans cet opuscule des renseignements utiles qui pourront leur permettre d'obtenir des produits meilleurs par une fabrication plus soignée et un outillage plus perfectionné. En même temps, les jeunes gens des écoles y puiseront des notions précises sur l'utilisation et la mise en œuvre de produits du sol qui constituent encore une partie importante de notre richesse agricole.

Laiterie, Beurrerie, Fromagerie,

par V. HOUDET, Agronome, ancien directeur de l'Ecole nationale des Industries laitières de Mamirolle.

Un volume de 142 pages avec 96 figures, cartonné. . . . . 3 fr. 60

L'ouvrage de M. Houdet s'adresse aux cultivateurs, producteurs de lait, aux petits fabricants de beurre ou de fromages, aux élèves des Écoles d'agriculture. Beaucoup d'entre eux sont tentés d'oublier que l'agriculture s'industrialise chaque jour davantage; qu'ils doivent envisager toutes les circonstances qui influent sur la production et la consommation et qu'il leur faut surtout tenir compte de ces circonstances pour obtenir et vendre leurs produits aux prix les plus avantageux.

Ce livre leur fait connaître, en les mettant à leur portée, les procédés actuels de fabrication à la fois raisonnés et pratiques concernant le lait, le beurre et les fromages.

Les Conserves Alimentaires (Fabrication ménagère et industrielle)

par M. LAVOINE, ingénieur agronome, directeur des Services agricoles.

Un volume de 154 pages avec 98 figures, cartonné. . . . . 5 fr. 50

La conservation des aliments est rendue nécessaire sous notre climat par la rareté et la cherté des produits frais pendant l'hiver.

L'ouvrage de M. Lavoine contient l'*exposé des procédés applicables par la ménagère* et le *principe des procédés industriels.* Il s'adresse tout particulièrement à la *maîtresse de maison*, mais il intéresse également les *cultivateurs* qui peuvent retirer, par la conservation, une source de profits très appréciable, non seulement des grandes quantités de fruits qu'on laisse généralement perdre à la campagne, mais encore des légumes, de la viande, etc. Les ménagères de la ville et de la campagne trouveront dans ce livre une foule de recettes très simples pour la conservation de tous les aliments.

Les Abeilles et le Miel, par J. GAGET. Professeur d'Agriculture, Apiculteur.

Un volume de 116 pages, avec 63 figures, cartonné. . . . 4 fr. 50

On retire de l'élevage des abeilles deux produits : le miel et la cire. Le miel est un aliment et un médicament : composé en grande partie de glucose assimilable, il est aussi nourrissant que le sucre et de digestion plus facile ; il a d'autre part des propriétés laxatives qu'il communique au pain d'épice et aux pastilles, l'acide formique qu'il contient en fait un désinfectant de l'appareil digestif. La cire est utilisée dans la préparation de l'encaustique, des cirages, des bougies, des cierges et de la cire à cacheter ; la médecine l'emploie pour faire des onguents. Par ailleurs, le rôle des abeilles est considérable dans la fécondation des fleurs. Enfin, l'élevage des abeilles est à la portée de toutes les bourses. Ce petit livre donne les meilleurs conseils à qui voudrait s'y essayer.

Le Ver à Soie du Mûrier, par M. MOZZICONACCI, directeur de la Station de Sériciculture d'Alais.

Petit traité d'Apiculture pratique,

Un volume de 256 pages, avec 62 figures, in-16, cartonné. • •

L'éducation du ver à soie est une excellente source de revenus pour l'agriculteur qui sait tenir compte des conditions économiques actuelles. C'est ainsi qu'elle est parfaitement à sa place chez le petit cultivateur possédant les mûriers nécessaires, qui, faisant le travail avec l'aide de sa famille et des domestiques attachés à la maison, n'a pas à rechercher la main-d'œuvre étrangère.

La sériciculture, science qui s'occupe de l'élevage du ver à soie en vue de la production des cocons ou des œufs nécessaires à la reproduction de l'espèce, forme l'objet de ce volume. Elle y est traitée dans l'esprit le plus pratique. L'industrie de la soie — éminemment nationale — ne pourra que gagner à la diffusion de cet ouvrage.

Le Porc ● ● ● ● ● ●

Élevage, engraissement, reproduction,

par A. GOUSSÉ, éleveur.

Un volume de 112 pages, avec 52 figures, cartonné. . . . . . 6 fr.

Ce livre vient à son heure, au moment où se pose avec tant d'acuité le problème de l'intensification de la production de la viande en France; parmi les diverses solutions que comporte ce problème, le développement de l'élevage porcin en est sans contredit une des meilleures, la production et l'engraissement des porcs nécessitant d'ailleurs un capital proportionnellement moins élevé et plus rapidement rémunéré que n'importe quel autre élevage. Mais, pour réussir, il faut bannir la routine et remplacer les procédés d'exploitation surannés par les meilleurs procédés modernes. Sous une forme à la fois simple, claire et précise, les éleveurs trouveront ici d'excellents conseils qui leur procureront le succès.

Les Animaux ● ● ● ● ● ● de la Basse-Cour.

Petit traité d'aviculture pratique par M. LEGENDRE, ingénieur agricole.

Un volume de 256 pages, avec de nombreuses figures.
(*Pour paraître prochainement.*)

Ce volume s'adresse plus particulièrement à ceux qui vivent à la campagne. C'est le fermier et le petit cultivateur qui sont appelés à s'en servir. Mais ils ne sont pas les seuls à pouvoir en tirer parti. Le châtelain pour faire de l'aviculture tout aussi bien que l'ouvrier suburbain pour assurer une alimentation saine et économique à sa famille y trouveront d'utiles renseignements. Les circonstances économiques poussent de plus en plus à tirer parti de tout, et la basse-cour est indiquée en tout premier lieu pour les divers avantages qu'elle peut procurer. Montrer ce que l'on peut espérer et obtenir, comment s'y prendre, tel est le but pratique de cet ouvrage.

86304. — Imprimerie Lahure, 9, rue de Fleurus, à Paris.

Syndicat Central des Agriculteurs de France

FONDÉ EN 1884

42, Rue du Louvre — PARIS (1er Arrond^t)

GRANDS PRIX AUX EXPOSITIONS UNIVERSELLES (Sections d'Economie Sociale et d'Agronomie)

Le *Syndicat Central*, créé en 1884, l'une des plus anciennes et la plus importante de nos associations syndicales, a pour objet général l'étude et la défense des intérêts économiques agricoles et pour but spécial : 1° de créer un lien entre les agriculteurs disséminés sur tous les points du sol français ; 2° de centraliser les demandes de machines, engrais, semences et toutes matières premières utiles à l'agriculture, de manière à faire bénéficier ses adhérents des remises qu'elle obtient, tout en assurant la parfaite loyauté des fournitures ; 3° de favoriser la vente des produits agricoles ; 4° de donner à ses adhérents des conseils et des renseignements sur toutes les questions relatives aux choses de la culture.

Son action est à la fois d'ordre matériel et d'ordre social. D'une part, il procure à ses sociétaires la possibilité de réaliser des économies et d'augmenter leurs revenus ; d'autre part, il développe les idées de solidarité et d'aide mutuelle en rapprochant le petit cultivateur du grand propriétaire et en provoquant la création de nouveaux groupements agricoles.

Le *Syndicat Central* met ses services à la disposition : 1° des agriculteurs qui n'ont pas de syndicat local dans leur circonscription ; 2° de ceux qui, bien que possédant un syndicat local, désirent également faire partie d'une association plus vaste, disposant d'une organisation plus complète, les mettant en contact avec les cultivateurs de tous les points de la France ; 3° des syndicats qui lui donnent mandat de

Syndicat Central des Agriculteurs de France

FONDÉ EN 1884

42, Rue du Louvre — PARIS (1er Arrond^t)

GRANDS PRIX AUX EXPOSITIONS UNIVERSELLES (Sections d'Economie Sociale et d'Agronomie)

Le *Syndicat Central*, créé en 1884, l'une des plus anciennes et la plus importante de nos associations syndicales, a pour objet général l'étude et la défense des intérêts économiques agricoles et pour but spécial : 1° de créer un lien entre les agriculteurs disséminés sur tous les points du sol français ; 2° de centraliser les demandes de machines, engrais, semences et toutes matières premières utiles à l'agriculture, de manière à faire bénéficier ses adhérents des remises qu'elle obtient, tout en assurant la parfaite loyauté des fournitures ; 3° de favoriser la vente des produits agricoles ; 4° de donner à ses adhérents des conseils et des renseignements sur toutes les questions relatives aux choses de la culture.

Son action est à la fois d'ordre matériel et d'ordre social. D'une part, il procure à ses sociétaires la possibilité de réaliser des économies et d'augmenter leurs revenus ; d'autre part, il développe les idées de solidarité et d'aide mutuelle en rapprochant le petit cultivateur du grand propriétaire et en provoquant la création de nouveaux groupements agricoles.

Le *Syndicat Central* met ses services à la disposition : 1° des agriculteurs qui n'ont pas de syndicat local dans leur circonscription ; 2° de ceux qui, bien que possédant un syndicat local, désirent également faire partie d'une association plus vaste, disposant d'une organisation plus complète, les mettant en contact avec les cultivateurs de tous les points de la France ; 3° des syndicats qui lui donnent mandat de traiter pour leur compte. Ses services s'étendent à toutes les branches de la production agricole. Ils comprennent les matières premières de toutes sortes. Engrais, semences, bétail, machines, produits pour l'alimentation du bétail, livres agricoles, etc., etc., sont achetés par son entremise avec d'importantes réductions de prix. Le Syndicat Central a des fournisseurs sur tous les points de la France ; il peut donc faire livrer, avec le minimum de frais de transport, les produits dont ses adhérents ont besoin, quelle que soit la région à laquelle ceux-ci appartiennent.

Intermédiaire désintéressé pour la vente, il s'efforce de favoriser les transactions directes, qui permettent à la fois au producteur de vendre plus cher et au consommateur de se procurer les denrées à meilleur marché.

Un comité de jurisconsultes rémunérés par le Syndicat donne gratuitement des consultations sur tous les points de droit rural. Un service spécial fournit tous renseignements sur les œuvres de mutualité en matière agricole. Le Syndicat possède également un bureau de placement gratuit pour le personnel de culture. Enfin, en matière d'assurances, le Syndicat fait bénéficier ses membres de conditions exceptionnellement avantageuses

Tous les adhérents ont droit au service gratuit d'un bulletin mensuel contenant : 1° des articles théoriques rédigés par les agronomes et professeurs d'agriculture les plus qualifiés ; 2° des communications d'ordre pratique ; 3° les cours de toutes les matières et machines utiles à l'exploitation du sol.

La cotisation est la suivante :

Membres souscripteurs : 10 francs. — *Membres fondateurs* : 20 francs. — *Droit d'entrée*. 3 francs.

Les membres du Syndicat Central peuvent obtenir pour venir à Paris, à l'occasion de l'Assemblée générale, une réduction de 50 % sur les tarifs des Compagnies de Chemins de fer, de 20 à 50 % sur ceux des Compagnies de navigation (*cet avantage momentanément supprimé pendant la guerre en vertu d'une mesure générale sera rétabli aussitôt que les circonstances le permettront*).

Prière de nous retourner, rempli et signé, le bulletin d'adhésion ci-contre.

Syndicat Central des Agriculteurs de France

FONDÉ EN 1884

PARIS — 42, Rue du Louvre, 42 — PARIS

BULLETIN D'ADHÉSION

Le soussigné, *après avoir pris connaissance des Statuts du Syndicat Central, dont il accepte les clauses*, déclare adhérer audit Syndicat en qualité de Membre (1) ……………………
pour le département de ……………………
……………………

Nom : ……………………
Prénom usuel : ……………………
Qualité : ……………………
Nationalité : ……………………
Adresse (*dans les départements*) ……………………
……………………
Bureau de poste : ……………………
Canton de ……………………
Adresse à Paris : ……………………

A …………………… *le* …………………… *192* .

Prière de dater et de signer.

(SIGNATURE)

Présenté par M. (*) ……………………
Demeurant à : ……………………
Signature : ……………………

(*) A défaut de Parrains membres du Syndicat, on est prié d'indiquer à cette place ses références

(1) Inscrire si l'on désire être membre *fondateur* ou membre *souscripteur*.

Cotisations. — Les membres *fondateurs* paient 20 fr. par an ; les membres *souscripteurs* 10 fr. par an. — **Droit d'entrée** : 3 francs.

Rachat de la cotisation. — Les adhérents ont la faculté de racheter leur cotisation par un versement unique, lequel est de 400 fr. pour les membres *fondateurs* et de 200 fr. pour les membres *souscripteurs*.

AVIS IMPORTANT

La cotisation est due pour l'année courante, quelle que soit l'époque de l'adhésion. Elle constitue la rémunération des services du Syndicat Central et non le prix d'abonnement au Bulletin, lequel est servi gratuitement à tous les adhérents.

Pour cesser de faire partie du Syndicat il est indispensable d'adresser, **par lettre,** *sa démission au Président.* — **La cotisation reste due pour les six mois qui suivent le retrait de l'adhésion,** *conformément à l'article 7 de la loi du 12 Mars 1920. Le refus du Bulletin mensuel ne saurait constituer un avis de démission.*

L'Administration du Syndicat se charge, **sans responsabilité,** *de la transmission des commandes* (Art. III, § 3 des Statuts).

N. B. — Prière d'écrire très lisiblement et d'apporter le plus grand soin à l'orthographe des noms, prénoms et adresses.

Pour éviter les frais de recouvrement à domicile, on est prié d'envoyer le montant de sa cotisation, soit en un mandat, soit en une valeur sur Paris.
Les personnes habitant l'étranger doivent nous envoyer le montant de leur cotisation en même temps que leur demande d'admission.

Imp. Centrale de la Bourse, 117, Rue Réaumur, Paris

traiter pour leur compte. Ses services s'étendent à toutes les branches de la production agricole. Ils comprennent les matières premières de toutes sortes. Engrais, semences, bétail, machines, produits pour l'alimentation du bétail, livres agricoles, etc., etc., sont achetés par son entremise avec d'importantes réductions de prix. Le Syndicat Central a des fournisseurs sur tous les points de la France ; il peut donc faire livrer, avec le minimum de frais de transport, les produits dont ses adhérents ont besoin, quelle que soit la région à laquelle ceux-ci appartiennent.

Intermédiaire désintéressé pour la vente, il s'efforce de favoriser les transactions directes, qui permettent à la fois au producteur de vendre plus cher et au consommateur de se procurer les denrées à meilleur marché.

Un comité de jurisconsultes rémunérés par le Syndicat donne gratuitement des consultations sur tous les points de droit rural. Un service spécial fournit tous renseignements sur les œuvres de mutualité en matière agricole. Le Syndicat possède également un bureau de placement gratuit pour le personnel de culture. Enfin, en matière d'assurances, le Syndicat fait bénéficier ses membres de conditions exceptionnellement avantageuses

Tous les adhérents ont droit au service gratuit d'un bulletin mensuel contenant : 1° des articles théoriques rédigés par les agronomes et professeurs d'agriculture les plus qualifiés, 2° des communications d'ordre pratique, 3° les cours de toutes les matières et machines utiles a l'exploitation du sol.

La cotisation est la suivante :

Membres souscripteurs : 10 francs. — *Membres fondateurs* : 20 francs. — *Droit d'entrée* . 3 francs.

Les membres du Syndicat Central peuvent obtenir pour venir à Paris, à l'occasion de l'Assemblée générale, une réduction de 50 % sur les tarifs des Compagnies de Chemins de fer, de 20 à 50 % sur ceux des Compagnies de navigation (*cet avantage momentanement supprimé pendant la guerre en vertu d'une mesure générale sera rétabli aussitôt que les circonstances le permettront*).

Prière de nous retourner, rempli et signé, le bulletin d'adhésion ci-contre.

www.ingramcontent.com/pod-product-compliance
Ingram Content Group UK Ltd.
Pitfield, Milton Keynes, MK11 3LW, UK
UKHW022052260726
13993UKWH00001B/61

9 782329 415536